# Podman

## 实战

Podman

### IN ACTION

U0265120

〔美〕丹尼尔·沃尔什（Daniel Walsh） 著

杨少鹏 曲志兵 译

人民邮电出版社

北 京

图书在版编目（CIP）数据

Podman实战 / （美）丹尼尔·沃尔什
(Daniel Walsh) 著；杨少鹏，曲志兵译. -- 北京：人
民邮电出版社，2024.10
ISBN 978-7-115-63806-9

Ⅰ. ①P… Ⅱ. ①丹… ②杨… ③曲… Ⅲ. ①Linux操
作系统—程序设计 Ⅳ. ①TP316.85

中国国家版本馆CIP数据核字(2024)第042637号

## 版 权 声 明

- ◆ 著　　　　［美］丹尼尔·沃尔什（Daniel Walsh）
  译　　　　杨少鹏　曲志兵
  责任编辑　佘　洁
  责任印制　王　郁　焦志炜
- ◆ 人民邮电出版社出版发行　　北京市丰台区成寿寺路 11 号
  邮编　100164　电子邮件　315@ptpress.com.cn
  网址　https://www.ptpress.com.cn
  大厂回族自治县聚鑫印刷有限责任公司印刷
- ◆ 开本：800×1000　1/16
  印张：17.25　　　　　　　　　2024 年 10 月第 1 版
  字数：372 千字　　　　　　　2024 年 10 月河北第 1 次印刷
  著作权合同登记号　图字：01-2023-4186 号

定价：79.80 元
读者服务热线：(010)81055410　印装质量热线：(010)81055316
反盗版热线：(010)81055315
广告经营许可证：京东市监广登字 20170147 号

# 内容提要

　　本书主要介绍了如何构建、管理和运行容器，讲解了如何将人们在 Docker 中学到的技能轻松地转移到 Podman 上，即使你从未使用过容器引擎，也可以通过本书轻松地学习使用 Podman。本书还将教会你使用像 pod 这样的高级功能，并指导你构建准备在 Kubernetes 边缘或内部运行的应用程序。最后，本书介绍了 Linux 内核中用于将容器与系统及其他容器进行隔离的所有安全功能方面的知识。

　　本书适用于希望了解、开发和使用容器的软件开发人员，以及需要在生产环境中运行容器的系统管理员。Docker 用户也能通过本书了解一些 Docker 没有提供的 Podman 高级功能，并对 Docker 的工作原理有更深入的理解。

# 译者介绍

　　杨少鹏，复旦大学计算机科学技术学院硕士毕业生，现就职于一家知名跨国互联网公司。他在应用平台和容器平台开发领域有着深厚的专业背景，精通 Docker、Kubernetes 等主流容器技术，并在实践中积累了丰富的开发经验。

　　曲志兵，担任某国际企业技术专家，拥有 8 年丰富的技术开发背景。他曾在国内顶尖互联网公司任职，专注于 PaaS 平台开发，对 PaaS 平台的构建及其基础设施的稳定性保障有着丰富的实战经验和深入的理解。

# 前言

我已经从事计算机安全工作近 40 年了，在过去的 20 年里，我一直专注于容器技术。大约 10 年前出现的 Docker，掀起了一场有关人们如何在互联网上分发和运行应用程序的革命。当开始使用 Docker 时，我感觉它的设计还可以更好。使用一个以 root（特权）身份运行的守护进程，然后不断添加更多的守护进程，我认为这不是正确的做法。我觉得可以利用底层操作系统的概念来创建一个以更高安全性和更少特权来运行相同容器化应用程序的工具。基于这个想法，我在 Red Hat 公司时的团队开始构建一系列工具，以帮助开发人员和管理员以更安全的方式来运行容器，而 Podman 就是这一系列工具之一。

我从 2000 年年初开始撰写关于 SELinux 等主题的博客，至今已经写了大量文章。这些年，我撰写了数百篇有关容器和安全性的文章，我希望能够将这些想法整合起来，写一本介绍 Podman 技术的书，以供用户和客户参考。

本书介绍了 Podman 及其使用方法，并深入探讨了我们用到的 Linux 操作系统的不同功能和技术。作为一名安全工程师，我还用几章的篇幅描述了容器安全的工作原理。阅读本书应该能让你更好地了解容器是什么、它们如何工作，以及如何使用 Podman 的不同功能。你甚至会了解更多关于 Docker 的知识。随着 Podman 日益普及并逐步应用到更多系统的基础架构中，本书将成为一个引导你前行的、便捷的 Podman 实践参考指南。

## 致谢

我要感谢所有帮助我完成本书撰写的人。首先感谢 Podman 团队的成员，他们撰写的许多技术文章帮助我理解了一些我此前没有完全理解的技术，并帮助构建了 Podman 这个伟大的产品，他们是 Brent Baude、Matt Heon、Valentin Rothberg、Giuseppe Scrivano、Urvashi Mohnani、Nalin Dahyabhai、Lokesh Mandvekar、Miloslav Trmac、Jason Greene、Jhon Honce、Scott McCarty、Tom Sweeney、Ashley Cui、Ed Santiago、Chris Evich、Aditya Rajan、Paul Holzinger、Preethi Thomas 和 Charlie Doern。我还要感谢无数的开源贡献者，是他们使 Linux 容器和 Podman 成为可能。

我也要感谢 Manning 的整个团队，尤其是 Toni Arritola。Toni 教会了我如何更好地聚焦我的想法。在完成此书的过程中，她是我非常棒的合作伙伴，正是她的帮助才使本书圆满完成。

感谢所有的审稿人——Alain Lompo、Alessandro Campeis、Allan Makura、Amanda Debler、Anders Björklund、Andrea Monacchi、Camal Cakar、Clifford Thurber、Conor Redmond、David Paccoud、Deepak Sharma、Federico Kircheis、Frans Oilinki、Gowtham Sadasivam、Ibrahim Akkulak、James Liu、James Nyika、Jeremy Chen、Kent Spillner、Kevin Etienne、Kirill Shirinkin、Kosmas Chatzimichalis、Krzysztof Kamyczek、Larry Cai、Michael Bright、Mladen Knežić、Oliver Korten、Richard Meinsen、Roman Zhuzha、Rui Liu、Satadru Roy、Seung-jin Kim、Simeon Leyzerzon、Simone Sguazza、Syed Ahmed、Thomas Peklak 和 Vivek Veerappan，感谢你们，你们的修改建议让本书变得更好。

# 关于本书

本书主要介绍了如何构建、管理和运行容器，写作目标是阐述如何将人们在 Docker 中学到的技能轻松地转移到 Podman 上，以及如果你从未使用过容器引擎，应该如何轻松地学习使用 Podman。本书还将教会你使用像 pod 这样的高级功能，并指导你构建准备在 Kubernetes 边缘或内部运行的应用程序。最后，本书介绍了 Linux 内核中用于将容器与系统及其他容器进行隔离的所有安全功能。

## 本书的目标读者

本书适用于希望了解、开发和使用容器的软件开发人员，以及需要在生产环境中运行容器的系统管理员。阅读本书将让你更深入地理解容器是什么。具备 Linux 进程相关知识且熟悉 Linux Shell 的用法对于充分理解本书很有必要。

对所有探索容器使用方法的人来说，阅读本书都会有所收获。对 Docker 有深刻理解的用户也会从书中了解到一些 Docker 不提供而 Podman 拥有的高级功能，并会对 Docker 的工作原理有更深入的理解。初学者还将学到容器和 pod 的相关基础知识。

## 本书的组织结构

本书包括 4 部分和 6 个附录。

- 第 1 部分 "基础"，包括 4 章，介绍了 Podman 的基础内容。第 1 章解释了 Podman 的功能、Podman 项目的发起原因以及为什么它很重要。接下来的两章介绍 Podman 命令行界面和如何在容器内使用卷。第 4 章介绍 pod 的概念以及如何在 Podman 中使用 pod。这些章节适合各种水平的读者阅读，但如果你在 Docker 方面拥有丰富的实践经验，则可以快速浏览第 2 章的大部分内容。

■ 第 2 部分 "设计"，包括两章，深入探讨了 Podman 的设计。在这部分，你将了解非特权容器及其工作原理，更好地理解用户命名空间和非特权容器的安全性，以及学习如何自定义 Podman 的环境配置。

■ 第 3 部分 "高级主题"，包括 3 章，内容超越了 Podman 的基础知识。在第 7 章中，你将了解到通过与 systemd 集成，Podman 如何在生产环境中运行。它涵盖了在容器内运行 systemd 以及如何将其用作容器管理器等内容。你将学习如何使用 Podman 和 systemd 在边缘设备上管理容器化服务的生命周期。Podman 使得生成 systemd 单元文件变得简单，从而帮助你将容器化应用程序更快地投入生产环境。在第 8 章中，你将了解到如何使用 Podman 将容器迁移到 Kubernetes 中。Podman 支持使用与 Kubernetes 相同的 YAML 文件来启动容器，并能够从当前容器生成 Kubernetes YAML。在第 9 章中，你将看到 Podman 可以作为服务运行，从而允许远程访问 Podman 容器。基于 Podman 服务，你可以使用其他编程语言和工具来管理 Podman 容器。你还将了解到 docker-compose 如何与 Podman 容器配合使用，以及学习如何使用 Python 库（如 podman-py 和 docker-py）与 Podman 服务通信，以达到管理容器的目的。

■ 第 4 部分 "容器安全"，包括两章，讨论重要的安全注意事项。第 10 章介绍确保容器隔离的功能。该章涵盖了 Linux 的安全子系统，如 SELinux、seccomp、Linux 能力、内核文件系统和命名空间。随后的第 11 章详细讨论了一些安全注意事项。我认为，如果要以尽可能安全的方式运行容器，则可以将这些安全注意事项当作最佳实践。

此外，6 个附录涵盖了与 Podman 相关的主题。

■ 附录 A 介绍了与 Podman 相关的工具，包括 Skopeo、Buildah 和 CRI-O。

■ 附录 B 深入介绍了 Podman 和 Docker 中可用的各种 OCI 运行时，包括 runc、crun、Kata 和 gVisor。

■ 附录 C 描述了如何将 Podman 安装到本地系统，无论该系统是 Linux、macOS 还是 Windows。

■ 附录 D 介绍了 Podman 开源社区以及如何加入社区。

■ 附录 E 和 F 分别深入介绍了在使用 macOS 和 Windows 系统的机器上运行 Podman 的方法。

# 关于作者

丹尼尔·沃尔什（Daniel Walsh）领导了创建 Podman、Buildah、Skopeo、CRI-O 及其相关工具的团队。他是 Red Hat 公司的杰出高级工程师，于 2001 年 8 月加入该公司。他在计算机安全领域工作了 40 多年。在领导容器团队之前，他曾在 Red Hat 公司领导 SELinux 的开发，因此有时被称为 "SELinux 先生"。他拥有圣十字学院（College of the Holy Cross）

的数学学士学位和伍斯特理工学院（Worcester Polytechnic Institute）的计算机科学硕士学位。你可以在 GitHub 上找到他的账号（@rhatdan），也可以通过电子邮件联系他，他的邮箱为 dwalsh@redhat.com。

## 关于封面插图

本书封面上的插图被称为"La Vandale"，意为"破坏者"，它来自 Jacques Grasset de Saint-Sauveur 于 1797 年出版的一本作品集（其中的每个插图都是手工精心绘制和上色的）。在那个时代，人们可以通过服饰轻松地辨别一个人的居住地、职业和社会地位。本书的封面来自这本作品集中的图片，以此颂扬计算机行业的创新和进取精神。

# 目录

## 第 1 部分　基础

# 第 4 部分　容器安全

# 第 1 部分

# 基础

在 本书的第 1 部分，我将向你介绍几种通过命令行使用 Podman 的方法。在第 2 章中，你将了解如何创建和使用容器、容器如何与镜像一起工作、容器和镜像之间的区别，以及如何将容器保存为容器镜像，然后将镜像推送到容器镜像注册服务器，以便与其他用户共享。第 1 部分的前两章集中介绍容器和镜像的用法，它们与 Docker 中容器的工作方式非常相似。

第 3 章介绍了"卷"的概念。卷是大多数容器化应用程序的用户用于存储数据并将其与应用程序隔离的机制。

第 4 章引入了 pod 的概念，类似于 Kubernetes 中的 pod。Docker 不支持这一特性。pod 允许你在同一资源、命名空间和安全约束内共享一个或多个容器。pod 可以让你编写更复杂的应用程序，并将其作为单一实体进行管理。

# 第 1 章 Podman：下一代容器引擎

**本章内容：**

- Podman 是什么
- 与 Docker 相比，Podman 有什么优势
- Podman 的使用示例

写作这本书是不容易的，因为很多人带着不同的期望和经验来阅读它。你可能已经拥有一些关于容器、Docker 或 Kubernetes 的经验，或者至少对学习更多关于 Podman 的知识感兴趣，因为你已经听说过它。如果你之前使用或者了解过 Docker，会发现在大多数情况下 Podman 和 Docker 的工作方式是一样的，但是 Podman 解决了一些 Docker 一直存在的问题。其中最重要的两点是，Podman 提供了增强的安全性和以非 root 权限执行命令的能力。这意味着你可以在没有 root 访问权限（或特权）的情况下使用 Podman 来管理容器。Podman 的设计使其在默认情况下比 Docker 具有更好的安全性。

Podman 和 Docker 都是开源的（也是免费的）。除此之外，Podman 通过命令行界面（CLI）执行的命令与 Docker 也非常相似。本书将向你讲述如何在单节点上使用 Podman 作为本地容器引擎来启动容器，你可以在本地启动容器，也可以通过远程的 REST API 来启动容器。同时，本书也将向你展示如何使用 Podman 与 Buildah、Skopeo 这样的开源工具来发现、运行和构建容器。

## 1.1 术语说明

在正式学习之前，我认为首先定义本书中要用到的术语很重要。在容器领域，像容器编排器、容器引擎和容器运行时这样的术语经常被交替使用，这通常会导致概念混淆。以下是本书对这些术语的总结。

■ **容器编排器**：指将容器分配到多个不同的机器或者节点上的软件项目或产品。编排器通过与容器引擎通信来运行容器。当前主要的容器编排器是 Kubernetes，最初它被设计用来与 Docker 守护进程交互，但是由于 Kubernetes 主要使用 CRI-O 或 containerd 作为其容器引擎，因此 Docker 正在被逐步淘汰。CRI-O 和 containerd 是专为 Kubernetes 编排和运行容器而构建的（CRI-O 将在附录 A 中介绍）。此外，还有 Docker Swarm 和 Apache MESOS 等其他容器编排器。

■ **容器引擎**：最初被用来实现将容器化应用程序配置在单个本地节点上运行。普通用户、管理员和开发人员都可以直接启动容器引擎。容器引擎可以作为 systemd 的一个启动项被启动，也可以通过 Kubernetes 等容器编排器启动。上文提到 CRI-O 和 containerd 这两种容器引擎被 Kubernetes 用来管理本地容器，实际上这两种容器引擎并不打算让普通用户直接使用。Docker 和 Podman 则是被普通用户用来在单台机器上开发、管理和运行容器化应用程序的两种主要的容器引擎。Podman 很少会被用在 Kubernetes 中启动容器，因此，本书中也不会过多介绍 Kubernetes 相关的知识。Buildah 是另外一种容器引擎，仅用于构建容器镜像。

■ **OCI（开放容器计划）容器运行时**：它负责完成 Linux 内核参数的配置，并最终启动容器化应用程序。最常用的两种容器运行时是 runc 和 crun。Kata 和 gVisor 是另外两种容器运行时。附录 B 将对各种 OCI 容器运行时的差异进行说明。

图 1-1 展示了开源容器项目从属的类别。

图 1-1　按编排器、引擎和运行时对不同容器开源项目进行分类

　　Podman 是 pod manager 的缩写。pod 是 Kubernetes 项目中普遍存在的一个概念。一个 pod 可以有一个或多个容器，这些容器共享相同的命名空间和控制组（cgroups，用于资源约束）。第 4 章会更深入地介绍 pod。Podman 可以用来运行单个容器或者 pod。Podman 的 Logo 是一组海豹，如图 1-2 所示。该图案源自爱尔兰人概念里的美人鱼形象。一组海豹就形成了逻辑概念上的 pod。

图 1-2　Podman 的 Logo

　　Podman 项目将 Podman 描述为"用于在 Linux 系统上开发、管理和运行 OCI 容器的无守护进程的容器引擎。容器既可以以特权模式运行，也可以以非特权模式运行"。Podman 通常用简单的一行"alias docker=podman"来描述，因为 Podman 可以使用与 Docker 相同的命令行来完成 Docker 所能做的几乎所有事情。但正如你在本书中了解的那样，Podman 可以做的还远不止这些。理解 Docker 对于理解 Podman 并不是必须的，但会很有帮助。

> 提示　开放容器计划（Open Container Initiative，OCI）是一个标准化组织，其主要目标是围绕容器格式和运行时建立开放的行业标准。可以通过访问 https://opencontainers.org 了解更多信息。

　　Podman 的上游项目位于 github.com 上的 Containers 项目中，如图 1-3 所示。在该网页上还包括其他容器库和容器管理工具，如 Buildah 和 Skopeo（有关这些工具的说明，参见附录 A）。

　　如 1.2.1 节中所描述的那样，Podman 支持新的 OCI 格式的镜像，同时也支持旧的 Docker（V2 和 V1）格式的镜像。Podman 可以运行来自诸如 docker.io 和 quay.io 等容器镜像注册服务器中的任何镜像，还支持数百个其他容器镜像注册服务器。Podman 将这些镜像拉到 Linux 主机上，然后会以与 Docker 和 Kubernetes 类似的方式启动这些镜像。同 Docker 一样，Podman 支持所有类型的 OCI 运行时，包括 runc、crun、Kata 和 gVisor（见附录 B）。

　　本书旨在帮助 Linux 管理员了解将 Podman 用作主要容器引擎的好处。你可以通过本书了解如何在尽可能确保系统配置安全的同时，允许普通用户使用容器。Podman 最主要的一个使用场景是在诸如边缘设备这样的单节点环境上运行容器化应用程序。Podman 和 systemd 一起使用可以实现在无须人工干预的情况下管理节点上应用程序的整个生命周期。Podman 的目标是可以在 Linux 上自然地运行容器，从而充分利用 Linux 平台的所有功能。

> 提示　可以将 Podman 安装在 Linux 的多种发行版以及 macOS 和 Windows 平台上。如果你想进一步了解如何在你的平台上获取 Podman，请参阅附录 C。

图 1-3　Containers 是 Podman 和其他相关容器工具的开发者站点

　　应用程序开发者也是本书的目标读者。对开发者来说，Podman 是一种以安全方式实现容器化应用程序的很好的工具。Podman 允许开发者在所有 Linux 发行版中创建 Linux 容器。此外，Podman 也可以在 macOS 和 Windows 平台上使用。在这些平台上，它可以通过网络与运行在虚拟机或者 Linux 机器上的 Podman 服务进行通信。本书将向你介绍如何使用容器、构建容器镜像，然后将容器化应用程序转换成在边缘设备上运行的单节点服务或者基于

Kubernetes 的微服务。

　　Podman 和其他一些容器工具都是开源项目，这些项目的贡献者来自全世界不同的公司、大学和组织。当然，这些开源项目也欢迎新的贡献者来优化和改进。要了解有关如何加入这个项目的信息，可以参阅附录 D。本章首先简要概述一下容器，然后介绍使 Podman 成为容器领域非常好的工具的一些核心功能。

# 1.2　容器简介

　　容器是在 Linux 系统上运行的一组进程，它们相互隔离。容器确保一个进程组不会干扰系统上的其他进程。恶意进程不能支配系统资源，否则会阻止其他进程任务的顺利执行。我们也要防止恶意容器攻击其他容器、窃取数据或造成拒绝服务攻击。容器的最终目标是允许应用程序安装它们自己版本的共享库，而不会与需要不同版本的相同库的应用程序发生冲突。相反，它们允许应用程序运行在虚拟化环境中，从而使得容器化环境中的应用程序看上去拥有了整个系统。

　　容器通过以下方式进行隔离。

## 1. 资源限制（cgroups）

　　cgroups 在手册页（https://man7.org/linux/man-pages/man7/cgroups.7.html）上被定义为控制组（Control Groups），通常被称为 cgroups，是 Linux 内核的一项功能，它允许将进程组织成分层的组，并对这些分层的组实现多种类型的资源限制和监控。

　　cgroups 控制的资源实例如下。

- 一组进程可以使用的内存量。
- 进程可使用的 CPU 核数。
- 进程可使用的网络资源数量。

　　cgroups 的基本思想是防止一组进程独占某些系统资源，使得其他进程无法使用。

## 2. 安全限制

　　内核中的很多安全工具可以实现容器间的相互隔离。安全限制的目标是限制特权升级，并防止一组流氓进程对系统实施破坏性行为，比如：

- 通过放弃一些 Linux 能力来限制 root 用户的权限。
- 通过 SELinux 控制对文件系统的访问。
- 只读访问内核文件系统。
- 通过 seccomp 限制内核中可用的系统调用。
- 通过用户命名空间将主机上的一组 UID 映射到另一组 UID，从而允许访问有限的特权环境。

表 1-1 提供了进一步的信息和链接，可以通过这些链接获取有关这些安全功能的更多细节。

表 1-1　　　　　　　　　　　　　高级 Linux 安全功能

| 组件 | 描述 | 参考资料 |
|---|---|---|
| Linux 能力 | Linux 能力将 root 权限细分为不同的能力 | 能力的手册页很好地概述了可用的能力。可以通过执行命令 man capabilities 或者通过 https://bit.ly/3A3Ppeg 查看 |
| SELinux | Security Enhanced Linux (SELinux)是一种 Linux 内核机制，它标记系统上的每个进程和每个文件系统对象。SELinux 策略定义了关于标签进程如何与标签对象交互的规则。Linux 内核强制执行这些规则 | 笔者撰写的 "SELinux Coloring Book" (https://bit.ly/33plEbD) 可以帮助你更好地理解 SELinux<br>如果你真的想研究 SELinux，可以参考 "SELinux 笔记" (https://bit.ly/3GxGhkm) |
| seccomp | seccomp 是一种 Linux 内核机制，可以用于限制系统上一组进程的系统调用数量。你可以从中删除具有潜在危险的系统调用 | seccomp 的手册页有关于 seccomp 的更多信息。可以通过执行命令 man seccomp 或者通过 https://bit.ly/3rnnim1 查看 |
| 用户命名空间 | 用户命名空间允许你在分配给命名空间的 UID 和 GID 组内拥有 Linux 能力，而无须在主机上拥有 root 权限 | 用户命名空间将在第 3 章进行详细介绍 |

**3．虚拟化技术（命名空间）**

Linux 内核使用命名空间来创建一个虚拟化环境。在这个虚拟化环境中，一组进程看到的是一组资源，另一组进程则看到的是另一组不同的资源。这些虚拟化环境使进程无法看到系统的其他部分，感觉像一个虚拟机（VM），且没有额外的系统开销。下面给出命名空间的若干示例。

- 网络命名空间：限制对主机网络的访问，但是提供了对虚拟网络设备的访问。
- 挂载命名空间：限制只能看到容器文件系统，而不能看到所有的文件系统。
- PID 命名空间：限制容器进程只能看到容器内的进程，而看不到系统上的其他进程。

这些容器技术在 Linux 内核中已经存在很多年了。用于隔离进程的安全工具始于 20 世纪 70 年代的 UNIX，而 SELinux 在 2001 年就已经存在。命名空间和控制组功能分别在 2004 年和 2006 年被引入。

> 提示　Windows 容器镜像也是存在的，但是本书主要关注的是基于 Linux 的容器。即使在 Windows 上运行 Podman，实际上使用的还是 Linux 容器。在 macOS 上使用 Podman 的方法可以参阅附录 E。在 Windows 上使用 Podman 的方法可以参阅附录 F。

## 1.2.1　容器镜像：软件交付的新方式

直到 Docker 项目引入了容器镜像和容器镜像注册服务器等概念，容器技术才真正开始被广泛使用。可以这么说，它们创造了一种新的软件交付方式。

　　传统的在 Linux 系统上安装多个软件应用程序可能会导致依赖管理问题。在容器出现之前，可以使用像 RPM 和 Debian Packages 这样的软件包管理器来打包软件。这些软件包安装在主机上，并且共享包括共享库在内的所有内容。当开发者团队测试他们的代码时，在主机上运行时可能一切都正常。而当质量工程师团队在不同的机器上用不同的软件包测试软件时，就可能遭遇失败。两个团队需要一起努力才能达成期望的效果。软件最终交付给客户，这些客户可能有许多不同的配置或安装了不同版本的软件依赖，而这些问题也会导致应用程序不可用。

　　容器镜像通过将所有软件捆绑到一个单元中的方式，解决了依赖管理问题。你可以将所有软件库、可执行文件和配置文件一起交付。软件通过容器技术与主机隔离。通常，应用程序需要跟主机交互的唯一部分是主机内核。

　　开发人员、质量工程师和客户运行完全相同的容器化环境和应用程序，有助于保证运行环境的一致性，并限制了可能由错误配置引起的 bug 数量。

　　人们经常将容器与虚拟机进行比较，因为两者都具有在单个节点运行多个被隔离的应用程序的特性。当使用虚拟机时，你需要管理整个虚拟机操作系统和被隔离的应用程序。你需要管理不同内核、init 系统、日志系统、安全更新、备份等的完整生命周期。系统不仅需要处理应用程序的开销，还需要处理整个操作系统的运行开销。在容器世界里，你运行的只有容器化应用程序，不需要进行操作系统管理，也没有其他开销。图 1-4 展示了 3 个应用程序在 3 个不同的虚拟机中运行。

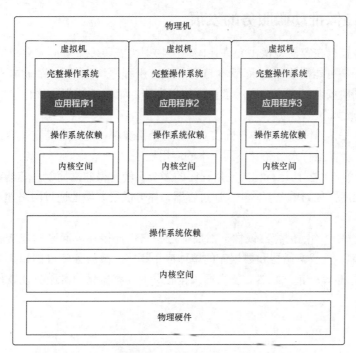

图 1-4　在 3 个虚拟机中运行 3 个应用程序的物理机

使用虚拟机时，你最终需要管理四个操作系统。而使用容器时，这 3 个应用程序仅在其所需的用户空间下运行，你只需要管理一个操作系统，如图 1-5 所示。

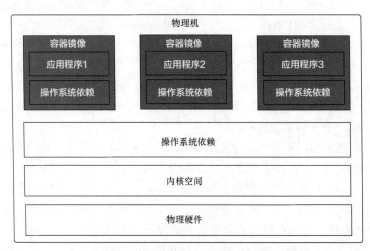

图 1-5　以容器化方式运行 3 个应用程序的物理机

## 1.2.2　容器镜像推动微服务的发展

将应用程序打包在容器镜像中允许在同一个物理机安装多个有冲突要求的应用程序。例如，一个应用程序可能需要的 C 库版本与另一个应用程序所需的 C 库版本不同，使得这些应用程序不能同时安装。图 1-6 展示了在不使用容器的情况下运行在操作系统上的传统应用程序。

容器可以在其容器镜像中包含正确的 C 库，每个镜像都可能包含特定于容器应用程序的不同版本的库。你可以运行来自完全不同版本的应用程序。

如图 1-7 所示，容器让运行相同应用程序的多个实例变得非常简单。容器镜像鼓励将单个服务或者应用程序打包到单个容器中。通过容器，你可以很方便地通过网络建立多个应用程序之间的连接。

你可以构建 3 个不同的容器镜像，然后通过将它们连接在一起来构建微服务，而不是设计具有 Web 前端、负载均衡器和数据库的单体应用程序。微服务使得你和其他用户可以尝试运行多个数据库和 Web 前端，然后将它们编排在一起。容器化的微服务使软件的共享和复用成为可能。

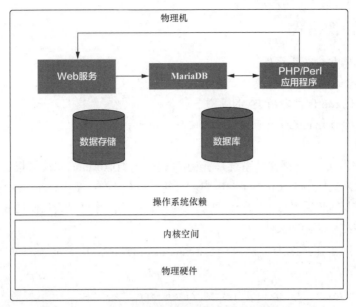

图 1-6   运行在同一个服务器上的传统的 LAMP 技术栈
（ Linux + Apache + MariaDB + PHP/Perl 应用程序 ）

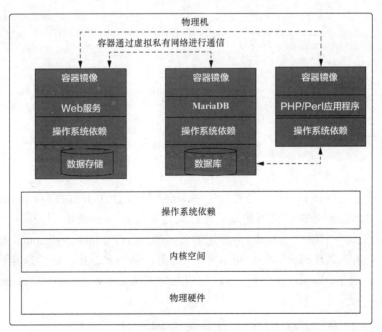

图 1-7   LAMP 技术栈被打包成单独的微服务容器。由于容器通过网络进行通信，
因此它们可以轻松地移动到其他虚拟机中，使复用变得更加容易

## 1.2.3　容器镜像格式

一个容器镜像包含 3 个组件。
- 一个包含运行应用程序所需的所有软件的目录树。
- 一个描述 rootfs 内容的 JSON 文件。
- 一个被称为 manifest 列表的 JSON 文件，用于将多个镜像连接在一起以支持不同的硬件架构。

目录树被称为 rootfs（根文件系统），该组件的布局类似 Linux 系统的根目录（/）。

第一个 JSON 文件中定义了在 rootfs 中运行的可执行文件、工作目录、要使用的环境变量、可执行文件的维护者以及其他有助于识别镜像内容的标签。你可以通过使用 podman inspect 命令的方式来查看这个 JSON 文件。

```
$ podman inspect docker:/ /registry.access.redhat.com/ubi8
{
…
    "created": "2022-01-27T16:00:30.397689Z",          ← 镜像创建的日期
    "architecture": "amd64",        ← 镜像的架构
    "os": "linux",                  ← 镜像的操作系统
    "config": {
        "Env": [                    ← 镜像开发人员想要在容器中设置的环境变量

        "PATH=/usr/local/sbin:/usr/local/bin:/usr/sbin:/usr/bin:/sbin:/bin",
            "container=oci"
        ],
        "Cmd": [                    ← 在容器启动时要执行的默认命令
                    "/bin/bash"
        ],
        "Labels": {                 ← 用于帮助描述镜像内容的标签。这些字段可以是任意形式的，不影响镜像的运行方式，但可用于搜索和描述镜像
                "architecture": "x86_64",
                "build-date": "2022-01-27T15:59:52.415605",
            …
    }
```

第二个 JSON 文件即 manifest 列表，允许 arm64 机器上的用户拉取与 amd64 机器上名称相同的镜像。Podman 会根据机器的默认硬件架构使用此 manifest 列表来拉取对应镜像。Skopeo 是一个工具，它使用与 Podman 相同的底层库，可在 github.com/containers/skopeo（参见附录 A）上查看其源代码。Skopeo 可以提供更低级别的信息输出，以检查容器镜像的结构。在以下示例中，使用 skopeo 命令和--raw 选项来检查 registry.access.redhat.com/ubi8 镜像的 manifest 规范。

```
$ skopeo inspect --raw docker:/ /registry.access.redhat.com/ubi8
{
    "manifests": [
        {
```

```
                "digest": "sha256:cbc1e8cea
8c78cfa1490c4f01b2be59d43ddbb
ad6987d938def1960f64bcd02c",
                "mediaType": "application/vnd.docker.distribution.manifest.v2+json",
                "platform": {
                "architecture": "amd64",
                "os": "linux"
                },
                "size": 737
        },
        {
                "digest":
"sha256:f52d79a9d0a3c23e6ac4c3c8f2ed8d6337ea47f4e2dfd46201756160ca193308",
                "mediaType": "application/vnd.docker.distribution.manifest.v2+json",
                "platform": {
                "architecture": "arm64",
                "os": "linux"
                },
                "size": 737
        },
…
}
```

当架构和操作系统匹配时，精确拉取的镜像摘要

mediaType 描述了镜像的类型，如 OCI、Docker 等

镜像的操作系统摘要：Linux

镜像的架构摘要：amd64

这个段落指向一个不同架构（arm64）的镜像

镜像使用 Linux tar 工具将 rootfs 和 JSON 文件打包在一起。然后，这些镜像被存储在称为容器镜像注册服务器（例如 docker.io、quay.io 和 Artifactory）的 Web 服务器上。Podman 等容器引擎可以将这些镜像拷贝到一个物理机上并将它们解压到文件系统中。然后，容器引擎会将镜像的 JSON 文件、引擎内置的默认值和用户的输入进行合并来创建一个新的容器 OCI 运行时规范的 JSON 文件。这个 JSON 文件是用来描述如何运行该容器化应用程序的。

在最后一步，容器引擎启动一个称为容器运行时（例如 runc、crun、Kata 或 gVisor）的轻量程序。容器运行时会读取容器的 JSON 文件、内核 cgroups、安全约束和命名空间，并最终启动容器的主进程。

## 1.2.4  容器标准

OCI 标准委员会定义了存储和容器镜像的标准格式，以及容器引擎的标准。它创建了 OCI 镜像格式，该格式标准化了容器镜像和镜像的 JSON 文件格式。它还创建了 OCI 运行时规范，该规范标准化了由 OCI 运行时使用的容器的 JSON 文件。OCI 标准允许其他容器引擎（例如 Podman[①]）通过遵循这些标准，与存储在容器镜像注册服务器中的所有镜像一起工作，并以与包括 Docker 在内的所有其他容器引擎完全相同的方式运行它们（请参阅图 1-7）。

---

① 其他容器引擎包括 Buildah、CRI-O、containerd 等。

## 1.3　有了 Docker 为什么还要使用 Podman

我经常被问到这样一个问题："既然已经有了 Docker，为什么还需要使用 Podman 呢？"其中一个原因是开源软件的用户可以自由选择。就如操作系统一样，操作系统通常支持各种编辑器、Shell、文件系统和 Web 浏览器。我相信 Podman 的设计从根本上是优于 Docker 的，而且它还提供了多种可提高容器安全性和可用性的功能。

### 1.3.1　为什么只能用一种方式运行容器

Podman 的优势之一在于它是在 Docker 存在很久之后才推出的。Podman 的开发者从完全不同的视角研究了改进 Docker 的设计方案。因为 Docker 是开源的，因此 Podman 使用了 Docker 的一些代码，同时也符合如开放容器计划（OCI）这样的新标准。Podman 和开源社区合作，专注于开发新的功能。

在本节的其余部分，我将介绍改进之处。表 1-2 描述和比较了 Podman 和 Docker 中的一些可用功能。

表 1-2　　　　　　　　　　　　　　　　Podman 和 Docker 的功能比较

| 功能 | Podman | Docker | 描述 |
|---|:---:|:---:|---|
| 支持所有的 OCI 和 Docker 镜像 | ✓ | ✓ | 从容器镜像注册服务器（即 quay.io 和 docker.io）拉取并运行容器镜像。请参阅第 2 章 |
| 启动 OCI 容器引擎 | ✓ | ✓ | 启动 runc、crun、Kata、gVisor 和 OCI 容器引擎。请参阅附录 B |
| 简单的命令行界面 | ✓ | ✓ | Podman 和 Docker 使用相同的命令行。请参阅第 2 章 |
| 与 systemd 集成 | ✓ | × | Podman 支持在容器内部运行 systemd 和 systemd 的很多功能。请参阅第 7 章 |
| fork/exec 模型 | ✓ | × | 容器是命令的子进程 |
| 完全支持用户命名空间 | ✓ | × | 只有 Podman 支持在独立的用户命名空间运行容器。请参阅第 6 章 |
| 客户端-服务器模型 | ✓ | ✓ | Docker 是 REST API 的守护进程。Podman 通过 systemd 的套接字激活服务来支持 REST API。请参阅第 9 章 |
| 支持 docker-compose | ✓ | ✓ | compose 脚本适用于这两种 REST API。Podman 工作于非特权模式。请参阅第 9 章 |
| 支持 docker-py | ✓ | ✓ | docker-py Python 绑定适用于这两个 REST API。Podman 在非特权模式下工作。Podman 还支持 podman-py 以运行高级功能。请参阅第 9 章 |
| 无守护进程 | ✓ | × | Podman 命令行像传统的命令行工具一样运行，而 Docker 需要多个以 root 权限运行的守护进程 |
| 支持 Kubernetes 类 pod | ✓ | × | Podman 支持在同一个 pod 运行多个容器，请参阅第 4 章 |
| 支持 Kubernetes YAML | ✓ | × | Podman 可以基于 Kubernetes YAML 启动容器和 pod，同时支持根据运行的容器产生 Kubernetes YAML。请参阅第 8 章 |

续表

| 功能 | Podman | Docker | 描述 |
|---|---|---|---|
| 支持 Docker Swarm | × | ✓ | Podman 认为多节点容器编排器的未来是 Kubernetes，并且不打算支持 Swarm |
| 自定义镜像注册服务器 | ✓ | × | Podman 支持为短名称扩展配置镜像注册服务器。当你指定短名称时，Docker 会硬编码成 docker.io。请参阅第 5 章 |
| 自定义缺省值 | ✓ | × | Podman 支持完全自定义所有的缺省值，包括安全、命名空间和卷。请参阅第 5 章 |
| macOS 支持 | ✓ | ✓ | Podman 和 Docker 都支持通过运行 Linux 虚拟机的方式在 macOS 上运行容器。请参阅附录 E |
| Windows 支持 | ✓ | ✓ | Podman 和 Docker 都支持在 Windows WSL 2 或者运行 Linux 的虚拟机上运行容器。请参阅附录 F |
| Linux 支持 | ✓ | ✓ | 所有主流的 Linux 发行版都支持 Podman 和 Docker。请参阅附录 C |
| 软件升级时不停止容器 | ✓ | × | Podman 不需要在容器运行时保持运行。由于默认情况下 Docker 的守护进程在监控容器，因此守护进程停止时所有容器将停止运行 |

## 1.3.2 非特权容器

Podman 最重要的功能可能是它有能力在非特权（rootless）模式下运行。很多情况下，你不想给用户提供完全的 root 访问权限，但是用户和开发者仍需要运行容器和构建容器镜像的权限。需要 root 权限会导致很多对安全敏感的公司无法广泛使用 Docker。然而，除了标准登录账户，在 Linux 中 Podman 不需要额外的安全功能就可以运行容器。

你可以将 Docker 客户端以普通用户运行，方法是将用户添加到 Docker 用户组（/etc/group），但我认为授予此访问权限是在 Linux 机器上可以做的最危险的事情之一。访问 docker.sock 允许你通过运行以下命令获得主机的完全 root 访问权限。在这个命令中，你会将整个主机操作系统根目录挂载到容器的/host 目录上。--privileged 标志会关闭所有容器安全性。然后你使用 chroot 命令将当前进程的主目录更改为/host。这意味着在执行 chroot 命令后，你将进入操作系统的根目录"/"，并具有完全的 root 特权。

```
$ docker run -ti --name hacker --privileged -v /:/host ubi8 chroot /host
#
```

此时，你已经拥有机器的完整 root 特权，可以"为所欲为"。当你入侵机器后，你可以简单地执行 docker rm 命令来删除容器和你的所有操作记录。

```
$ docker rm hacker
```

当 Docker 配置为使用默认文件记录日志时，所有启动容器的记录都会被删除。我认为这比在没有 root 权限的情况下设置 sudo 更糟糕。因为至少在使用 sudo 的情况下，你有机会在你的日志文件中看到 sudo 的执行。

而使用 Podman 时，运行在系统上的进程始终由用户拥有，并且没有比普通用户更高的能力。即使你跳出容器，进程仍然以你的 UID 运行，并且系统上的所有操作都记录在审计日志中。Podman 的用户不能简单地删除容器并覆盖他们的痕迹。要获取更多信息，请参见第 6 章。

> 提示　Docker 现在具有类似 Podman 的非特权运行能力，但几乎没有人以这种方式运行它。只为了启动一个容器而在你的主目录中启动多个服务，这种方式并没有流行起来。

### 1.3.3　fork/exec 模型

Docker 是作为 REST API 服务器构建的。可以说 Docker 基本上是一个包含多个守护进程的客户端-服务器架构。当用户执行 Docker 客户端时，会借助一个命令行工具连接到 Docker 守护进程。然后，Docker 守护进程会将镜像拉取到它的存储中，接着连接到 containerd 守护进程，最后 containerd 守护进程执行用来创建容器的 OCI 运行时。Docker 守护进程是一个通信平台，负责容器中初始进程（PID1）的 stdin、stdout 和 stderr 的读写通信。该守护进程将所有输出信息都发送回 Docker 客户端。用户会认为容器的进程就像当前会话的子进程一样，但其实在背后存在大量的通信过程。图 1-8 展示了 Docker 客户端-服务器架构。

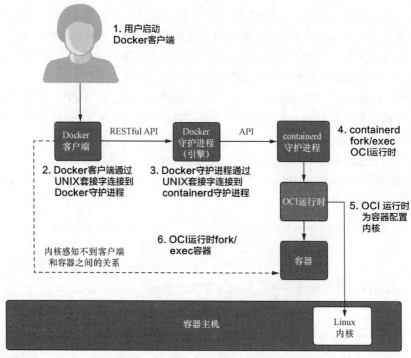

图 1-8　Docker 的客户端-服务器架构。容器是 containerd 的直接产物，而不是 Docker 客户端的。系统内核感知不到客户端程序和容器之间的关系

总之，Docker 客户端与 Docker 守护进程通信，后者与 containerd 守护进程通信，containerd 守护进程最终启动像 runc 这样的 OCI 运行时来真正启动容器的 PID1。以这种方式运行容器会使得过程比较复杂。多年来，守护进程中的任何一个故障都会使得所有容器宕机，而且往往难以诊断发生了什么。而 Podman 的核心工程团队都有着深受 UNIX 系统哲学影响的操作系统背景。

UNIX 和 C 是按照 fork/exec 计算模型设计的。基本上，当你运行一个新程序时，像 Bash shell 这样的父程序会 fork（派生）一个新进程，然后将新程序作为旧程序的子程序执行。Podman 工程团队认为，通过构建一个工具从容器镜像注册服务器中拉取容器镜像、配置容器存储，然后启动 OCI 运行时作为容器引擎子进程来启动容器，可以使容器更加简单易用。

在 UNIX 操作系统中，进程可以通过文件系统和进程间通信（IPC）机制共享内容。操作系统的这些特性使得多个容器引擎可以共享存储，而无须运行守护进程来控制访问和共享内容。除了使用操作系统的文件系统所提供的锁机制，容器引擎之间不需要进行通信。后续章节将探讨这种机制的优缺点。图 1-9 显示了 Podman 的架构和通信流程。

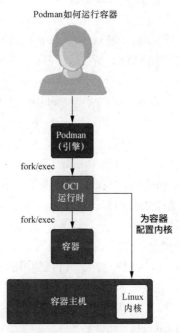

图 1-9　Podman 的 fork/exec 架构。用户启动 Podman 来执行 OCI 运行时，
接着 OCI 运行时启动容器。容器是 Podman 的直接产物

## 1.3.4　Podman 是无守护进程的

从根本上来说，Podman 是不同于 Docker 的，因为它是无守护进程的。Podman 可以像 Docker

一样运行所有容器镜像，并使用相同的容器运行时来启动容器。然而，Podman 无须多个持续以 root 权限运行的守护进程就可以实现这些功能。

　　假设你有一个要在系统启动时运行的 Web 服务。该 Web 服务被打包在容器内，因此你需要一个容器引擎。如果使用 Docker，你需要将其安装在你的机器上并运行，并且与之相关的每个守护进程都须保持运行状态且接受服务连接。然后，启动 Docker 客户端以启动 Web 服务。现在你的容器化应用程序以及所有 Docker 守护进程都在运行。使用 Podman，则仅须使用 Podman 命令来启动容器，Podman 本身并不存在守护进程。Podman 创建的容器将持续运行，而且不会产生运行多个守护进程的额外开销。在物联网设备和边缘服务器等低端机器上，更少的开销往往更受欢迎。

## 1.3.5　用户友好的命令行

　　Docker 的一个非常棒的特性是它具有简单易用的命令行界面。当然，还有其他容器命令行，如 RKT、lxc 和 lxcd，也有自己独立的命令行界面。Podman 团队早就意识到，独特的命令行界面并不会有助于 Podman 获得更多的市场份额。Docker 是主导工具，几乎每个想要尝试容器的人都使用 Docker 命令行界面。此外，如果你在线搜索有关如何使用容器的信息，你几乎肯定会得到 Docker 命令行的使用示例。所以从一开始，我们就认为 Podman 必须与 Docker 命令行相匹配。我们很快就开发了一个命令：alias Docker = Podman。

　　使用此命令，你可以继续输入 Docker 命令，但 Podman 会负责运行你的容器。假如 Podman 命令行与 Docker 不同，用户会很容易将其视为 Podman 的一个 bug，并且往往要求 Podman 做出修改以适应用户的使用习惯。当然，也有一些命令是 Podman 不支持的，如 Docker Swarm。但在大多数情况下，Podman 是可以完全替换 Docker CLI 的。

　　很多发行版提供了一个名为 podman-docker 的软件包，该软件包将别名从 docker 更改为 podman 并提供手册页的链接。这个别名的修改意味着，当你输入 docker ps 命令的时候，实际执行的是 podman ps 命令。如果你运行 man docker ps，则会显示 podman ps 的手册页。图 1-10 是来自一位 Podman 用户的推特消息，他将 docker 命令的别名设置为 podman，之后他惊讶地发现他已经使用 Podman 两个月了，而他一直认为自己使用的是 Docker。

　　早在 2018 年，Alan Moran 就曾发推文说："我完全忘记了大约两个月前我设置了 'alias docker="podman"'，这真是一场梦。"Joe Thomson 回复说："那是什么提醒了你？"Alan Moran 回答："docker help。"然后 Podman help 就出现了。

图 1-10　关于 "alias docker = podman"的推文

### 1.3.6　支持 REST API

Podman 可以作为一个由套接字激活的 REST API 服务来运行，因此允许远程客户端管理和启动 Podman 容器。Podman 支持 Docker API 以及涉及 Podman 高级功能的 Podman API。通过使用 Docker API，Podman 支持 docker-compose 和其他使用 docker-py Python 绑定的工具。这意味着，即使你的基础设施是使用 Docker 套接字来启动容器的，你也可以简单地将 Docker 替换为 Podman 服务，并继续使用你现有的脚本和工具。第 9 章会介绍 Podman 服务。

基于 Podman REST API，macOS、Windows 和 Linux 系统上的远程 Podman 客户端可以与运行在 Linux 机器上的 Podman 容器进行交互。附录 E 和 F 将介绍如何在 macOS 和 Windows 上使用 Podman。

### 1.3.7　与 systemd 集成

systemd 是操作系统上最基础的 init 系统。Linux 系统上的 init 进程是内核启动时启动的第一个进程。因此，init 系统是操作系统上所有进程的"祖先"，可以对所有进程进行监控。Podman 想把容器的运行和 init 系统完全结合起来。用户希望在系统启动时使用 systemd 启动和停止容器。容器需要支持以下操作。

■　支持容器内的 systemd。

- 支持套接字激活。
- 支持通过 systemd 通知机制来告诉 systemd 容器化应用程序已完全激活。
- 允许 systemd 完全管理容器化应用程序的 cgroups 和生命周期。

基本上，容器是作为 systemd 单元文件中的服务来运行的。许多开发人员希望在容器内运行 systemd，以便在容器内运行多个系统定义的服务。

然而，Docker 社区不同意这一点，并拒绝了所有试图将 systemd 集成到 Docker 中的 "pull request"。他们认为 Docker 应该管理容器的生命周期，同时也不想接纳那些想要在容器内运行 systemd 的用户的想法。

Docker 社区认为 Docker 守护进程应该作为进程的控制器，由 Docker 守护进程管理容器的生命周期，并在启动时启动和停止容器，而不是 systemd。然而，问题在于 systemd 拥有比 Docker 更多的功能，包括启动顺序、套接字激活、服务就绪通知等。图 1-11 是第一届 DockerCon 会议上 Docker 员工的实际工牌，反映了他们对 systemd 的不认同。

开发人员在设计 Podman 时就希望确保它与 systemd 完全集成。当你在容器内运行 systemd 时，Podman 以 systemd 期望的方式设置容器，并允许它以有限权限作为容器的 PID1 进程运行。通过 systemd 单元文件，Podman 允许你在容器内运行服务，就像服务在操作系统或者虚拟机中运行一样。Podman 支持套接字激活、服务通知和很多其他的 systemd 单元文件功能。Podman 使得生成符合最佳实践的 systemd 单元文件很简单，以便在 systemd 服务中运行容器。要获取更多信息，请参阅第 7 章中关于 systemd 集成的内容。

图 1-11 DockerCon 会议上的 Docker 员工工牌

Containers 项目（https://github.com/containers）是 Podman、容器库和其他容器管理工具的所在之处，它希望拥抱操作系统的所有功能并将其完全集成。第 7 章将介绍 Podman 与 systemd 的集成。

## 1.3.8 pod

Podman 的优势之一在其名称中就可以看出来。前文就曾提到，Podman 实际上是 pod manager 的缩写。正如 Kubernetes 官方文档所说，"pod（像海豹群一样，因此有了 Podman 的 Logo，或者说是豌豆荚）是一组（一个或多个）容器；这些容器共享存储、网络资源及有关如何运行这些容器的规范声明"。Podman 既可以像 Docker 一样一次创建一个容器，也可以在一个 pod 中同时管理多个容器。容器的设计目标之一是将服务拆分到多个独立的容器中，即微服务。然后你可以将这些容器关联起来构建一个更大的服务。pod 允许你像管理单个实体一样，将多个服务组合在一起形成一个更大的服务。Podman 的目标之一是允许创建并使用 pod 做一些功能验证。图 1-12 展示了运行在同一个系统上的两个 pod，每个 pod 包含 3 个容器。

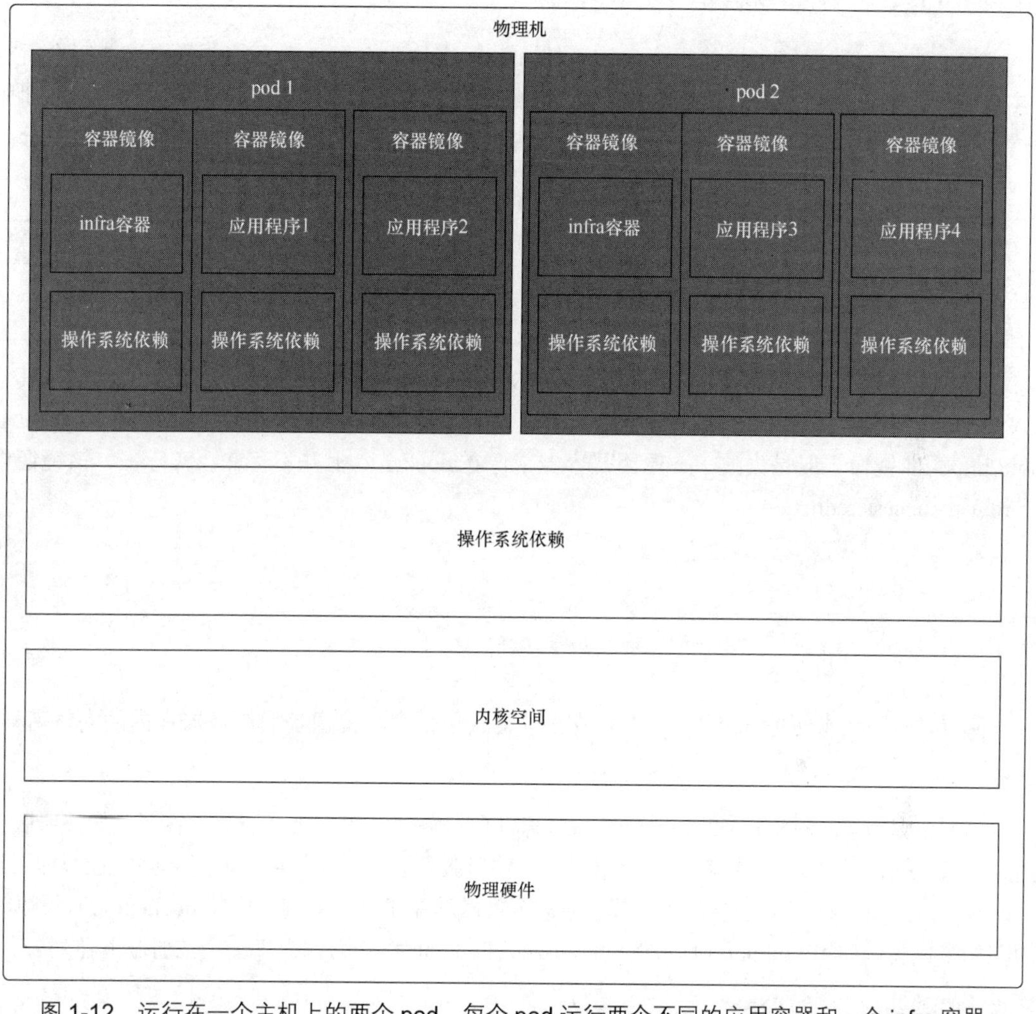

图 1-12　运行在一个主机上的两个 pod。每个 pod 运行两个不同的应用容器和一个 infra 容器

Podman 的 podman generate kube 命令允许你基于运行的容器和 pod 生成 Kubernetes YAML 文件，可以在第 7 章中看到更多与此相关的介绍。

类似地，Podman 的 podman play kube 命令允许用户执行 Kubernetes YAML 文件并在你的主机上生成 pod 和容器。我建议在单个主机上使用 Podman 运行 pod 和容器，如果是多台机器则建议使用 Kubernetes 将用户的 pod 和容器调度到多台机器上运行并通过用户的基础设施管理。其他项目如 kind（https://kind.sigs.k8s.io/docs/user/rootless），正在尝试在 Kubernetes 的引导下使用 Podman 来运行 pod。

## 1.3.9　自定义容器镜像注册服务器

Podman 等容器引擎支持使用短名称（如 ubi8）来拉取镜像，而不需要指定这些镜像所在的注册服务器（registry.access.redhat.com）。完整的镜像名称包含用来拉取镜像的容器镜像注册服务器的名称：registry.access.redhat.com/library/ubi8:latest。表 1-3 中展示了镜像名称的组成部分。

表 1-3　　　　　　　　　　　　　　　　短名称与容器镜像名称映射表

| 名称 | 容器镜像注册服务器 | 镜像仓库 | 镜像名称 | 镜像标签 |
| --- | --- | --- | --- | --- |
| 短名称 | | | ubi8 | |
| 全名称 | registry.access.redhat.com | library | ubi8 | latest |

在使用短名称时，Docker 被硬编码为总是从 https://docker.io 拉取镜像。假如你希望从其他容器镜像注册服务器拉取镜像，则必须指定完整的镜像名称。在下面的示例中，我尝试拉取 ubi8/httpd-24 镜像，但是失败了，原因是容器镜像在 docker.io 上并不存在。实际上，该镜像位于 registry.access.redhat.com 上。

```
# docker pull ubi8/httpd-24
Using default tag: latest
Error response from daemon: pull access denied for ubi8/httpd-24,
repository does not exist or may require 'docker login': denied: requested
access to the resource is denied
```

所以，如果我想使用 ubi8/httpd-24，我必须输入包括容器镜像注册服务器在内的完整名称。

```
# docker pull registry.access.redhat.com/ubi8/httpd-24
```

Docker 引擎将 docker.io 作为首选容器镜像注册服务器，优先级高于其他容器镜像注册服务器。然而 Podman 在设计之初就允许你指定多个注册服务器，就像你可以使用不同的包管理工具（如 dnf、yum 和 apt）来安装软件包一样。你甚至可以从注册服务器列表中将 docker.io 选项删除。现在如果你尝试使用 Podman 拉取 ubi8/httpd-24，Podman 将会为你提供一个注册服务器列表。

```
$ podman pull ubi8/httpd-24
? Please select an image:
    registry.fedoraproject.org/ubi8/httpd-24:latest
  ▶ registry.access.redhat.com/ubi8/httpd-24:latest
    docker.io/ubi8/httpd-24:latest
    quay.io/ubi8/httpd-24:latest
```

当你做出选择后，Podman 会记录短名称别名，不再提示和使用之前选择好的容器镜像注册服务器。Podman 还支持很多其他功能，如注册服务器黑名单、只拉取已签名镜像、设置镜像的 mirror 和指定硬编码的短名称, 这样使得特定的短名称直接映射到全名称 (请查阅第 5 章)。

## 1.3.10　支持多种传输方式

Podman 支持多种不同的容器镜像源和目标, 这些源和目标被称为传输方式 (见表 1-4)。
Podman 可以从容器镜像注册服务器和本地容器存储中拉取镜像, 还支持以 OCI、OCI TAR、
传统的 Docker TAR、目录格式存储的镜像, 以及直接从 Docker 守护进程中获取的镜像。Podman
命令可以轻松地运行每种格式的镜像。

表 1-4　　　　　　　　　　　　　　　Podman 支持的传输方式

| 传输方式 | 描述 |
| --- | --- |
| 容器镜像注册服务器<br>(docker) | 引用存储在远程容器镜像注册服务器网站上的容器镜像。镜像注册服务器存储和共享容器镜像<br>(例如 docker.io 和 quay.io) |
| oci | 引用符合 OCI 布局规范的容器镜像。manifest 和层 TAR 包作为单独的文件位于本地目录中 |
| dir | 引用符合 Docker 镜像布局的容器镜像, 类似于 oci 传输方式, 但是以旧版的 Docker 格式存储<br>文件 |
| docker-archive | 引用打包到 TAR 归档文件中的符合 Docker 镜像布局的容器镜像 |
| oci-archive | 引用打包到 TAR 归档文件中的符合 OCI 布局规范的容器镜像 |
| docker-daemon | 引用存储在 Docker 守护进程内部存储中的容器镜像 |
| container-storage | 引用位于本地存储中的容器镜像。Podman 默认使用 container-storage 来保存本地镜像 |

## 1.3.11　完全可定制

容器引擎往往有很多内置常量, 比如它们运行时使用的命名空间、SELinux 是否启用以及
容器运行时运行哪些功能。如果使用 Docker, 这些常量的值大部分都是硬编码的, 并且默认不
能被修改。对比来看, Podman 则具有完全可定制的配置。

Podman 有内置的默认值, 但是定义了三处存储其配置文件的位置。

- /usr/share/containers/containers.conf: 每个发行版可以定义其想要使用的配置。
- /etc/containers/containers.conf: 可以在这里设置系统级别的参数覆盖。
- $HOME/.config/containers/containers.conf: 只能在非特权模式下指定。

通过这些配置文件, 你可以配置自己想要的 Podman 默认运行方式。你也可以在默认配置
下以更高的安全性来运行 Podman。

## 1.3.12　支持用户命名空间

Podman 与用户命名空间完全集成。非特权模式依赖用户命名空间, 用户命名空间允许将
多个 UID 分配给一个用户。用户命名空间使得在同一个系统上的不同用户之间保持隔离, 因此,

你可以让多个非特权用户运行具有多个 UID 的容器，所有用户之间相互隔离。

　　用户命名空间可以将容器相互隔离。Podman 可轻松启动多个具有唯一用户命名空间的容器，然后内核会基于 UID 分离，将进程与主机用户隔离并使进程彼此之间也隔离开来。

　　与此不同，Docker 仅支持在单独的用户命名空间运行容器，这意味着所有容器都运行在同一个用户命名空间。一个容器里的 root 用户与另一个容器里的 root 用户相同。Docker 不支持在不同的用户命名空间运行每个容器，这意味着容器从用户命名空间的角度来看会相互攻击。所以即使 Docker 支持了这种模式，也几乎没有人使用 Docker 在独立的用户命名空间运行容器。

# 1.4　什么时候不使用 Podman

　　与 Docker 一样，Podman 不是容器编排器。Podman 是一个以非特权或者特权模式在单个主机上运行容器工作负载的工具。如果你想在多台机器上编排运行容器，则需要更高级别的工具。

　　我认为现在最好的容器编排工具是 Kubernetes。Docker 也有一个名为 Swarm 的编排器，曾经有过一些人气，但现在似乎失宠了。由于 Podman 团队认为 Kubernetes 是在多台机器上运行和管理容器的最佳方式，所以 Podman 并不支持 Docker 的 Swarm 功能。目前 Podman 已被用在不同的编排器中并用于网格/HPC 计算，开源开发人员甚至将其添加到 Kubernetes 前端界面。

# 1.5　总结

- 容器技术已经存在在多年，但容器镜像和容器镜像注册服务器的引入为开发人员提供了一种更好的软件交付形式。
- Podman 是一款优秀的容器引擎，适用于几乎所有的单节点容器项目。它对于开发、构建和运行容器化应用程序非常有用。
- 与 Docker 一样，Podman 易于使用，且具有与 Docker 完全相同的命令行界面。
- Podman 支持 REST API，它允许远程工具和语言（包括 docker-compose）与 Podman 容器一起工作。
- 与 Docker 不同，Podman 拥有多项显著的功能，包括支持用户命名空间、多种传输方式、可定制镜像注册服务器、与 systemd 的高度集成、fork/exec 模型以及开箱即用的非特权模式等。
- Podman 是一种更安全的容器运行方式。

# 第 2 章　Podman 命令行

2

**本章内容：**
- Podman 的命令行介绍
- 尝试运行 OCI 应用程序
- 容器和镜像的对比
- 构建基于 OCI 的容器镜像

Podman 是构建和运行容器化应用程序的绝佳工具。本章将通过构建一个简单的 Web 应用程序来演示 Podman 常用的命令行功能。

如果你的机器上没有安装 Podman，你可以跳转到附录 C，学习如何将 Podman 安装到你的机器上，安装完成后返回此处继续学习。本章假设你已经安装了 Podman 4.1 或更新版本。较旧版本的 Podman 可能也能运行良好，但本书中所有示例均使用 Podman 4.1 进行了测试。我所使用的基础容器镜像示例是 registry.access.red-hat.com/ubi8/httpd-24。

> **提示**　通用基础镜像（Universal Base Image，UBI）可在任何地方使用，但是由 Red Hat 维护和审查的容器软件以及在 Red Hat 操作系统上运行的容器软件会得到全面支持。还有数百个与此镜像类似的 Apache 镜像，你也可以尝试使用。

第 2 章展示了 Podman 是如何成为处理容器的一项优秀工具的。在这一章中，我将带你经历构建容器化应用程序的场景。其中，你将启动一个容器、修改其内容、创建一个镜像并将其传输到镜像注册服务器中。接着，我会解释如何以自动化的方式完成这些操作，以维护容器镜像的安全。在此过程中，你将接触到许多 Podman 命令行界面，这些会让你对如何使用 Podman 有一个良好的理解。

如果你是一位有经验的 Docker 用户，可能只需快速浏览本章。你应该已经知道其中的大部分内容，但是 Podman 有许多独特的功能，例如能够挂载容器镜像（见 2.2.10 节）和支持不同的传输方式（见 2.2.4 节）。让我们从运行第一个容器开始吧。

> 提示　Podman 是一个正在大力开发中的开源项目。在许多不同的 Linux 发行版以及 macOS 和 Windows 上，Podman 被打包并提供。这些发行版可能会提供旧版的 Podman，而这些旧版 Podman 可能没有涵盖本书中某些最新功能。本书中的一些示例基于 Podman 4.1 或更新版本。如果示例无法正常运行，请将 Podman 版本更新到最新版本。有关安装 Podman 的更多信息，请参见附录 C。

## 2.1　使用容器

容器镜像注册服务器中有数千个不同的容器镜像。开发人员、管理员、质量工程师和一般用户主要使用 podman run 命令来拉取、运行、测试或探索这些容器镜像。要开始构建容器化应用程序，首先需要做的是使用基础镜像。在我们的示例中，你将拉取并运行 registry.access. red-hat.com/ubi8/httpd-24 镜像，将其存储在主目录的容器存储中，然后对容器内部进行探索。

### 2.1.1　探索容器

在这个小节中，你将逐步检查一个典型的 Podman 命令。你将执行 podman run 命令，该命令会连接 registry.access.redhat.com 容器镜像注册服务器、拉取容器镜像并将其存储在你的主目录中。

```
$ podman run -ti --rm registry.access.redhat.com/ubi8/httpd-24 bash
```

接下来我将分解你刚刚执行的命令。默认情况下，podman run 命令在前台运行容器化命令，直到容器退出。在上面的命令中，你会在容器内部运行一个 Bash 提示符，并显示 "bash-4.4$" 提示符。当你退出此 Bash 提示符时，Podman 将停止容器的运行。

在这个例子中，你使用了两个选项：-t 和-i (-ti)，即告诉 Podman 连接到容器终端。这将容器内 bash 进程的输入、输出和错误流连接到你的屏幕，使你能够在容器内进行交互。

```
$ podman run -ti --rm registry.access.redhat.com/ubi8/httpd-24 bash
```

--rm 选项告诉 Podman 在容器退出后立即删除容器，释放容器占用的所有存储空间。

```
$ podman run -ti --rm registry.access.redhat.com/ubi8/httpd-24 bash
```

接下来，指定你正在使用的容器镜像 registry.access.redhat.com/ubi8/httpd-24。该 podman 命令用于连接到 registry.access.redhat.com 镜像注册服务器，并开始复制 ubi8/httpd-24:latest 镜像。Podman 复制多个层（也称为 blob），见代码清单 2-1，并将它们存储在本地容器存储中。当镜像层被拉取时，你可以看到进度。有些镜像非常大，拉取时间可能很长。如果你以后要在相同的镜像上运行不同的容器，Podman 将跳过拉取镜像的步骤，因为你已经在本地容器存储中保存了正确的镜像。

清单 2-1　从镜像注册服务器中拉取和运行容器镜像

```
$ podman run -ti --rm registry.access.redhat.com/ubi8/httpd-24 bash
Trying to pull registry.access.redhat.com/
➡ ubi8/httpd-24:latest...                      ←——  联系镜像注册
Getting image source signatures                      服务器
Checking if image destination supports signatures
Copying blob 296e14ee2414 skipped: already exists
Copying blob 356f18f3a935 skipped: already exists
Copying blob 359fed170a21
➡ [===========================>---------] 11.8MiB / 16.2MiB     已在本地缓存的镜
Copying blob 226cafc3a0c6                                      像层拉取会被跳过
➡ [=====>-----------------------------]
➡ 10.1MiB / 61.1MiB
```

最后，指定要在容器内运行的可执行文件，在本例中为 bash。

```
$ podman run -ti --rm registry.access.redhat.com/ubi8/httpd-24 bash
...
bash-4.4$
```

> 提示　镜像几乎总是有默认执行的命令。只有在需要覆盖镜像默认运行的应用程序的情况下才需要指定命令。示例中使用的 registry.access.redhat.com/ubi8/httpd-24 镜像默认运行的是 Apache Web 服务器。

在 bash shell 容器中，运行命令 cat /etc/os-release 并注意输出结果可能是与在容器外运行 /etc/os-release 命令不同的操作系统或不同的版本。在容器中进行探索，请注意它与主机环境的不同之处。

```
bash-4.4$ grep PRETTY_NAME /etc/os-release
PRETTY_NAME="Red Hat Enterprise Linux 8.4 (Ootpa)"
```

在我的主机上使用不同的终端时，相同命令的输出如下。

```
$ grep PRETTY_NAME /etc/os-release
PRETTY_NAME="Fedora Linux 35 (Workstation Edition Prerelease)"
```

回到容器内部，你会注意到可用的命令少了很多。

```
bash-4.4$ ls /usr/bin | wc -l
525
```

但是，主机上的可用命令有很多。

```
$ ls -l /usr/bin | wc -l
3303
```

可以执行 ps 命令来查看容器内部运行了哪些进程。

```
$ ps
PID TTY         TIME CMD
1 pts/0      00:00:00 bash
2 pts/0      00:00:00 ps
```

你只能看到两个进程：bash 脚本和 ps 命令。不用说，在我的主机上有数百个进程在运行（包括这两个进程）。你可以进一步探索容器内部，以了解容器内部的情况。

完成操作后，退出 bash 脚本，容器将关闭。由于你使用了--rm 选项，Podman 将删除所有容器存储并删除容器。容器镜像仍然在 container/storage 中。你已经探索了容器的内部工作原理，是时候使用容器内部的默认应用程序了。

## 2.1.2　运行容器化应用程序

在前面的例子中，你拉取容器镜像并在容器化应用程序中运行 bash，但没有运行该镜像开发人员想要你运行的应用程序。在下一个示例中，你将通过删除一些命令选项并使用一些新的选项来运行实际的应用程序。

首先，删除-ti 和--rm 选项，因为你希望在 podman 命令退出时容器保持运行状态。你不是交互式地在容器内运行 shell，因为它只是运行容器化的 Web 服务。

```
$ podman run -d -p 8080:8080 --name myapp registry.access.redhat.com/ubi8/httpd-24 37a1d2e
31dbf4fa311a5ca6453f53106eaae2d8b9b9da264015cc3f8864fac22
```

要注意的第一个选项是-d（--detach），它告诉 Podman 启动容器，然后与之分离。基本上是以后台模式运行容器。实际上，Podman 命令会退出但保留容器运行。第 6 章会更深入地介绍其背后发生的事情。

```
$ podman run -d -p 8080:8080 --name myapp
    registry.access.redhat.com/ubi8/httpd-24
```

-p（--publish）选项告诉 Podman 在容器运行时将容器端口 8080 发布或绑定到主机端口 8080。使用-p 选项时，冒号前的字段是主机端口，而冒号后的字段是容器端口。在这个例子中，你可以看到端口是相同的。如果只指定一个端口，Podman 会将其视为容器端口，并随机选择一个主机端口与容器端口进行绑定。你可以使用 podman port 命令查找绑定到容器的端口。

清单 2-2　podman port 命令的示例

```
$ podman port myapp
8080/tcp -> 0.0.0.0:8080  ◄──
```
该命令显示容器内部的端口 **8080/tcp**
被绑定到所有主机网络（**0.0.0.0**）的
端口 **8080**

默认情况下，容器是在自己的网络命名空间中创建的，这意味着它们没有绑定到主机网络而是绑定到了它们的虚拟网络。假设我在没有-p 选项的情况下执行容器。此时，容器内部的 Apache 服务器绑定到了容器网络命名空间中的网络接口，但 Apache 并未绑定到主机网络。

只有容器内的进程才能连接到端口 8080，与该 Web 服务器通信。通过使用-p 选项，Podman 可将容器内部端口连接到指定端口的主机网络上。这个连接则允许像 Web 浏览器这样的外部进程从该 Web 服务中读取信息。

> **提示** 如果你在非特权（rootless）模式下运行容器（见第 3 章），Podman 用户默认不允许通过内核绑定到 1024 以下的端口。一些容器想要绑定到较小的端口，如端口 80，这在容器内是允许的，但在命令中使用-p 80:80 时会失败，因为 80 小于 1024。使用-p 8080:80 会使 Podman 将主机端口 8080 绑定到容器内端口 80。上游 Podman repo 包含了诸如绑定到 1024 以下端口等问题的疑难解答信息。

-p 选项可以将容器内端口号映射到容器外的不同端口号。

```
$ podman run -d -p 8080:8080 --name myapp
    registry.access.redhat.com/ubi8/httpd-24
```

在此示例中，容器 myapp 使用了--name myapp 选项。通过指定一个名称，可以更容易地找到容器，也可以指定一个名称，以便在其他命令中使用（例如 podman stop myapp）。如果不指定名称，Podman 会自动生成一个唯一的容器名称和容器 ID。与容器交互的所有 Podman 命令都可以使用此名称或 ID。

```
$ podman run -d --name myapp -p 8080:8080
    registry.access.redhat.com/ubi8/httpd-24
```

当 podman run 命令执行完成后，容器就开始运行了。由于此容器以分离模式运行，因此 Podman 打印容器 ID 并退出，但容器仍在后台运行。

```
$ podman run -d -p 8080:8080 --name myapp
    registry.access.redhat.com/ubi8/httpd-24
37a1d2e31dbf4fa311a5ca6453f53106eaae2d8b9b9da264015cc3f8864fac22
```

既然容器正在运行，你就可以启动一个 Web 浏览器，在本地主机上通过端口 8080 与容器内的 Web 服务器进行通信（参见图 2-1）。

```
$ web-browser localhost:8080
```

祝贺你！你已经成功启动了第一个容器化应用程序。
如果你想启动另一个容器，你可以执行类似的命令，只需进行一些更改。

```
$ podman run -d -p 8081:8080 --name myapp1 \
  registry.access.redhat.com/ubi8/httpd-24
fa41173e4568a8fa588690d3177150a454c63b53bdfa52865b5f8f7e4d7de1e1
```

请注意需要将容器的名称改为 myapp1，否则 podman run 命令会由于之前存在 myapp 容器而执行失败。另外，需要将-p 选项更改为使用 8081 作为主机端口，因为容器 myapp 当前正在运行并绑定到了端口 8080。第二个容器在第一个容器退出之前不能绑定到端口 8080。

```
$ podman run -d -p 8081:8080 --name myapp1
    registry.access.redhat.com/ubi8/httpd-24
```

podman create 命令与 podman run 命令的作用几乎相同。create 命令会拉取镜像（如果它不在容器存储中），并配置容器信息以使其准备好运行，但它不会运行容器。该命令通常与 2.1.4 节中描述的 podman start 命令一起使用。你可能希望创建一个容器，然后稍后使用 systemd 单元文件来启动和停止容器。

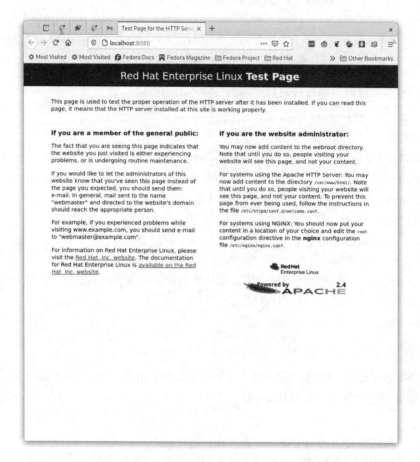

图 2-1　Web 浏览器窗口连接到在 Podman 中运行的 ubi8/httpd-24 容器

一些常用的 podman run 命令选项如下。

- --user USERNAME: 告诉 Podman 以镜像中定义的特定用户身份运行容器。默认情况下，Podman 会以 root 身份运行容器，除非容器镜像指定了默认用户。
- --rm: 容器退出时自动删除容器。
- --tty (-t): 分配一个伪终端并将其附加到容器的标准输入中。
- --interactive (-i): 将标准输入连接到容器的主进程。该选项使你可以在容器中使用交互式 shell。

> **提示** 有数十个可用的 podman run 参数选项,你可以使用它们来更改安全功能、命名空间、卷等。本书使用和解释了其中一些选项。有关所有选项的描述,请参阅 podman-run 手册页。在表 2-1 中定义的 podman create 的大多数参数选项也适用于 podman run 命令。

使用 man podman-run 命令可以查看该命令所有参数选项的信息。既然容器已经启动运行,是时候停止容器并进行下一步操作了。

## 2.1.3 停止容器

现在有两个容器正在运行,并且也通过运行 Web 浏览器对它们进行了测试。为了继续进行开发,向网页实际添加一些内容,你可以使用 podman stop 命令来停止容器。

```
$ podman stop myapp
```

stop 命令会停掉我们前面使用 podman run 命令启动的容器。

停止容器时,Podman 检查正在运行的容器并向容器的主进程(PID1)发送停止信号(通常为 SIGTERM),默认情况下要等待 10 秒才能使容器停止。停止信号告诉容器内的主进程正常退出。如果容器在 10 秒内没有停止,Podman 会向该进程发送 SIGKILL 信号,强制停止容器。容器中的进程将这 10 秒的等待时间用于清理并提交更改。

可以使用 podman run --stop-signal 选项为容器更改默认的停止信号。因为有时容器的主进程或 init 进程会忽略 SIGTERM,例如在容器内部使用 systemd 作为主进程的容器。systemd 忽略 SIGTERM 并指定使用 SIGRTMIN+3(signal#37)信号来关闭。停止信号可以嵌入在容器镜像的定义中,2.3 节对此做了描述。

一些容器可能会忽略 SIGTERM 停止信号,这意味着你必须等待 10 秒后让容器退出。如果你知道当前容器会忽略默认的停止信号,并且你不关心该容器的清理工作,你可以直接将"-t 0"选项添加到 podman stop 命令中,这会立即发送 SIGKILL 信号。

```
$ podman stop -t 0 myapp1
myapp1
```

Podman 其实还有一个类似的命令 podman kill,该命令能发送指定的 kill 信号。当你想向容器发送信号而不实际停止容器时,podman kill 命令就会非常有用了。

一些常用的 Podman stop 命令选项如下。

■ --timeout (-t):用来设置超时时间;"-t 0"会立即发送 SIGKILL 信号而不等待容器停止。
■ --latest (-l):一个很有用的选项,允许你停止最近创建的容器,而不必使用容器名称或 ID。大多数需要指定容器名称或 ID 的 Podman 命令也接受--latest 选项。该选项仅适用于 Linux 机器。
■ --all:告诉 Podman 停止所有正在运行的容器。与--latest 类似,需要容器名称或容器 ID 参数的 Podman 命令也接受--all 选项。

可以使用 man podman-stop 命令来获取所有选项的信息。

最终，你的系统将有大量已停止的容器，而有时你需要重新启动它们（例如，系统已经重新启动）。另一个常见用例是你创建一个容器，然后再启动它。下一小节将介绍如何启动容器。

### 2.1.4　启动容器

你创建的容器现已停止运行了。接下来，你可能想要使用清单 2-3 中的命令来将其重新启动。

**清单 2-3　启动一个容器的样例**

```
$ podman start myapp          start 命令会输出被启动
myapp                         的容器的名称
```

podman start 命令可以启动一个或多个容器。该命令将输出容器 ID，表示你的容器已经启动并运行。现在，你可以使用 Web 浏览器重新连接它。podman start 的一个常见用例是在主机重启后，启动在关机期间停止的所有容器。

一些常用的 Podman start 命令选项如下。

- --all: 启动本地容器存储中所有停止的容器。
- --attach: 将你的终端连接到容器的输出。
- --interactive(-i): 将你的终端输入连接到容器以实现对容器的命令交互。

可以使用 man podman-start 命令来查看该命令的所有选项信息。

在你使用 Podman 一段时间且已经拉取和运行了许多不同的容器镜像后，你可能需要知道正在运行的容器或你在本地存储中拥有哪些容器镜像，并列出这些容器。

### 2.1.5　列出容器

你可以借助 Podman 命令列出正在运行的容器以及先前创建的所有容器。你可以使用 podman ps 命令列出容器。

```
$ podman ps
CONTAINER ID IMAGE                           COMMAND      CREATED \
⇨  STATUS         PORTS          NAMES
b1255e94d084 registry.access.redhat.com/ubi8/httpd-24:latest /usr/bin/run-\
⇨ http... 6 minutes ago Up 4 minutes ago 0.0.0.0:8080->8080/tcp myapp
```

注意，默认情况下，podman ps 命令会列出正在运行的容器。你可以使用--all 选项来查看所有容器。

```
$ podman ps -all
CONTAINER ID IMAGE                       COMMAND        CREATED \
    STATUS         PORTS       NAMES
b1255e94d084 registry.access.redhat.com/ubi8/httpd-24:latest /usr/bin/run-\
    http... 9 minutes ago Up 8 minutes ago    0.0.0.0:8080->8080/tcp myapp
3efee4d39965 registry.access.redhat.com/ubi8/httpd-24:latest /usr/bin/run-\
    http... 7 minutes ago Exited (0) 3 minutes ago 0.0.0.0:8081->8080/tcp myapp1
```

一些常用的 podman ps 命令选项如下。

■ --all: 告诉 Podman 列出所有容器, 而不仅仅是运行中的容器。

■ --quiet: 告诉 Podman 只打印容器 ID 信息。

■ --size: 告诉 Podman 返回每个容器当前使用的磁盘空间大小, 而不是它们所基于的镜像大小。

使用 man podman-ps 命令可以查看该命令的所有选项的信息。你已经知道了系统上拥有的所有容器, 现在可能想要检查它们的内部信息。

## 2.1.6 检查容器

要想完全了解一个容器, 有时你需要知道这个容器是基于哪个镜像创建的、这个容器默认需要获取哪些环境变量, 或者容器的安全设置是怎样的。podman ps 命令为我们提供了一些有关容器的数据信息, 但是如果你想真正检查容器有关的更详细的信息, 可以使用 podman inspect 命令。

podman inspect 命令也可用于检查容器镜像、网络、卷和 pod。注意 podman container inspect 命令也可用于容器检查, 但仅适用于容器。大多数用户只须输入更短的 podman inspect 命令进行查看。

```
$ podman inspect myapp
[
  {
    "Id":
    "240271ae90480d3836b1477e5c0b49fbd3883846ca474e3f6effdfb271f4ff54",
    "Created": "2021-09-27T05:27:47.163828842-04:00",
    "Path": "container-entrypoint",
      "Args": [
          "/usr/bin/run-httpd"
      ],
...
]
```

正如你所看到的, podman inspect 命令输出了一个大的 JSON 文件, 在我的机器上有 307 行。所有这些信息最终都传递给 OCI 运行时以启动容器。在使用 inspect 命令时, 通常将其命令输出配合 less 或 grep 命令来使用, 以便查找你感兴趣的特定字段。你也可以使用格式选项。如果你想要检查启动容器时执行的命令, 请执行清单 2-4 中的操作。

```
$ podman inspect --format '{{ .Config.Cmd }}' myapp
[/usr/bin/run-httpd]
```
◄── inspect 命令展示的是 OCI 容器镜像
规范的数据信息

或者，如果你想查看停止信号，请执行清单 2-5 中的命令。

```
$ podman inspect --format '{{ .Config.StopSignal }}' myapp
15
```
◄── 所有容器的默认停止信号是 15（SIGTERM）

一些常用的 podman inspect 命令选项如下。

- --latest (-l)：可非常方便地用于快速检查最近创建的容器，而不必指定容器名称或容器 ID。
- --format：如前面所示，这个选项非常有用，可以从输出的 JSON 中提取特定的字段信息以供检查。
- --size：输出容器正在使用的磁盘空间量。收集这些信息往往需要较长时间，因此它不是默认执行的。

如果想查看该命令所有选项的信息，可以使用 man podman-inspect 命令。检查完容器后，你可能会意识到不再需要该容器及其占用的存储空间，因此需要将其删除。

## 2.1.7　删除容器

如果你不再需要使用某一个容器，可以删除该容器以释放磁盘空间，而且删除后还可以重复使用该容器名称。你还记得什么时候启动过另一个容器 myapp1 吗？在删除之前要确保先停止该容器（见 2.1.3 节），然后使用 podman rm 命令来删除容器。

```
$ podman rm myapp1
3efee4d3996532769356ffea23e1f50710019d4efc704d39026c5bffd6aa18be
```

一些常用的 podman rm 命令选项如下。

- --all：如果你想要删除所有容器，那么该选项会非常有用。
- --force：告诉 Podman 强制删除容器，即使处在运行中的容器也会被立即停止并删除。

可以使用 man podman-rm 命令来查看该命令所有选项的信息。现在你已经了解了一些命令，是时候修改正在运行中的容器了。

## 2.1.8　使用 exec 命令进入容器

通常，当一个容器正在运行时，你可能想要在容器内启动另一个进程来调试或检查正在发生的情况。在某些情况下，你可能想要修改容器正在使用的某些内容。

假设你想进入容器并修改它正在显示的网页。你可以使用 podman exec 命令进入容器，并使用--interactive (-i)选项在容器内执行命令。你需要指定容器的名称 myapp，并在容器内执行 Bash 脚本。如果你停止了 myapp 容器，则需要重新启动它，因为 podman exec 仅适用于正在运行的容器。

在以下示例中，你将在容器中执行 bash 进程以创建/var/www/html/index.html 文件。你将编写一段 HTML 内容，使容器化的网站可以显示"Hello World"信息。

```
$ podman exec -i myapp bash -c 'cat > /var/www/html/index.html' << _EOF
<html>
 <head>
 </head>
 <body>
  <h1>Hello World</h1>
 </body>
</html>
_EOF
```

再次使用 exec 命令进入容器时，可以看到文件已成功修改。这表明通过 exec 命令对容器进行的修改是永久性的，即使停止并重新启动该容器，这些修改也都会保留下来。podman run 和 podman exec 之间的一个关键区别是，run 使用容器镜像创建一个新容器并在其中运行进程，而 exec 命令则是在现有容器内启动进程。

```
$ podman exec myapp cat /var/www/html/index.html
<html>
 <head>
 </head>
 <body>
  <h1>Hello World</h1>
 </body>
</html>
```

现在让我们从 Web 浏览器连接到容器，看看内容是否已更改（参见图 2-2）。

```
$ web-browser localhost:8080
```

图 2-2　连接到 Web 浏览器窗口的 Podman 运行 ubi8/httpd-24 容器和更新后的"Hello World"页面

一些常用的 podman exec 命令选项如下。

■　--tty: 将-tty 连接到 exec 会话。

■　--interactive：-i 选项告诉 Podman 运行在交互模式下，这意味着你可以与 exec-ed 程序如 shell 进行交互。

可以使用 man podman-exec 命令来查看所有选项的信息。

现在你已经创建了一个容器化应用程序。如果你希望将其与他人共享，那么你首先需要将容器提交为一个容器镜像。

## 2.1.9　从容器创建镜像

开发者通常通过基础镜像来运行容器以创建一个新的容器环境。完成后，他们将这个环境打包到一个容器镜像中，以便与其他用户共享。其他用户则可以使用 Podman 来启动这样的容器化应用程序。你可以通过 Podman 来实现这个目的，只需将容器提交为 OCI 镜像即可。

首先，停止或暂停容器以确保在提交时不会对其进行修改。

```
$ podman stop myapp
```

现在，你可以执行 podman commit 命令来获取应用程序容器 myapp，并提交它，从而创建一个名为 myimage 的新镜像。

```
$ podman commit myapp myimage
Getting image source signatures
Copying blob e39c3abf0df9 skipped: already exists
Copying blob 8f26704f753c skipped: already exists
Copying blob 83310c7c677c skipped: already exists
Copying blob 654b3bf1361e skipped: already exists
Copying blob 9e816183404c done                Copying config e38084bb8a done
Writing manifest to image destination
Storing signatures
e38084bb8a76104a7cac22b919f67646119aff235bb1cfcba5478cc1fbf1c9eb
```

现在，你可以通过执行 podman start 命令继续运行现有的 myapp 容器，或者基于 myimage 镜像创建一个新的容器。

```
$ podman run -d --name myapp1 -p 8080:8080 myimage
0052cb32c8e63b845ac5dfd5ba176b8204535c2c6cafa3277453424de601263f
```

> 提示　使用 podman commit 命令创建容器镜像并不是常用的方法。可以使用 podman build 来脚本化和自动化整个容器镜像构建过程。请参阅 2.3 节以获取与该过程有关的更多信息。

一些常用的 podman commit 选项如下。

■　--pause：在提交期间暂停运行的容器。请注意在提交之前我停止（stop）了容器，但我也可以直接暂停它。使用 podman pause 和 podman unpause 命令可以暂停和恢复容器。

■　--change：允许你将指令提交到镜像上。这些指令包括 CMD、ENTRYPOINT、ENV、EXPOSE、LABEL、ONBUILD、STOPSIGNAL、USER、VOLUME 和 WORKDIR。这些指令与 Containerfile 或 Dockerfile 中的指令相对应。

可以使用 man podman-commit 命令来查看所有选项的信息。表 2-1 列出了所有的 Podman 容器命令。

表 2-1 Podman 容器命令

| 命令 | 手册页 | 描述 |
| --- | --- | --- |
| attach | podman-container-attach(1) | 连接到正在运行中的容器 |
| checkpoint | podman-container-checkpoint(1) | 创建容器的检查点 |
| cleanup | podman-container-cleanup(1) | 清理容器的网络和挂载点 |
| commit | podman-container-commit(1) | 将容器提交为容器镜像 |
| cp | podman-container-cp(1) | 将文件或目录复制到容器内或容器外 |
| create | podman-container-create(1) | 创建一个新的容器 |
| diff | podman-container-diff(1) | 检查容器文件系统中的变化 |
| exec | podman-container-exec(1) | 运行容器中的进程 |
| exists | podman-container-exists(1) | 检查容器是否存在 |
| export | podman-container-export(1) | 将容器的文件系统导出为 TAR 文件 |
| init | podman-container-init(1) | 初始化容器 |
| inspect | podman-container-inspect(1) | 显示容器的详细信息 |
| kill | podman-container-kill(1) | 向容器中的主进程发送信号 |
| List (ps) | podman-container-List(1) | 列出所有的容器 |
| logs | podman-container-logs(1) | 获取容器的日志 |
| mount | podman-container-mount(1) | 挂载容器的根文件系统 |
| pause | podman-container-pause(1) | 暂停容器 |
| port | podman-container-port(1) | 列出容器的端口映射 |
| prune | podman-container-prune(1) | 删除所有非运行状态的容器 |
| rename | podman-container-rename(1) | 对已存在的容器重命名 |
| restart | podman-container-restart(1) | 重启容器 |
| restore | podman-container-restore(1) | 从检查点恢复容器 |
| rm | podman-container-rm(1) | 删除容器 |
| run | podman-container-run(1) | 在新容器里运行指定命令 |
| runlabel | podman-container-runlabel(1) | 从指定镜像标签运行容器 |
| start | podman-container-start(1) | 启动容器 |
| stats | podman-container-stats(1) | 显示容器的统计信息 |
| stop | podman-container-stop(1) | 停止容器 |
| top | podman-container-top(1) | 显示容器中正在运行的进程 |
| unmount | podman-container-unount(1) | 卸载容器的根文件系统 |
| unpause | podman-container-unpause(1) | 取消 pod 里所有容器的暂停 |
| wait | podman-container-wait(1) | 等待容器退出 |

现在你已经将容器提交为一个镜像，是时候展示 Podman 如何使用这些镜像了。

> **提示**　你已经学习了一些 Podman 容器命令，但还有很多其他的命令。可以使用 podman-container(1) 手册页来探索所有这些命令及本节中讲解的所有命令的完整描述。

## 2.2　使用容器镜像

在上一节中，你尝试了基本的容器操作，包括检查容器和将其提交为容器镜像。在本节中，你将学习如何使用容器镜像，了解它们与容器的不同之处，并学习如何通过容器镜像注册服务器共享容器镜像。

### 2.2.1　容器与镜像的区别

在计算机编程中，经常遇到的一个问题是相同的名称被用于不同的目的。在容器世界中，没有比"容器"更常用的术语了。通常情况下，容器是指由 Podman 启动的运行的进程。但是容器还可以指容器存储中的非运行对象，也称为容器数据。正如你在前一节中看到的那样，podman ps --all 显示了所有处于正在运行状态和未运行状态的容器。

另一个例子是命名空间（namespace）这个术语，它在许多不同的领域中被使用。当人们谈论 Kubernetes 中的命名空间时，我经常感到困惑。有些人听到这个术语时会想到虚拟集群，但当我听到它时，我想到的是与 pod 和容器一起使用的 Linux 命名空间。同样，镜像（image）这个词可以指虚拟机镜像、容器镜像、OCI 镜像或存储在容器镜像注册服务器中的 Docker 镜像。

我认为容器是在某个环境中执行的进程或者正在准备运行的东西。相比之下，镜像是已经提交的、可以与他人共享的容器。其他用户或系统可以使用这些镜像来创建新的容器。

容器镜像只是已提交的容器。OCI 定义了镜像的格式。Podman 使用 container/image 库（https://github.com/containers/image）与镜像进行交互。容器镜像可以以不同的传输方式存储在不同类型的存储中，如 container/image 所述。这些传输方式可以是容器镜像注册服务器、Docker 归档文件、OCI 归档文件、docker-daemon，以及 containers/storage。有关传输方式的更多信息，请参阅 2.2.4 节。

在 Podman 的上下文中，我通常将镜像称为存储在容器存储或 docker.io 和 quay.io 等容器镜像注册服务器中的内容。Podman 使用 GitHub 的 container/storage 库（https://github.com/containers/storage）来处理本地存储的镜像。让我们再对其详细了解一下。

container/storage 库提供了"存储容器"的概念。根本上说，存储容器是指尚未提交的中间存储内容，可以将其视为磁盘上的文件和用于描述内容的一些 JSON。Podman 有自己的、与 Podman 容器相关的数据存储，而且 Podman 需要同时处理其容器的多个用户。它依赖 containers/storage 提供的文件系统锁定来确保数百个 Podman 可执行文件可以可靠地共享同一个数据存储。

当你将一个容器提交到存储中时，Podman 会将容器存储复制到镜像存储中。镜像以一系列层的形式存储，每次提交都会创建一个新的层。

你可以把镜像想象成一个婚礼蛋糕（见图 2-3）。在我们之前的示例中，你使用了 ubi8/httpd-24 镜像，它由两个层组成：基础层是 ubi8，然后镜像添加了 httpd 软件包和其他内容，于是创建了 ubi8/httpd-24。现在，在前文提交容器时，Podman 在 ubi8/httpd-24 镜像的顶部添加了一个名为 myimage 的新层。

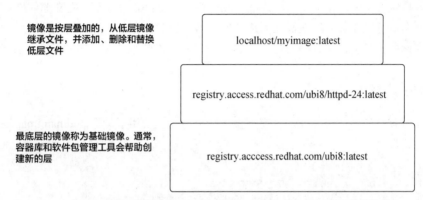

图 2-3　以一个婚礼蛋糕来显示组成我们 Hello World 应用程序的镜像

一个方便的、用来显示镜像层级关系的 Podman 命令是 podman image tree。

```
$ podman image tree myimage
Image ID: 2c7e43d88038
Tags: [localhost/myimage:latest]
Size: 461.7MB
Image Layers
├── ID: e39c3abf0df9 Size: 233.6MB
├── ID: 42c81bd2b468 Size: 20.48kB Top Layer of:
│      [registry.access.redhat.com/ubi8:latest]
├── ID: 51a7beaa0b88 Size: 57.43MB
├── ID: 519e681b5702 Size: 170.6MB Top Layer of:
│      [registry.access.redhat.com/ubi8/httpd-24:latest]
└── ID: bc3dcdefdac3 Size: 69.63kB Top Layer of: [localhost/myimage:latest]
       localhost/myapp:latest]
```

从命令输出可以看出 myimage 镜像由 5 层组成。

另一个有用的 Podman 命令是 podman image diff，它允许你查看相对于另一个镜像或下一层做了更改（C）、添加（A）或删除（D）的实际文件和目录。

```
$ podman image diff myimage ubi8/httpd-24
C /etc/group
C /etc/httpd/conf
```

```
C /etc/httpd/conf/httpd.conf
C /etc/httpd/conf.d
C /etc/httpd/conf.d/ssl.conf
C /etc/httpd/tls
C /etc
C /etc/httpd
A /etc/httpd/tls/localhost.crt
A /etc/httpd/tls/localhost.key
...
```

镜像只是应用于低层镜像上的软件的 TAR 差异，而容器内容是未提交的软件层。一旦容器被提交，你就可以在自己的镜像上创建其他容器。当然你也可以与其他人共享该镜像，以便他们可以在你的镜像上创建其他容器。现在让我们看看你的容器存储中的所有镜像吧。

## 2.2.2　列出镜像

在前面对容器的介绍中，你一直在与镜像打交道，且使用了命令 podman images 来列出本地存储中的镜像。

```
$ podman images
REPOSITORY               TAG        IMAGE ID       CREATED       SIZE
localhost/myimage        latest     2c7e43d88038   46 hours ago  462 MB
registry.access.redhat
➡ .com/ubi8/httpd-24 latest   8594be0a0b57   5  weeks ago   462 MB
registry.access.redhat
➡ .com/ubi8       latest     ad42391b9b46   5  weeks ago   234 MB
```

让我们看一下默认输出中的不同字段。表 2-2 描述了 podman images 命令输出中可用的不同字段和数据。在本节中，你都将使用 podman images 命令。

表 2-2　　　　　　　　　　　　　podman images 命令列出的默认字段

| 命令字段 | 描述 |
| --- | --- |
| REPOSITORY | 表示完整的镜像名称 |
| TAG | 表示镜像的版本，镜像的标签在 2.2.6 节中介绍 |
| IMAGE ID | 表示镜像的唯一标识符。它作为镜像的 JSON 配置对象的 SHA256 哈希，由 Podman 生成 |
| CREATED | 表示镜像创建后经过的时间。默认情况下容器镜像将按此字段排序 |
| SIZE | 表示镜像占用的存储空间大小 |

> 提示　随着时间的推移，你拉取的所有镜像占用的存储空间将不断增加。用户经常会遇到磁盘空间不足的问题，因此你应该监视镜像和容器的大小，在不再需要时删除它们。使用 man podman-system-prune 命令可以了解更多有关镜像清理的信息。

一个常用的 podman images 命令选项如下。

- **--all 选项**：该选项用于列出所有镜像。默认情况下，podman images 仅列出当前正在使用的镜像。当一个镜像被一个具有相同标签的新镜像替换时，先前的镜像将被标记为 <none> <none>，这些镜像被称为**空悬镜像**。

可以使用 man podman-images 命令获取所有选项的信息。与容器类似，你可能希望通过检查镜像来查看与其相关的配置信息。

### 2.2.3　检查镜像

在之前的章节中，我提到了几个检查镜像的命令。我使用了 podman image diff 命令来检查在镜像之间创建或删除的文件和目录，还展示了使用 podman image tree 命令查看镜像的层次结构或"婚礼蛋糕"层的方法。

有时候，你可能想要检查镜像的配置信息，使用 podman image inspect 命令可以实现此目的。podman inspect 命令也可以用于检查镜像，但是由于镜像名称可能与容器冲突，因此更推荐使用专门的镜像命令。

```
$ podman image inspect myimage
[
  {
    "Id": "3b8fcf9081b4c4e6c16d763b8d02684df0737f3557a1e03ebfe4cc7cd6562135",
    "Digest":
"sha256:ff49aa6253ae47569d5aadbd73d70e7d0431bcf3a2f57b1b56feecdb531029a3",
    "RepoTags": [
        "localhost/myimage:latest"
    ],
    "RepoDigests": [
    "localhost/myimage@sha256:ff49aa6253ae47569d5aadbd73d70e7d0431bcf3a2f57b1b\
➡ 56feecdb531029a3"
    ],
...
]
```

如你所见，此命令同样输出一个很大的 JSON 数组（在上一个示例中为 153 行），其中包括用于 OCI 镜像格式规范的数据。当你从容器镜像创建容器时，此信息将用作创建容器的输入之一。

使用 inspect 命令时，通常最好将其输出通过管道传递给 less 或 grep 命令以查找你感兴趣的特定字段。或者，你可以使用 --format 选项。

如果想要检查此容器镜像执行的默认命令，请执行以下命令。

```
$ podman image inspect --format '{{ .Config.Cmd }}' myimage
[/usr/bin/run-httpd]
```

或者，如果想检查停止信号，可以执行如下命令。

```
$ podman image inspect --format '{{ .Config.StopSignal }}' myimage
```

可以看到该命令没有任何输出，这意味着应用程序的开发人员没有指定 STOPSIGNAL。当你基于此镜像构建自己的容器时，会采用默认的 STOPSIGNAL 15，除非你通过命令行对默认值进行了覆盖。

一个常用的 podman image 命令的选项如下。

- --format：正如你在上面看到的那样，该选项对于从 podman image inspect 命令输出的 JSON 字符串中提取特定字段非常高效。

可以使用 man podman-image-inspect 命令来获取有关该命令的详细信息。

只要你对当前容器的状态是满意的，便可以将其提交为一个容器镜像，接下来的步骤便是与其他人共享该镜像，或者在另一个系统上运行它。你需要将镜像推送到其他类型的容器存储中，该容器存储通常是容器镜像注册服务器。

## 2.2.4　推送镜像

在 Podman 中，你可以使用 podman push 命令将一个镜像及其所有的镜像层从容器存储中复制出来，并将其推送到其他形式的容器镜像存储，如容器镜像注册服务器。Podman 支持几种不同的容器存储——传输方式（transport）。

### 容器传输方式

Podman 使用 containers/image 库（https://github.com/containers/image）来拉取和推送镜像。我将 containers/image 项目描述为一个在不同类型的容器存储之间复制镜像的库。正如你所见，其中一个存储是 containers/storage。

当推送镜像时，[destination]是通过 transport:Image-Name 格式指定的。如果未指定传输方式，则默认使用 Docker（容器镜像注册服务器）传输方式。

Docker 在创建时进行了一项创新，正如我之前解释的那样，它发明了容器镜像注册服务器的概念——本质上是一个包含容器镜像的 Web 服务器。docker.io、quay.io 和 Artifactory Web 服务器都是容器镜像注册服务器的示例。Docker 工程团队定义了一种从容器镜像注册服务器拉取和推送这些镜像的协议，我将其称为容器镜像注册服务器（container registry）或 Docker 传输方式。

当我想要通过容器镜像运行一个容器时，可以完全指定容器镜像的名称（包括传输方式），如下面的命令所示。

```
$ podman run docker://registry.access.redhat.com/ubi8/httpd-24:latest echo hello
hello
```

对于 Podman，docker://是默认的传输方式，为方便起见可以将其省略。

```
$ podman run registry.access.redhat.com/ubi8/httpd-24:latest echo hello
hello
```

上一节的 myimage 镜像是在本地创建的，这意味着它没有关联的镜像注册服务器。默认情况下，本地创建的容器镜像具有与之关联的 localhost 镜像注册服务器。你可以使用 podman images 命令来查看 containers/storage 中的镜像：

```
$ podman images
REPOSITORY                  TAG      IMAGE ID       CREATED       SIZE
localhost/myimage           latest   2c7e43d88038   46 hours ago   462 MB
registry.access.redhat
➡ .com/ubi8/httpd-24        latest   8594be0a0b57   5 weeks ago    462 MB
registry.access.redhat
➡ .com/ubi8                 latest   ad42391b9b46   5 weeks ago    234 MB
```

如果镜像关联了一个远端镜像注册服务器（例如 registry.access.redhat.com/ubi8），则可以在不指定[destination]字段的情况下推送它。相反，由于 localhost/myimage 没有与其关联的远端镜像注册服务器，因此这种情况下就需要指定远端镜像注册服务器（如 quay.io/rhatdan）。

```
$ podman push myimage quay.io/rhatdan/myimage
Getting image source signatures
Copying blob 164d51196137 done
Copying blob 8f26704f753c done
Copying blob 83310c7c677c done
Copying blob 654b3bf1361e [===================>-------------------] 82.0MiB / 162.7MiB
Copying blob e39c3abf0df9 [================>----------------------] 100.0MiB / 222.8MiB
```

> **提示** 在执行 podman push 命令之前，我已使用 podman login 登录到 quay.io/rhatdan 账户，这将在下一节中介绍。

执行 push 命令后，镜像就可被其他用户拉取。当然，拉取操作的前提是当前用户有权限访问此容器镜像注册服务器。表 2-3 描述了 Podman 支持的不同类型容器存储的传输方式。

表 2-3　　　　　　　　　　　Podman 支持的传输方式

| 传输方式 | 描述 |
| --- | --- |
| 容器镜像注册服务器（docker） | 默认的传输方式。这种传输方式引用存储在远端容器镜像注册服务器中的容器镜像。容器镜像注册服务器（镜像中心）是存储和共享容器镜像的地方（例如，docker.io 或 quay.io） |
| oci | 引用符合开放容器镜像规范的容器镜像。image manifest 和 layer 的 tarball 文件作为单独的文件位于本地目录中 |
| dir | 引用符合 Docker 镜像规范的容器镜像。它与 oci 传输方式非常相似，但使用遗留的 Docker 格式存储文件。它是一种非标准化格式，主要用于调试或非侵入式容器检查 |
| docker-archive | 引用 Docker 镜像规范的容器镜像，该镜像被打包到 TAR 归档文件中 |
| oci-archive | 引用符合开放容器镜像规范的镜像，该镜像被打包到 TAR 归档文件中。它与 docker-archive 传输方式非常相似，但它存储的是 OCI 格式的镜像 |
| docker-daemon | 引用存储在 Docker 守护进程内部存储中的镜像。由于 Docker 守护进程需要 root 特权，因此 Podman 必须由 root 用户运行 |
| container-storage | 引用位于本地容器存储中的镜像。它不仅是一种传输方式，更多的是一种存储镜像的机制。它可用于将其他传输方式转换为容器存储。Podman 默认为本地镜像使用这种机制 |

如果你想将镜像推送到远端容器镜像注册服务器，尝试直接推送时会发现容器镜像注册服务器拒绝了你的镜像推送，因为你没有提供登录授权信息。你必须执行 podman login 命令登录到对应的容器镜像注册服务器并确保拥有对应的访问权限。

## 2.2.5　登录容器镜像注册服务器

在前一节中，我演示了通过执行以下命令将容器镜像推送到我的容器镜像注册服务器。

```
$ podman push myimage quay.io/rhatdan/myimage
```

但是我忽略了一个关键步骤：使用正确的凭据登录到容器镜像注册服务器。这是推送容器镜像的必要步骤，而且在从私有镜像注册服务器中拉取容器镜像时也需要这一步骤。

要完成本节的操作，你需要先在容器镜像注册服务器设置一个账户。有几个容器镜像注册服务器可供选择。https://quay.io 和 https://docker.io 镜像注册服务器都提供免费账户和镜像存储。你所在的公司可能搭建了私有的容器镜像注册服务器，你也可以在私有容器镜像注册服务器上注册并获取账户。

在下面的例子中，我将继续使用 quay.io 上的 rhatdan 账户。你可以登录以获取凭据。

```
$ podman login quay.io
Username: rhatdan
Password:
Login Succeeded!
```

在执行 podman login 命令时，你注意到系统会提示你输入容器镜像注册服务器的用户名和密码。podman login 命令中的一些选项可以用于在命令行中传递用户名和密码信息，从而实现自动化登录。

为了存储用户的身份验证信息，podman login 命令会创建一个 auth.json 文件。默认情况下，该文件存储在/run/user/$UID/containers/auth.json 中。

```
cat /run/user/3267/containers/auth.json
{
  "auths": {
    "quay.io": {
      "auth": "OBSCURED-BASE64-PASSWORD"
    }
  }
}
```

auth.json 文件包含 Base64 编码字符串格式的容器镜像注册服务器密码且没有涉及任何加密技术。因此，auth.json 文件需要受到保护。Podman 默认将该文件存储在/run 目录中，因为它是一个临时文件系统，在你注销或重启系统时会被销毁。/run/user/$UID/containers 目录对于系统上的其他用户是不可访问的。

可以通过指定--auth-file 选项来覆盖其存储位置。另外，也可以使用 REGISTRY_AUTH_FILE

环境变量来修改其位置。如果两者都被指定，那么将采用--auth-file选项传递的值。所有容器工具都使用此文件来访问容器镜像注册服务器。

可以多次运行podman login命令以登录到多个容器镜像注册服务器，并将登录信息存储在同一个授权文件的不同段中。

> **提示** Podman也支持其他存储密码信息的机制，这些机制被称为凭据助手。

使用完容器镜像注册服务器后，你可以通过执行podman logout注销登录。此命令会删除存储在auth.json文件中的缓存凭据。

```
$ podman logout quay.io
Removed login credentials for quay.io
```

一些常用的podman login和logout命令选项如下。

- --username, (-u)：提供了登录到容器镜像注册服务器时使用的Podman用户名。
- --authfile：告诉Podman将授权文件存储在不同的位置。你也可以使用REGISTRY_AUTH_FILE环境变量来更改位置。
- --all：允许你注销登录所有容器镜像注册服务器。

可以使用man podman-login和man podman-logout命令来查看所有可用的选项的信息。

请注意，当你将容器镜像推送到容器镜像注册服务器时，你需要将myimage重命名为quay.io/rhatdan/myimage。

```
$ podman push myimage quay.io/rhatdan/myimage
```

如果本地容器镜像已经命名为 quay.io/rhatdan/myimage，那很好，这样你就只需要直接执行下面的命令了。

```
$ podman push quay.io/rhatdan/myimage
```

在下一小节中，你将学习如何为容器镜像添加名称。

## 2.2.6 标记镜像

本章前面已经提到，当你将一个容器提交为镜像或者使用podman build构建镜像时，该镜像是使用localhost镜像注册服务器创建的。Podman允许为镜像添加额外的名称。Podman将这些名称称为标记，可以使用podman tag命令进行标记操作。

先使用podman images命令列出container/storage中的镜像。

```
$ podman images
REPOSITORY              TAG       IMAGE ID       CREATED       SIZE
localhost/myimage       latest    2c7e43d88038   46 \hours ago 462 MB
registry.access.redhat
➡ .com/ubi8/httpd-24    latest    8594be0a0b57   5  weeks ago  462 MB
```

```
registry.access.redhat
➥ .com/ubi8          latest    ad42391b9b46    5  weeks ago  234 MB
```

　　然后，你需要将计划推送的最终镜像命名为 quay.io/rhatdan/myimage。为此，可以使用以下的 podman tag 命令添加该名称。

```
$ podman tag myimage quay.io/rhatdan/myimage
```

　　现在再次运行 podman images 命令以查看镜像。你将会看到镜像名称已经变为 quay.io/rhatdan/myimage。值得注意的是，镜像 localhost/myimage 和 quay.io/rhatdan/myimage 具有相同的镜像 ID：2c7e43d88038。

```
$ podman images
REPOSITORY                   TAG        IMAGE ID          CREATED       SIZE
localhost/myimage            latest     2c7e43d88038   46  hours ago    462 MB
quay.io/rhatdan/myimage      latest     2c7e43d88038   46  hours ago    462 MB
registry.access.redhat
➥ .com/ubi8/httpd-24         latest     8594be0a0b57    5  weeks ago   462 MB
registry.access.redhat
➥ .com/ubi8                  latest     ad42391b9b46    5  weeks ago   234 MB
```

　　由于这两个镜像具有相同的镜像 ID，所以它们是具有多个名称的同一镜像。现在你可以直接与 quay.io/rhatdan/myimage 进行交互。当然，首先你需要重新登录到 quay.io。

```
$ podman login --username rhatdan quay.io
Password:
Login Succeeded!
```

　　现在，在进行推送时，不再需要额外指定目标名称。

```
$ podman push quay.io/rhatdan/myimage
Getting image source signatures
...
Storing signatures
```

　　这要简单得多。让我们用版本 1.0 标记以前使用的镜像。

```
$ podman tag quay.io/rhatdan/myimage quay.io/rhatdan/myimage:1.0
```

　　再次检查镜像，注意 myimage 现在有三个不同的名称/标签。这三个都具有相同的镜像 ID 2c7e43d88038。

```
$ podman images
REPOSITORY                   TAG        IMAGE ID          CREATED       SIZE
localhost/myimage            latest     2c7e43d88038   46  hours ago    462 MB
quay.io/rhatdan/myimage      1.0        2c7e43d88038   46  hours ago    462 MB
quay.io/rhatdan/myimage      latest     2c7e43d88038   46  hours ago    462 MB
registry.access.redhat
➥ .com/ubi8/httpd-24         latest     8594be0a0b57    5  weeks ago   462 MB
registry.access.redhat
➥ .com/ubi8                  latest     ad42391b9b46    5  weeks ago   234 MB
```

现在，你可以将 1.0 版本的 myimage（应用程序）推送到容器镜像注册服务器。

```
$ podman push quay.io/rhatdan/myimage:1.0
Getting image source signatures
Copying blob 8f26704f753c skipped: already exists
Copying blob e39c3abf0df9 skipped: already exists
Copying blob 654b3bf1361e skipped: already exists
Copying blob 83310c7c677c skipped: already exists
Copying blob 164d51196137 [--------------------------------------] 0.0b / 0.0b
Copying config 2c7e43d880 [--------------------------------------] 0.0b / 4.0KiB
Writing manifest to image destination
Storing signatures
```

用户可以拉取最新版本的镜像或者 1.0 版本的镜像。当你构建应用程序的 2.0 版本时，可以将两个版本的镜像都存储在容器镜像注册服务器上。你也可以同时在主机上运行应用程序的 1.0 和 2.0 版本。

可以使用 Web 浏览器（例如 Firefox、Chrome、Safari、Internet Explorer 或 Microsoft Edge）来查看 quay.io 上的镜像。你可以在图 2-4 中看到 1.0 版本和最新版本的镜像。

```
$ web-browser quay.io/repository/rhatdan/myimage?tab=tags
```

图 2-4　quay.io 上的 myimage 镜像标签列表(https://quay.io/repository/rhatdan/myimage/?tab=tags)

既然你已经将镜像推送到了容器镜像注册服务器，就可能想要通过删除这些容器镜像来释放本地用户目录中的存储空间。

---

提示　可能与我们的常识相反，镜像标签 latest 并不是指当前镜像仓库中最新的镜像。它只是另一个镜像标签，没有任何特殊的含义。更糟糕的是，由于它被用作未带标签的容器镜像的默认标签，所以它可能指代任何随机版本的镜像。容器镜像注册服务器中可能存在比本地容器存储中带有此标签的版本更新的版本。因此，最好始终引用你要使用的镜像的特定版本，而不是依赖 latest 标签。

---

## 2.2.7　删除镜像

随着时间的推移，镜像可能会占用大量磁盘空间。因此，最好删除本地不再使用的容器镜像。让我们先使用命令列出本地的所有镜像。

```
$ podman images
REPOSITORY                      TAG       IMAGE ID       CREATED        SIZE
localhost/myimage               1.0       2c7e43d88038   46 hours ago   462 MB
quay.io/rhatdan/myimage         1.0       2c7e43d88038   46 hours ago   462 MB
quay.io/rhatdan/myimage         latest    2c7e43d88038   46 hours ago   462 MB
registry.access.redhat
⮕ .com/ubi8/httpd-24            latest    8594be0a0b57   5 weeks ago    462 MB
registry.access.redhat
⮕ .com/ubi8                     latest    ad42391b9b46   5 weeks ago    234 MB
```

可以使用 podman rmi 命令来删除本地的容器镜像。

```
$ podman rmi localhost/myimage
Untagged: localhost/myimage:latest
```

再次列出本地的镜像，你会发现 podman rmi 命令实际上没有删除镜像，只是删除了镜像对应的标签 localhost。可以看到 Podman 仍然有两个引用指向相同镜像 ID，也就是说容器镜像的实际内容并未被删除。这意味着没有释放任何磁盘空间。

```
$ podman images
REPOSITORY                      TAG       IMAGE ID       CREATED        SIZE
quay.io/rhatdan/myimage         1.0       2c7e43d88038   46 hours ago   462 MB
quay.io/rhatdan/myimage         latest    2c7e43d88038   46 hours ago   462 MB
registry.access.redhat
⮕ .com/ubi8/httpd-24            latest    8594be0a0b57   5 weeks ago    462 MB
registry.access.redhat
⮕ .com/ubi8                     latest    ad42391b9b46   5 weeks ago    234 MB
```

你可以使用短名称（参见 2.2.8 节）来删除其他镜像标签。Podman 使用短名称来查找与本地存储中不带镜像注册服务器的短名称匹配的第一个名称，并将其删除，这就是需要删除两次才能消除两个镜像的原因。需要显式指定除 latest 之外的其他标签。

```
$ podman rmi myimage
Untagged: quay.io/rhatdan/myimage:latest
$ podman rmi myimage:1.0
Untagged: quay.io/rhatdan/myimage:1.0
Deleted: 2c7e43d88038669e8cdbdff324a9f9605d99697215a0d21c360fe8dfa8471bab
```

只有在删除最后一个镜像标签后，系统才会实际回收磁盘空间。

```
$ podman images
REPOSITORY                TAG       IMAGE ID       CREATED       SIZE
registry.access.redhat
➥ .com/ubi8/httpd-24      latest    8594be0a0b57   5 weeks ago   462 MB
registry.access.redhat
➥ .com/ubi8               latest    ad42391b9b46   5 weeks ago   234 MB
```

或者你可以尝试通过指定镜像 ID 来删除镜像。

```
$ podman rmi 14119a10abf4
Error: unable to delete image\
➥ "2c7e43d88038669e8cdbdff324a9f9605d99697215a0d21c360fe8dfa8471bab" by\
➥ ID with more than one tag ([quay.io/rhatdan/myimage:1.0\
➥ quay.io/rhatdan/myimage:latest]): please force removal
```

但你会发现这样操作会失败，因为同一镜像 ID 有多个镜像标签。可以添加--force 选项来强制删除该镜像及其所有镜像标签。

```
$ podman rmi 14119a10abf4 --force
Untagged: quay.io/rhatdan/myimage:1.0
Untagged: quay.io/rhatdan/myimage:latest
Deleted: 2c7e43d88038669e8cdbdff324a9f9605d99697215a0d21c360fe8dfa8471bab
```

随着镜像大小和数量的增长以及创建了更多容器，你会越来越难以确定哪些镜像不再需要。Podman 还有另一个非常实用的命令 podman image prune，可用于删除所有空悬镜像。空悬镜像指不再绑定标签或没有容器使用的镜像。该删除命令还具有--all 选项，该选项删除所有当前未被任何容器使用的镜像，包括空悬镜像。

```
$ podman image prune -a
WARNING! This command removes all images without at least one container \
➥ associated with them.
Are you sure you want to continue? [y/N] y
6d633c2626113fb4e5aa75babb2af39268948497893f7bb5b4c2043d7a986ba0
B9097177b416944cabdcfcab0e74a319223ad1acaed38ac57a262b2421732355
```

> **提示**　在当前系统下没有任何正在运行的容器的情况下，执行 podman image prune 命令会删除所有本地镜像，这将释放用户主目录中的所有磁盘空间。可以使用 podman system df 命令查看 Podman 在用户主目录中占用的所有存储空间。

一些常用的 podman image prune 命令选项如下。

- **--all**：告诉 Podman 删除所有镜像，释放所有存储空间。正在容器中运行的那些镜像不会被删除。
- **--force**：告诉 Podman 停止并删除运行在指定镜像上的任何容器，并强制删除与你要删除的镜像有依赖关系的所有镜像。

可以使用 man podman-image-prune 命令来查看所有选项的信息。

已经推送到容器镜像注册服务器的镜像也可能出于各种原因被重新拉取，包括但不限于以下情况：与他人共享应用程序、测试其他版本、获取已删除的本地版本以及处理镜像的新版本。

## 2.2.8　拉取镜像

虽然前面的演示中你已删除了所有本地镜像，但你可以使用 podman pull 命令从远端容器镜像注册服务器（传输方式）中将以前推送的镜像 quay.io/rhatdan/myimage 再重新拉取到本地容器存储中。

```
$ podman pull quay.io/rhatdan/myimage
Trying to pull quay.io/rhatdan/myimage:latest…
Getting image source signatures
Copying blob dfd8c625d022 done
Copying blob e21480a19686 done
Copying blob 68e8857e6dcb done
Copying blob 3f412c5136dd done
Copying blob fbfcc23454c6 done
Copying config 2c7e43d880 done
Writing manifest to image destination
Storing signatures
2c7e43d880382561ebae3fa06c7a1442d0da2912786d09ea9baaef87f73c29ae
```

pull 命令的输出是不是看起来很熟悉呢？你可能还记得在 2.1.2 节中使用 podman run 命令时有类似的输出信息。

```
$ podman run -d -p 8080:8080 --name myapp\
   registry.access.redhat.com/ubi8/httpd-24
Trying to pull registry.access.redhat.com/ubi8/httpd-24:latest…
Getting image source signatures
Checking if image destination supports signatures
Copying blob 296e14ee2414 skipped: already exists
Copying blob 356f18f3a935 skipped: already exists
Copying blob 359fed170a21 done
Copying blob 226cafc3a0c6 done
Writing manifest to image destination
Storing signatures
37a1d2e31dbf4fa311a5ca6453f53106eaae2d8b9b9da264015cc3f8864fac22
```

许多与镜像打交道的 Podman 命令在本地不存在所需的容器镜像时会隐式执行 podman pull 命令。

你可以通过执行 podman images 命令查看拉回到本地文件系统中的容器镜像，为运行相应的容器做好镜像准备。

```
$ podman images
REPOSITORY                TAG      IMAGE ID      CREATED      SIZE
quay.io/rhatdan/myimage   latest   2c7e43d88038  2 days ago   462 MB
```

到目前为止的示例中，你一直在使用完整的镜像名称（如 registry.access.redhat.com/ubi8/httpd-24 或 quay.io/rhatdan/myimage）来指定容器镜像，但如果你像我一样不是很擅长输入这一长串的镜像名称（这样做有点麻烦），那么你确实需要一种通过短名称来引用容器镜像的方法。

**短名称和容器镜像注册服务器**

当 Docker 首次出现时，镜像引用被定义为存储镜像的容器镜像注册服务器、仓库、镜像名称以及镜像标签或版本的组合。在我们的示例中，我们使用的是 quay.io/rhatdan/myimage。在表 2-4 中，你可以看到此镜像名称的细分。请注意，隐式使用了 latest 标记，因为未指定镜像版本。

表 2-4　　　　　　　　　　　　　　　　容器镜像名称表

| 容器镜像注册服务器 | 镜像仓库 | 镜像名称 | 镜像标签 |
| --- | --- | --- | --- |
| quay.io | rhatdan | myimage | latest |

Docker 命令行在内部将 docker.io 容器镜像注册服务器设置为唯一的远端镜像注册服务器，因此每个镜像短名称都将指向 docker.io 上的镜像。docker.io 还提供了一个特殊的仓库，用于认证镜像。因此，从 docker.io 拉取镜像不需要像下面这样输入完整镜像名称。

```
# docker pull docker.io/library/alpine:latest
```

而只需要执行以下命令。

```
# docker pull alpine
```

相反，如果你想从另一个不同的容器镜像注册服务器拉取镜像，则需要指定完整的镜像名称。

```
# docker pull registry.access.redhat.com/ubi8/httpd-24:latest
```

表 2-5 显示了使用镜像的短名称和镜像全名之间的差异。请注意，在使用短名称时，没有指定容器镜像注册服务器、仓库和标签。

表 2-5　　　　　　　　　　　　　　　容器镜像名称表的短名称

| 容器镜像注册服务器 | 镜像仓库 | 镜像名称 | 镜像标签 |
| --- | --- | --- | --- |
| docker.io | library | alpine<br>alpine | latest |

由于我喜欢偷懒，不喜欢输入额外的字符，因此我几乎总是使用镜像的短名称。对 Podman 而言，其开发者不想在工具中硬编码一个像 docker.io 那样的容器镜像注册服务器。于是 Podman 允许由 Podman 发行版、企业和用户控制想要使用哪些容器镜像注册服务器，并能够配置多个容器镜像注册服务器。与此同时，Podman 提供了更易于使用的短名称的支持。Podman 通常带有多个定义好的容器镜像注册服务器，配置由打包 Podman 的发行版进行控制。你可以使用 podman info 命令查看 Podman 中安装和定义了哪些容器镜像注册服务器。

```
$ podman info
...
registries:
  search:
  - registry.fedoraproject.org
  - registry.access.redhat.com
  - docker.io
  - quay.io
```

这个容器镜像注册服务器列表可以在 registries.conf 文件中修改，这在 5.2 节中会有具体介绍。

接下来我们讨论一下使用这些命令时的安全性问题。

```
$ podman pull rhatdan/myimage
$ podman pull quay.io/rhatdan/myimage
```

从安全性的角度来看，从容器镜像注册服务器拉取镜像时最好指定完整的镜像名称。这样，Podman 可以保证它一定是从指定的注册服务器拉取的。想象一下，如果你想要拉取 rhatdan/myimage 镜像，使用之前的搜索顺序，有可能有人在 docker.io/rhatdan 上设置了一个账户，并试图欺骗你错误地拉取 docker.io/rhatdan/myimage。

为了防止这种情况发生，在首次拉取镜像时，Podman 会提示你从已配置的容器镜像注册服务器的镜像列表中选择一个正确的镜像。

```
$ podman create -p 8080:8080 ubi8/httpd-24
? Please select an image:
    registry.fedoraproject.org/ubi8/httpd-24:latest
  ▸ registry.access.redhat.com/ubi8/httpd-24:latest
    docker.io/ubi8/httpd-24:latest
    quay.io/ubi8/httpd-24:latest
```

一旦你成功地选择并拉取了一个镜像，Podman 会记录短名称的映射关系。在未来，当你使用这个短名称运行一个容器时，Podman 会使用短名称映射来选择正确的容器镜像注册服务器，而不再提示用户。

Linux 发行版也提供了最常用的短名称映射，因为它们希望你从它们支持的注册服务器中拉取镜像。你可以在 Linux 主机上的/etc/containers/registries.conf.d 目录中找到这些短名称的配置文件。公司也可以在该目录中删除短名称的别名文件。

```
$ cat /etc/containers/registries.conf.d/000-shortnames.conf
[aliases]
```

```
# centos
"centos" = "quay.io/centos/centos"
# containers
"skopeo" = "quay.io/skopeo/stable"
"buildah" = "quay.io/buildah/stable"
"podman" = "quay.io/podman/stable"
...
```

一些常用的 podman pull 选项如下。

■ --arch: 用来告诉 Podman 拉取不同架构的容器镜像。例如，在我的 x86_64 机器上我可以拉取 arm64 镜像。默认情况下，podman pull 会拉取本机处理器架构对应的容器镜像。

■ --quiet(-q): 告诉 Podman 不要打印所有的进度信息，而在完成镜像拉取时只打印镜像 ID。

可以使用 man podman-pull 命令了解该命令所有选项的信息。

我在本书中仅提到少数镜像，公网开放的镜像仓库上往往有成千上万的镜像可供用户选择。你需要搜索这些镜像以找到完美的匹配项。

## 2.2.9  搜索镜像

有时候你可能不知道自己想要运行的特定镜像的名称，或者想要寻找某个合适的容器镜像来作为自己构建镜像的基础镜像。Podman 提供了 podman search 命令，它允许你搜索容器镜像注册服务器来查找匹配的名称。

```
$ podman search registry.access.redhat.com/httpd
INDEX NAME
➡ DESCRIPTION   redhat.com
➡ registry.access.redhat.com/rhscl/httpd-24-rhel7
➡ Apache HTTP 2.4\ Server
redhat.com registry.access.redhat.com/ubi8/httpd-24\
➡ Platform for running Apache httpd 2.4 or bui...
redhat.com registry.access.redhat.com/rhscl/varnish-6-rhel7  Varnish\
➡ available as container is a base pla...
…
```

在这个例子中，我们正在镜像注册服务器 registry.access.redhat.com 中搜索镜像名称中包含字符串 httpd 的镜像。

一些常用的 podman search 命令选项如下。

■ --no-trunc: 告诉 Podman 显示镜像的完整描述信息。

■ --format: 允许你自定义需要 Podman 显示哪些字段。

可以使用 man podman-search 命令获取该命令所有选项的信息。

到目前为止，你已经学习了管理和操作容器镜像的几种方式，包括检查、推送、拉取和搜索容器镜像。但是，你还只能通过将镜像作为容器运行才能查看镜像的内容。简化该过程的一种方法是挂载镜像。

## 2.2.10　挂载镜像

通常，你可能希望检查容器镜像的内容，其中一种方法是通过镜像创建容器并在容器内执行一段 shell 脚本。问题在于，用于检查容器镜像的工具可能在容器中并不可用。此外，容器中的应用程序可能是恶意的，运行此容器会增加安全风险。

为了解决这些问题，Podman 提供了 podman image mount 命令，以只读模式挂载镜像的根（root）文件系统，而不需要创建容器。挂载的镜像会立即在主机系统上可用，从而允许你检查其内容。

现在尝试挂载你先前拉取的镜像。

```
$ podman mount quay.io/rhatdan/myimage
Error: cannot run command "podman mount" in rootless mode, must execute
        `podman unshare` first
```

出现该错误的原因是非特权模式下不允许挂载镜像。你需要进入一个用户命名空间和单独的挂载命名空间。第 5 章解释了大多数非特权 Podman 命令在执行时如何进入用户命名空间和挂载命名空间。现在只需知道 podman unshare 命令可以进入用户命名空间和挂载命名空间，并且在执行 shell 的 exit 命令时会关闭即可。

> 提示　unshare 的名称来自 Linux 系统调用 unshare（man 2 unshare）。Linux 还包括一个 unshare 工具（man 1 unshare），允许你手动创建命名空间。另一个低级工具叫 nsenter，或者叫 namespace enter（man 1 nsenter），允许你将进程加入不同的命名空间。podman unshare 使用相同的内核功能，它简化了命名空间的创建和配置过程，也简化了将进程纳入命名空间的过程。

#提示符是 podman unshare 命令与用户的交互处，实际上你可以在此处挂载镜像。

```
$ podman unshare
#
```

下面尝试挂载一个镜像，并将挂载的文件系统的位置保存在一个环境变量中。

```
# mnt=$(podman image mount quay.io/rhatdan/myimage)
```

现在，你可以检查该镜像的内容了。让我们在终端上打印镜像里一个文件的内容。

```
# cat $mnt/var/www/html/index.html
<html>
<head>
 </head>
 <body>
  <h1>Hello World</h1>
```

```
</body>
</html>
```

当你完成镜像检查后，取消镜像挂载并使用 exit 结束 unshare 会话。

```
# podman image unmount quay.io/rhatdan/myimage
# exit
```

> **提示** 你已经学习了大约一半的 podman image 子命令，这些子命令可能是最常用的。有关 podman image 的这些子命令和其他子命令的完整说明，请参阅 Podman 的手册页：$ man podman-image。

现在，你已经更好地理解了容器和镜像，下一个重要的步骤是更新你的镜像。这样做的主要原因是需要更新你的应用程序和基础镜像的可用新版本。你可以编写脚本来手动运行构建镜像的命令，幸运的是，Podman 优化了这个体验。

## 2.3 构建镜像

到目前为止，你一直在使用已经创建并上传到容器镜像注册服务器中的镜像。创建容器镜像的过程称为构建（building）。

在构建容器镜像时，你不仅管理你的应用程序，还管理应用程序使用的镜像内容。在容器出现之前，你将应用程序作为 RPM 或 DEB 包交付，然后由发行版来确保操作系统的其他部分保持最新和安全。但在容器世界，容器镜像包括应用程序以及操作系统的子集。开发者有责任维护镜像内容的持续更新和安全更新。

我的一位同事 Scott McCarty 有一句话："容器镜像不像酒，越陈越香；而是更像奶酪，越陈越臭。"这意味着，如果开发人员没有跟上安全更新，镜像中漏洞的数量将以惊人的速度增长。幸运的是，对于开发人员来说，Podman 有一种特殊的机制来帮助你为应用程序构建镜像。podman build 命令使用 Buildah（https://github.com/containers/ buildah）作为工具库来构建容器镜像，Buildah 在附录 A 中做了介绍。

podman build 使用特殊的文本文档 Containerfile 或 Dockerfile 来自动化容器镜像的构建过程，它们包含了用于构建容器镜像的所有命令。

> **提示** Dockerfile 的概念及其语法最初是为 Docker 工具创建的，由 Docker 公司开发。Podman 默认使用 Containerfile 作为构建文件名称。Containerfile 使用的语法与 Dockerfile 完全相同。为了技术兼容，Dockerfile 也受到支持。注意 Docker 构建命令默认不支持 Containerfile，但可以使用 Containerfile 文件。这时需要指定-f 选项，#docker build -f Containerfile。

### 2.3.1 Containerfile 或 Dockerfile 的格式

Containerfile 包含很多指令，我大致将其分为两类：将内容添加到容器镜像和描述如何使用该镜像。

### 1．将内容添加到镜像

回想一下，容器镜像是一个类似于 Linux 系统上根目录的磁盘目录，该磁盘目录被称为 rootfs。Containerfile 中的一些指令将内容添加到该 rootfs 中，最终 rootfs 将包含创建容器镜像所需的所有内容。

每个 Containerfile 必须包含 FROM 行，它指定了新镜像基于的镜像（通常称为基础镜像）。podman build 命令支持一个名为 scratch 的特殊镜像，表示从空的内容开始创建镜像。当 Podman 看到 FROM scratch 指令时，它只是在 containers/storage 中为一个空的 rootfs 分配空间，然后可以使用 COPY 指令将其填充。更常见的是，FROM 指令使用现有的镜像。例如，FROM registry.access. redhat.com/ubi8 会导致 Podman 从 registry.access.redhat.com 容器镜像注册服务器中获取 ubi8 镜像并将其复制到容器存储中。podman build 命令拉取的是与 2.2.8 节介绍的 podman pull 命令相同的镜像。在拉取镜像时，Podman 使用容器存储将镜像挂载到 rootfs 目录上，使用写文件系统（例如 OverlayFS）上的一个副本，以便其他指令可以开始添加内容。该镜像成为 rootfs 的基础层。

COPY 指令通常用于将文件、目录或 TAR 包从本地主机复制到新创建的 rootfs 中。RUN 指令是最常用的 Containerfile 指令之一。RUN 指令告诉 Podman 在镜像上实际运行一个中间容器来运行 RUN 指令中包含的命令。可以运行像 DNF/YUM 和 apt-get 这样的包管理工具以从 Linux 系统发行版中安装软件包并将其作为一个镜像层提交到新的镜像上。RUN 指令在容器镜像上运行任何命令时都会以中间容器的形式运行。podman build 命令与 podman run 命令以相同的安全约束运行命令。

假设你要将 ps 命令添加到容器镜像中，可以创建以下指令：RUN 命令执行一个中间容器，它会更新基础镜像中的所有软件包，然后安装包含 ps 命令的 procps-ng 软件包；最后执行 yum 命令清理包管理器的缓存数据，以便从容器镜像中删除不需要的内容。

```
RUN yum -y update; yum -y install procps-ng; yum -y clean all
```

向容器镜像添加内容只是创建容器镜像时需要做的一部分工作，你还需要描述其他用户下载和运行你的镜像时将如何使用该镜像。

### 2．描述如何使用镜像

回想一下，在前文中，我还描述了包含镜像规范的 JSON 文件。该规范描述了如何运行容器镜像和命令、使用哪个用户运行以及镜像的其他要求。Containerfile 还支持许多指令，这些指令告诉 Podman 如何运行容器，其中包括如下几个指令。

- ENTRYPOINT 和 CMD 指令：这些是为镜像添加默认命令的指令，当用户使用 podman run 执行镜像时，这些命令将被执行。CMD 是实际要执行的命令。ENTRYPOINT 可以使整个镜像作为一个单一命令执行。

- ENV 指令：用来设置当 Podman 从镜像创建和运行容器时要运行的默认环境变量。
- EXPOSE 指令：记录 Podman 在运行该镜像时要开放的网络端口。如果执行 podman run --publish-all ...，Podman 会在镜像内部查找暴露的网络端口，并将它们连接到主机上。

表 2-6 列出了用于向容器镜像添加内容的 Containerfile 中使用的指令。

表 2-6　　　　　　　　　　　　更新镜像的 Containerfile 指令

| 指令示例 | 解释 |
| --- | --- |
| FROM quay.io/rhatdan/myimage | 为后续指令设置基础镜像 Containerfile 必须将 FROM 作为其第一个指令。在单个 Containerfile 中，FROM 可能会出现多次以创建多个构建阶段 |
| ADD start.sh /usr/bin/start.sh | 将新文件、目录或远程文件 URL 复制到容器的文件系统中的指定路径 |
| COPY start.sh /usr/bin/start.sh | 将文件复制到容器的文件系统中的指定路径 |
| RUN dnf -y update | 在当前镜像的新层上执行命令并提交结果。提交的镜像将用于 Containerfile 中的下一步操作 |
| VOLUME /var/lib/mydata | 用指定的名称创建一个挂载点并将其标记为包含来自本地主机或其他容器的外部挂载卷。有关卷的更多信息，请参见第 3 章 |

表 2-7 解释了 Containerfile 中用于向 OCI 运行时规范提供信息的指令。这些指令可以用来告诉像 Podman 这样的容器引擎有关镜像以及如何运行镜像的信息。你可以在 containerfile(5) 手册页中找到更多关于 Containerfile 的信息。

表 2-7　　　　　　　　　　符合 OCI 运行时规范的 Containerfile 指令定义

| 指令示例 | 解释 |
| --- | --- |
| CMD /usr/bin/start.sh | 指定在使用此镜像启动容器时要运行的默认命令。如果未指定 CMD，则继承父镜像的 CMD。请注意，RUN 和 CMD 是非常不同的。RUN 在构建过程中运行命令，而 CMD 仅在用户启动镜像时未指定命令的情况下使用 |
| ENTRYPOINT "/bin/sh -c" | 允许你将容器配置为可执行文件。当将参数传递给 podman run 时，ENTRYPOINT 指令不会被覆盖。这允许将参数传递给入口点，例如，podman run <image> -d 将 -d 参数传递给 ENTRYPOINT |
| ENV foo="bar" | 添加镜像构建和容器执行期间使用的环境变量 |
| EXPOSE 8080 | 声明容器化应用程序将要开放的端口。这实际上并不映射或打开任何端口 |
| LABEL Description="Web browser which displays Hello World" | 向镜像添加元数据 |
| MAINTAINER DanielWalsh | 为生成的镜像设置作者信息 |
| STOPSIGNAL SIGTERM | 设置发送给容器以退出该容器的默认停止信号。信号可以是有效的无符号数字，也可以是格式为 SIGNAME 的信号名称 |
| USER apache | 设置用于在其后指定的任何 RUN、CMD 和 ENTRYPOINT 的用户名（或 UID）和组名（或 GID） |
| ONBUILD | 向镜像添加触发器指令，以便在以后当该镜像被用作构建另一个镜像的基础镜像时的某个时间执行 |
| WORKDIR /var/www/html | 设置 RUN、CMD、ENTRYPOINT 和 COPY 指令的工作目录，如果不存在该目录，则会创建该目录 |

### 3. 提交镜像

当 podman build 完成 Containerfile 的处理时，它使用与你在 2.1.9 节中学习的 podman commit 相同的代码来提交镜像。基本上，Podman 将 rootfs 中的新内容与通过 FROM 指令拉取的基本镜像之间的所有差异打包成 TAR 文件。Podman 还提交 JSON 文件并将其保存为容器存储中的镜像。现在你可以按照一定的步骤来构建容器化应用程序，并且可以使用 Containerfile 和 Podman 构建工具来自动化地完成容器化应用程序的构建。

> **提示**　使用--tag 选项为使用 podman build 创建的新镜像命名。此选项告诉 Podman 将指定的标签或名称添加到容器存储的镜像中，就像 podman tag 命令一样。

## 2.3.2　自动化构建应用程序

首先，创建一个目录来放置 Containerfile 和容器镜像的其他内容。该目录称为上下文目录。

```
mkdir myapp
```

接下来，在 myapp 目录中创建你计划在容器化应用程序中使用的 index.html 文件。

```
$ cat > myapp/index.html << _EOF
<html>
 <head>
 </head>
 <body>
 <h1>Hello World</h1>
 </body>
</html>
_EOF
```

然后，在 myapp 目录中创建一个简单的 Containerfile 来构建你的应用程序。Containerfile 的第一行是 FROM 指令，用于拉取 ubi8/httpd-24 镜像作为你的基础镜像。然后添加 COPY 指令将 index.html 文件复制到镜像中。COPY 指令告诉 Podman 将 index.html 文件从上下文目录（./myapp）复制到镜像的/var/www/html/index.html 文件中。

```
$ cat > myapp/Containerfile << _EOF
FROM ubi8/httpd-24
COPY index.html /var/www/html/index.html
_EOF
```

最后，使用 podman build 构建你的容器化应用程序。指定--tag（-t）将镜像命名为 quay.io/rhatdan/myimage。你还需要指定上下文目录./myapp。

```
$ podman build -t quay.io/rhatdan/myimage ./myapp
STEP 1/2: FROM ubi8/httpd-24
STEP 2/2: COPY index.html /var/www/html/index.html
```

```
COMMIT quay.io/rhatdan/myimage
--> f81b8ace4f1
Successfully tagged quay.io/rhatdan/myimage:latest
F81b8ace4f134d08cedb20a9156ae727444ae4d4ec1ceb3b12d3aff23d18128b
```

当 podman build 命令执行完成后，它会提交容器镜像并使用 quay.io/rhatdan/myimage 名称为其打标签 (-t)。现在可以使用 podman push 命令将其推送到容器镜像注册服务器中了。

现在，你可以设置一个 CI/CD 系统或者一个简单的定时任务来定期构建和替换 myapp。

```
$ cat > myapp/automate.sh << _EOF
#!/bin/bash
podman build -t quay.io/rhatdan/myimage ./myapp
podman push quay.io/rhatdan/myimage
_EOF
$ chmod +x myapp/automate.sh
```

同时添加一些测试脚本以确保在替换旧版本之前应用程序按照设计的方式正常工作。现在看一下已经构建的镜像。

```
$ podman images
REPOSITORY                TAG        IMAGE ID       CREATED         SIZE
quay.io/rhatdan/myimage   latest     f81b8ace4f13   2 minutes ago   462 MB
<none>                    <none>     2c7e43d88038   2 days ago      462 MB
registry.access.redhat
➥ .com/ubi8/httpd-24      latest     8594be0a0b57   5 weeks ago     462 MB
```

请注意，旧版本的 quay.io/rhatdan/myimage 镜像 ID 2c7e43d88038 仍然存在于容器存储中，但现在的 REPOSITORY 和 TAG 都是<none>。这样的镜像被称为空悬镜像。由于我用 podman build 命令创建了 quay.io/rhatdan/myimage 的新版本，因此以前的镜像就失去了该名称。你仍然可以对旧镜像 ID 使用 Podman 命令，或者如果新镜像不能正常工作，则使用 podman tag 将旧镜像重命名为 quay.io/rhatdan/myimage。如果新镜像正常工作，你可以使用 podman rmi 删除旧镜像。这些<none><none>镜像会随着时间的推移不断增加，浪费空间，你可以定期使用 podman image prune 命令将它们删除。

podman build 确实需要一章甚至一本书的篇幅来详细介绍。人们可以使用这里简单描述的命令，以数千种不同的方式构建镜像。

--tag 是一个常用的 podman image 命令选项，用于指定镜像的标签或名称。请记住，在使用 podman tag 命令（你在 2.2.6 节中使用过）创建镜像后，你可以随时添加其他名称。可以使用 man podman-image 命令来查看该命令所有选项的信息（参见表 2-8）。

表 2-8                                    podman image 命令

| 命令 | 手册页 | 描述 |
|------|--------|------|
| build | podman-image build(1) | 使用 Containerfiles 中的指令构建镜像 |
| diff | podman-image-diff(1) | 检查镜像文件系统的变化 |

续表

| 命令 | 手册页 | 描述 |
|---|---|---|
| exists | podman-image-exists(1) | 检查镜像是否存在 |
| history | podman-image-history(1) | 显示指定镜像的历史记录 |
| import | podman-image-import(1) | 导入 TAR 包以创建文件系统镜像 |
| inspect | podman-image-inspect(1) | 显示镜像的配置信息 |
| list | podman-image-list(1) | 列出所有的镜像 |
| load | podman-image-load(1) | 从 TAR 包来加载镜像 |
| mount | podman-image-mount(1) | 挂载镜像的根文件系统 |
| prune | podman-image-prune(1) | 删除未使用的镜像 |
| pull | podman-image-pull(1) | 从容器镜像注册服务器拉取镜像 |
| push | podman-image-push(1) | 推送镜像到容器镜像注册服务器 |
| rm | podman-image-rm(1) | 删除镜像 |
| save | podman-image-save(1) | 保存镜像为归档文件 |
| scp | podman-image-scp(1) | 安全拷贝镜像到其他的容器存储 |
| search | podman-image-search(1) | 从容器镜像注册服务器搜索镜像 |
| sign | podman-image-sign(1) | 对镜像进行数字签名 |
| tag | podman-image-tag(1) | 对本地的镜像添加其他名称 |
| tree | podman-image-tree(1) | 打印镜像的树形层级关系 |
| trust | podman-image-trust(1) | 管理容器镜像信任策略 |
| unmount | podman-image-unmount(1) | 卸载镜像的根文件系统 |
| untag | podman-image-untag(1) | 删除本地镜像的一个名称 |

# 2.4　总结

- Podman 的简单命令行界面使容器的使用变得更容易。
- Podman 的 run、stop、start、ps、inspect、rm 和 commit 都是使用容器的命令。
- Podman 的 pull、push、login 和 rmi 都是用于管理镜像和通过容器镜像注册服务器共享镜像的工具。
- Podman 的 build 是自动构建容器镜像的非常实用的命令。
- Podman 的命令行界面基于 Docker CLI 并完全支持它，因此我们可以告诉人们只需要将 Podman 作为 Docker 的别名来使用即可。
- Podman 有额外的命令和选项来支持更高级的概念，如 podman image mount。

# 第 3 章 卷

**本章内容：**

- 使用卷将数据与容器化应用程序进行隔离
- 通过卷将主机中的内容共享到容器中
- 在用户命名空间和 SELinux 中使用卷
- 将卷嵌入容器镜像中
- 探索不同类型的卷和卷命令

到目前为止，你使用的容器都将它们所有的内容打包在容器镜像中。正如我在第 1 章中所述，传统容器所需共享的唯一内容是 Linux 内核。有必要将应用程序数据与应用程序隔离开来的原因包括以下几点。

- 避免将实际的数据（例如数据库）嵌入容器中。
- 使用相同的容器镜像运行多个环境。
- 减少开销并提高存储读写性能，因为卷直接写入文件系统，而容器使用 overlay 或 fuse-overlayfs 文件系统来挂载它们的层。overlay 是一种分层文件系统，这意味着内核需要完全复制上一层以创建新的层，而 fuse-overlayfs 在内核空间和用户空间之间切换来完成每个读取和写入操作。所有这些操作都会造成相当大的开销。
- 通过网络存储共享可用的内容。

> **提示** 绑定（bind）挂载可以将文件层次结构的部分重新挂载到文件系统上的不同位置。绑定挂载中的文件和目录与原始文件和目录相同（请参阅 mount 命令手册页以了解绑定挂载的说明）。绑定挂载允许在两个位置访问相同的内容，而无须任何额外开销。重要的是要理解绑定不会复制数据或额外创建新数据。

支持卷还会增加容器设计的复杂性，特别是安全方面。容器的许多安全功能都会防止容器进程访问容器镜像之外的文件系统。在本章中，你将会发现 Podman 允许你通过一些手段绕过这些限制。

# 3.1　容器中使用卷

让我们回到你的容器化应用程序。到目前为止，你只是直接将 Web 应用程序数据嵌入容器文件系统中。回想一下，在 2.1.8 节中，你使用 podman exec 命令在容器中修改了 Hello World index.html 的数据。

```
$ podman exec -i myapp bash -c 'cat > /var/www/html/index.html' << _EOF
<html>
 <head>
 </head>
 <body>
 <h1>Hello World</h1>
 </body>
</html>
_EOF
```

由于允许用户提供他们自己的 Web 服务内容或在运行时更新 Web 服务，因此容器化镜像更灵活。虽然这种方法是可行的，但很容易出错，而且不具有很好的可扩展性。这就是卷派上用场的地方。

Podman 允许你使用 podman run 命令并通过--volume（-v）选项将主机文件系统的内容挂载到容器中。

--volume HOST-DIR:CONTAINER-DIR 选项告诉 Podman 将主机中的 HOST-DIR 绑定挂载到容器中的 CONTAINER-DIR。Podman 还支持其他类型的卷，但在本节中我将专注于绑定挂载卷。

可以使用单一的选项挂载文件或目录。主机上内容的更改将在容器内部看到。同样地，如果容器进程更改容器内部的内容，主机上也会看到更改。

让我们看一个例子。在你的主目录下创建一个名为 html 的目录，然后在其中创建一个新的 html/index.html 文件。

```
$ mkdir html
$ cat > html/index.html << _EOF
<html>
 <head>
 </head>
 <body>
 <h1>Goodbye World</h1>
 </body>
</html>
_EOF
```

现在，使用选项-v ./html:/var/www/html 启动容器。

```
$ podman run -d -v ./html:/var/www/html:ro,z -p 8080:8080
    quay.io/rhatdan/myimage
94c21a3d8fda740857abc571469aaaa181f4db27a464ceb6743c4a37fb875772
```

可以注意到，在--volume 选项中有额外的 ro、z 选项。ro 选项告诉 Podman 以只读模式挂载卷。只读挂载意味着容器内的进程无法修改/var/www/html 下的任何内容，而主机上的进程仍然能够修改内容。Podman 将所有卷挂载默认为读写模式。z 选项告诉 Podman 为 SELinux 重新标记内容以使用共享标签（见 3.1.2 节）。

现在你已经启动了容器，可以打开一个 Web 浏览器，在导航栏输入访问地址 localhost:8080 进行查看，以确保更改已生效（见图 3-1）。

```
$ web-browser localhost:8080
```

图 3-1　连接到挂载了卷的 myimage Podman 容器的 Web 浏览器窗口

现在，你可以尝试关闭并删除刚刚创建的容器。删除容器不会对内容产生任何影响。以下命令将删除最新的(--latest)容器，也就是你刚刚创建的那个容器。--force 选项告诉 Podman 先停止容器，然后删除它。

```
$ podman rm --latest --force
```

最后，使用以下命令删除文件内容。

```
$ rm -rf html
```

> 提示　--latest 选项在 macOS 和 Windows 上不可用。你必须指定容器名称或 ID。远程模式将在第 9 章中介绍。Podman 在 macOS 和 Windows 上的使用方法将在附录 E 和 F 中介绍。

## 3.1.1　命名卷

在第一个卷示例中，你在磁盘上创建了一个目录并将其挂载到容器中。同样地，只要你具有读取访问权限，就可以将任何现有文件或目录挂载到容器中。

另一种持久化 Podman 容器数据的机制是命名卷。你可以使用 podman volume create 命令创建一个命名卷。在以下示例中，你创建了一个名为 webdata 的卷。

```
$ podman volume create webdata
webdata
```

Podman 默认创建本地命名卷，存储分配在本地容器存储目录中。你可以使用以下命令检查该卷并查看其挂载点。

```
$ podman volume inspect webdata
[
  {
    "Name": "webdata",
    "Driver": "local",
    "Mountpoint":
    "/home/dwalsh/.local/share/containers/storage/volumes/webdata/_data",
    "CreatedAt": "2021-10-11T14:10:48.741367132-04:00",
    "Labels": {},
    "Scope": "local",
    "Options": {}
  }
]
```

实际上，Podman 会在本地容器存储中创建一个目录/home/dwalsh/.local/share/containers/storage/volumes/webdata/_data，用于存储卷的内容。你可以在主机中的此目录下创建内容。

```
$ cat > /home/dwalsh/.local/share/containers/storage/volumes/web-
    data/_data/index.html << _EOL
<html>
 <head>
 </head>
 <body>
 <h1>Goodbye World</h1>
 </body>
</html>
_EOL
```

现在你可以使用此命名卷运行 myimage 应用程序。

```
$ podman run -d -v webdata:/var/www/html:ro,z -p 8080:8080
    quay.io/rhatdan/myimage
0c8eb612831f8fe22438d73d801e5bb664ec3b1d524c5c10759ee0049061cb6b
```

请刷新 Web 浏览器以确保主机目录中创建的文件显示的是"Goodbye World"（见图 3-2）。

图 3-2　连接到具有命名卷的 myimage Podman 容器的 Web 浏览器窗口

命名卷可以同时用于多个容器，并且在容器删除后依旧存在。如果你已经完成了上述命名卷和容器的操作示例，可以先停止容器而不必等待进程完成。

```
$ podman stop -t 0 0c8eb61283
```

然后使用 podman volume rm 命令删除该卷。注意我使用了--force 选项，这就告诉 Podman 删除该卷以及所有依赖于该卷的容器。

```
$ podman volume rm --force webdata
```

现在，你可以使用 volume list 命令来确保卷已经被删除：

```
$ podman volume list
```

如果在执行 podman run 命令之前命名卷不存在，Podman 将自动创建该卷。在下面的示例中，你将指定 webdata1 作为命名卷的名称，接着执行 list 命令来列出卷。

```
$ podman run -d -v webdata1:/var/www/html:ro,z -p 8080:8080\
  quay.io/rhatdan/myimage
58ccaf37958496322e34cd933cd4dd5a61ab06c5ba678beb28fdc29cfb81f407

$ podman volume list
DRIVER VOLUME NAME
local webdata1
```

当然，此时 webdata1 卷是空的，没有实质的内容。接下来删除 webdata1 卷和容器。

```
$ podman volume rm --force webdata1
```

Podman 还支持其他类型的卷。Podman 使用了"卷插件"的概念，因此第三方可以为 Podman 提供卷存储。可以查看 podman-volume-create 的手册页来了解更多信息。

Podman 还有其他有趣的卷功能。podman volume export 命令将卷的所有内容导出到外部 TAR 归档文件中。该归档文件可以被复制到其他机器上，然后使用 podman volume import 命令在该机器上重新创建该卷。现在你已经了解了卷的处理方式，是时候深入了解一下卷的挂载选项了。

## 3.1.2 卷挂载选项

在本章中，其实你一直在使用卷挂载选项。ro 挂载选项告诉 Podman 以只读方式挂载卷，z 挂载选项告诉 Podman 用 SELinux 标签重新标记内容，以便多个容器都能在该卷中进行读写。

```
$ podman run -d -v ./html:/var/www/html:ro,z -p 8080:8080 quay.io/rhatdan/myimage
```

Podman 还支持其他一些有趣的卷选项。

### 1. U 选项

在运行非特权容器时，你有时需要让一个卷被容器的用户所拥有。假设你的应用程序需要允许 Web 服务器向卷中写入数据。在你的容器中，Apache Web 服务器进程（httpd）是由用户 apache（UID==60）运行的。你的主目录中的 html 目录是属于你自己的，所以在容器内部它被 root 用户所拥有。内核不允许在容器内部以 UID==60 运行的进程对 root 用户所拥有的目录进行更改。你需要将卷的所有权设置为 UID==60。

在非特权容器中，容器内的 UID 实际上是以用户命名空间进行偏移的。我的用户命名空间映射关系如下所示。

```
$ podman unshare cat /proc/self/uid_map
      0      3267       1
      1    100000   65536
```

容器内部的 UID 0 实际上是我的 UID 3267，UID 1==100000，UID 2==100001，…，UID 60==100059，这意味着我需要将 html 目录的所有权设置为 100059。

我可以通过 podman unshare 命令来简单地完成这个操作，如下所示。

```
$ podman unshare chown 60:60 ./html
```

现在一切都运行良好。其中的一个问题是，我需要进行一些脑力活动来确定容器将以哪个 UID 运行。

许多容器镜像存在默认的 UID 定义。mariadb 镜像就是其中的一个例子，它使用 mysql 用户运行，UID 为 999。

```
$ podman run docker.io/mariadb grep mysql /etc/passwd
mysql:x:999:999::/home/mysql:/bin/sh
```

如果你创建了一个用于数据库的卷，你需要弄清楚 UID 为 999 在用户命名空间内映射到了哪个 UID。在我的系统中则是映射到 100998。

Podman 专门为这种情况提供了 U 命令选项。U 选项告诉 Podman 递归地更改源卷的所有权（chown）以匹配容器执行时的默认 UID。

为了尝试，首先创建数据库目录。注意在主目录中该目录现在是由 mysql 用户拥有的。

```
$ mkdir mariadb
$ ls -ld mariadb/
drwxrwxr-x. 1 dwalsh dwalsh 0 Oct 23 06:55 mariadb/
```

现在使用 --user mysql 选项运行 mariadb 容器，同时使用:U 选项将 ./mariadb 目录绑定挂载到 /var/lib/mariadb 目录。可以注意到，现在该目录的所有者已更改为 mysql 用户。

```
$ podman run --user mysql -v ./mariadb:/var/lib/mariadb:U \
➥ docker.io/mariadb ls -ld /var/lib/mariadb
drwxrwxr-x. 1 mysql mysql 0 Oct 23 10:55 /var/lib/mariadb
```

如果你再次查看主机上的 mariadb 目录，你将看到它现在归 UID 100998 所有，或者是你的用户命名空间中 UID 999 映射到的任何 UID。

```
$ ls -ld mariadb/
drwxrwxr-x. 1 100998 100998 0 Oct 23 06:55 mariadb/
```

用户命名空间并不是你需要使用非特权容器时要处理的唯一安全机制。SELinux 虽然在容器安全方面很好，但在使用卷时也可能会导致一些问题。

### 2. SELinux 卷选项

在我看来，SELinux 是保护文件系统免受恶意容器进程攻击的最佳机制。多年来，有好几次容器逃逸都被 SELinux 挫败。10.8 节详细介绍了 SELinux。

正如我之前解释的那样，卷会将操作系统中的文件泄露到容器中，并且从 SELinux 的角度来看，这些文件和目录必须被正确标记，否则内核将阻止对其访问。

本章中你一直在使用的 z 选项告诉 Podman 从 SELinux 的角度递归地重新标记源目录中的所有内容，以便所有容器都可以读写此标签。如果该卷不会被多个容器使用，则不需要使用 z 选项重新标记。如果一个恶意容器逃脱了限制，它可能访问并读写此数据。Podman 提供了大写字母 Z 选项，用来告诉 Podman 以只有容器内的进程能够读写内容的方式递归地重新标记内容。

在前面两种情况下，你重新标记了目录的内容。只要指定了供容器使用的目录，重新标记就非常好用。有时，你可能想要使用容器来检查系统特定目录中的内容。例如，你想要运行一个容器来检查/var/log 中的所有日志文件或检查所有的主目录（/home/dwalsh）。

> 提示　在主目录上使用此选项可能会对系统产生灾难性影响，因为它会递归地将目录中的所有内容进行重新标记，就好像这些数据是容器私有的。其他受限制的域将无法使用这些错误标记的数据。

针对这些情况，你需要禁用 SELinux 的强制执行以允许容器使用卷进行分离。Podman 提供命令选项--security-opt label=disable，以禁用单个容器的 SELinux 支持。从 SELinux 的角度来看，基本上是使用"未限制"标签运行容器。

```
$ podman run --security-opt label=disable -v /home/dwalsh:/home/dwalsh -p\
➡ 8080:8080 quay.io/rhatdan/myimage
```

表 3-1 列出并描述了 Podman 中可用的所有挂载选项。

表 3-1                                        卷挂载选项

| 卷选项 | 描述 |
|---|---|
| nodev | 阻止容器进程使用卷上的字符设备或块设备 |
| noexec | 阻止容器进程在卷上直接执行任何二进制文件 |
| nosuid | 阻止 SUID 应用程序在卷上更改其特权 |
| O | 以 overlay 文件系统将主机目录挂载为临时存储。容器执行结束时，对挂载点所做的修改将被销毁。此选项可用于将主机上的软件包缓存共享到容器中，以加速构建过程 |

| 卷选项 | 描述 |
|---|---|
| [r]shared\| <br> [r]slave\| <br> [r]private\| <br> [r]unbindable | 指定挂载传播模式。挂载传播控制如何在挂载边界上传播挂载更改。 <br> private（默认）：在容器内部进行的任何挂载都不会在主机上可见，反之亦然 <br> shared：在容器内部的卷下进行的挂载将在主机上和容器内部可见，反之亦然 <br> slave：在主机上进行的挂载操作将在容器内部可见，但反之不然 <br> unbindable：私有模式的一个不可绑定版本 <br> 前缀 r 代表递归，表示挂载点下的任何挂载点也将以同样的方式进行处理 |
| rw\|ro | 在只读（ro）或读写（rw）模式下挂载卷。默认为读写模式 |
| U | 根据容器内的 UID 和 GID 使用正确的主机 UID 和 GID。请谨慎使用，因为这将修改主机文件系统 |
| z\|Z | 在共享卷上重新标记文件对象。选择 z 选项将卷内容标记为在多个容器之间共享。选择 Z 选项将卷内容标记为未共享和私有 |

要了解更多的信息，请参见 mount 和 mount_namespaces（7）的手册页。

在大多数情况下，简单的--volume 选项就足以将卷挂载到容器中。随着时间的推移，对新挂载选项的请求变得越来越复杂，因此添加了一个称为--mount 的新选项。

### 3.1.3　podman run --mount 命令选项

podman run --mount 选项是与底层 Linux mount 命令更为接近的选项。它允许你指定 mount 命令能理解的所有 mount 选项；Podman 会直接将它们传递给内核。

目前仅支持挂载类型 bind、volume、image、tmpfs 和 devpts（要了解更多的信息，请参阅 podman-mount(1)手册页）。

卷（volume）和挂载（mount）是将数据与容器镜像分离的绝佳方法。在大多数情况下，容器镜像应被视为只读的，任何需要写入或不特定于应用程序的数据都应通过卷存储在容器镜像之外。在许多情况下，通过保持数据分离，你的应用程序往往可以获得更好的性能，因为读取和写入不会有写时复制（copy-on-write）文件系统的开销。这些挂载的使用还使相同的容器镜像与不同数据的结合变得更加容易（见表 3-2）。

表 3-2　　　　　　　　　　　　　　　　　Podman 卷命令

| 命令 | 手册页 | 描述 |
|---|---|---|
| create | podman-volume-create(1) | 创建新的卷 |
| exists | podman-volume-exists(1) | 检查卷是否存在 |
| export | podman-volume-export(1) | 将卷的内容导出为 TAR 包 |
| import | podman-volume-import(1) | 将 TAR 包解压到卷中 |
| inspect | podman-volume-inspect(1) | 显示有关卷的详细信息 |
| list | podman-volume-list(1) | 列出所有的卷 |
| prune | podman-volume-prune(1) | 删除所有未使用的卷 |
| rm | podman-volume-rm(1) | 删除一个或多个卷 |

## 3.2 总结

- 卷对于将容器使用的数据与镜像中的应用程序进行分离是非常有用的。
- 卷将文件系统部分挂载到容器的运行环境中，这也带来了更多安全方面的考量，例如 SELinux 和用户命名空间需要进行修改以允许访问。

# 第 4 章　pod

本章内容：
- 对 pod 的介绍
- 在同一个 pod 中管理多个容器
- 在 pod 中使用卷

Podman 是 pod manager 的简称，pod 是开源容器编排引擎 Kubernetes 项目推出的一个逻辑概念，是由一个或多个容器组成的集合。pod 内的所有容器为了共同的目的而工作，并共享相同的 namespace（命名空间）和 cgroups（资源限制）。此外，Podman 确保 pod 中的所有容器进程在 SELinux 机器上共享相同的 SELinux 标签，这意味着它们都可以在 SELinux 环境下正常运行。

## 4.1　运行 pod

Podman pod（见图 4-1）与 Kubernetes pod 一样，总是包含一个名为 infra 的容器，有时也称之为 pause 容器（注意不要与 6.2 节中提到的非特权 pause 容器混淆）。infra 容器仅负责维持内核的命名空间和 cgroups 的开放状态，允许容器在 pod 内的创建与销毁。当 Podman 将容器添加到 pod 中时，它会将容器进程添加到 cgroups 和命名空间中。请注意，infra 容器由一个名为 conmon 的容器监控进程来监控，而且 pod 中的每个容器都有属于自己的 conmon。

conmon 是一个轻量级的 C 语言监控程序，它监控容器，直至其退出，允许 Podman 可执行文件退出并重新连接到容器。conmon 在监控容器时通常具有以下职责。

1) conmon 负责执行 OCI 运行时，将 OCI 规范文件的路径和容器层挂载点（称为 rootfs）传递给它。OCI 规范文件描述容器的配置和运行时要求。

2) conmon 监控容器的生命周期，直至其退出并将其退出代码报告给 Podman。

3）conmon 负责处理用户到容器的连接，提供一个套接字以流式传输容器的 STDOUT 和 STDERR 到用户终端。

4）conmon 负责抓取 STDOUT 和 STDERR 输出流并记录到文件中，作为日志文件。

> 提示 infra 容器（见图 4-1）类似于非特权 pause 容器。其唯一用途是在容器的创建和销毁过程中保持命名空间和 cgroups 的开放状态。当然，每个 pod 都有一个独立的 infra 容器。

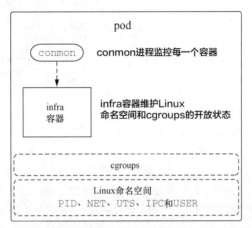

图 4-1 Podman pod 启动时会同时启动 infra 容器，并在这个容器内运行 conmon，以便管理 cgroups 和 Linux 命名空间

Podman pod 还支持 init 容器，如图 4-2 所示。init 容器进程会在 pod 中的主容器被执行之前优先运行。列举一个应用 init 容器的简单案例，先通过 init 容器在卷上初始化数据库，然后启动 pod 中的主容器进程来使用数据库。

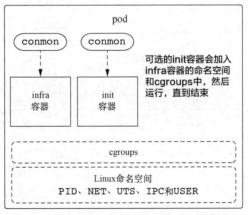

图 4-2 Podman 使用 conmon 启动 init 容器。init 容器检查 infra 容器并加入其命名空间和 cgroups

Podman 支持以下两类 init 容器。

■　Once: 仅在创建 pod 时运行一次。

■　Always: 每次启动 pod 时都运行。

pod 也支持附加容器,通常称之为 sidecar 容器。sidecar 容器通常用于监控主容器或主容器的运行环境,如图 4-3 和图 4-4 所示。

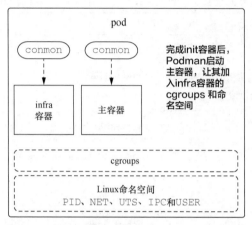

图 4-3　Podman 在启动主容器之前等待 init 容器完成,并将它们的 conmon 加入 pod 中

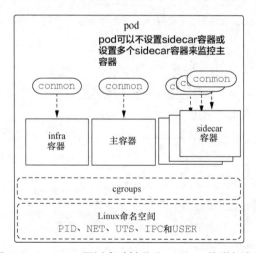

图 4-4　Podman 可以启动被称为 sidecar 的附加容器

Kubernetes 官方文档中对包含 sidecar 容器的 pod 的描述如下:

pod 可以封装成一个由多个紧密耦合且需要共享资源的容器组成的应用程序。这些共存的容器形成一个单一的服务单元。例如,其中一个容器负责提供在共享卷中存储的数据服务,另一个独立的 sidecar 容器则负责刷新或更新这些数据文件。pod 将这些容器、存储资源和临时的网络身份标识封装在一起,作为一个可提供特定服务的服务单元。

如果你想更深入地研究 sidecar 容器，可以看看下面网站上的几篇不错的文章：https://www.magalix.com/blog/the-sidecar-pattern。

> **提示** 虽然 pod 支持启动多个 sidecar 容器，但我建议你在 pod 中尽量只使用一个 sidecar 容器。原因是人们往往容易在 pod 中滥用 sidecar 容器，尤其是在 Kubernetes pod 中。滥用 sidecar 容器会导致 pod 消耗更多资源，并变得更加笨重而使维护变得困难。

使用 pod 的一个非常大的优点是可以将其作为分散独立的单元进行管理。启动一个 pod 将启动其中包含的所有容器，停止 pod 将停止其中包含的所有容器。

## 4.2 创建 pod

在本节中，你将会学习如何创建 pod。在该 pod 中，示例 myimage 应用程序将作为 pod 中的主容器。此外，你还将学习如何向 pod 添加第二个容器，即 sidecar 容器。通过 sidecar 容器更新 myimage 应用程序使用的 Web 内容，从而展示 pod 中两个容器的协调工作。

你可以使用 podman pod create 命令来创建名为 mypod 的 pod，完整命令如下。

```
$ podman pod create -p 8080:8080 --name mypod --volume ./html:/var/www/html:z
790fefe97b280e5f67c526e3a421e9c9f958cf5a98f3709373ef1afd91965955
```

podman pod create 命令与 podman container create 命令具有许多相同的命令选项。所以当你在 pod 中创建容器时，容器会继承这些选项作为其默认选项（见图 4-5）。请注意，与前面的示例类似，使用如下命令将 pod 绑定到端口（-p 8080:8080）。

```
$ podman pod create -p 8080:8080 --name mypod --volume ./html:/var/www/html:z
```

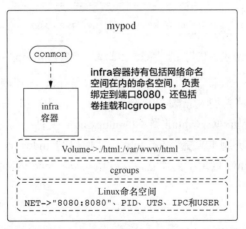

图 4-5 Podman 创建了一个网络命名空间，并将容器内部端口 8080 绑定到主机上的 8080 端口。Podman 使用主机上的/var/www/html 目录在容器中创建了 infra 容器，并加入了 cgroups 和网络命名空间

　　因为 pod 中的所有容器都共享相同的网络命名空间,所以此命令中的端口绑定对 pod 中的所有容器都是有效的,当然内核仅允许一个进程侦听端口 8080。最后需要注意的是,./html 目录通过--volume 选项挂载到 pod 中:

```
$ podman pod create -p 8080:8080 --name mypod --volume ./html:/var/www/html:z
```

　　该命令使用:z 参数让 Podman 重新标记目录的内容。Podman 会自动将此目录以卷挂载的方式挂载到 pod 包含的每个容器中。pod 中的容器共享相同的 SELinux 标签,意味着它们可以共享相同的卷。

## 4.3　向 pod 中添加容器

　　你可以使用 podman create 命令在 pod 中创建容器(见图 4-6)。使用--pod mypod 选项将 quay.io/rhatdan/myimage 容器添加到 pod 中。

```
$ podman create --pod mypod --name myapp quay.io/rhatdan/myimage
Cec045acb1c2be4a6e4e88e21275076fb1de5519a25fb5a55f192da70708a640
```

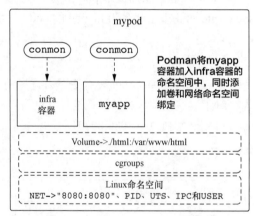

图 4-6　由于 pod 没有任何 init 容器,因此第一个容器 myapp 被启动到 pod 中

　　当你向 pod 中添加第一个容器时,Podman 会读取与 infra 容器相关联的信息,并将卷挂载添加到 myapp 容器,然后将其加入 infra 容器持有的命名空间中。下一步是向 pod 中添加 sidecar 容器。sidecar 容器将更新/var/www/html 卷中的 index.html 文件,每秒添加一个新的时间戳。

　　创建一个简单的 Bash 脚本来更新 myapp 容器使用的 index.html 文件,将该脚本命名为 html/time.sh。你可以在./html 目录中创建它,这样就可以在 pod 内部的进程中使用它。

```
$ cat > html/time.sh << _EOL
#!/bin/sh
data() {
  echo "<html><head></head><body><h1>"; date;echo "Hello World</h1></body></html>"
  sleep 1
}
```

```
while true; do
    data > index.html
done
_EOL
```

　　为了确保该脚本是可执行的，可以在 Linux 上使用 chmod 命令执行如下操作。

```
$ chmod +x html/time.sh
```

　　现在创建第二个容器（--name time）。这次我们使用不同的容器镜像：ubi8。pod 中的不同容器可以使用完全不同的镜像，甚至是来自不同发行版的镜像。当然也请记住，默认情况下容器镜像只共享主机内核。

```
$ podman create --pod mypod --name time --workdir /var/www/html ubi8 ./time.sh
Resolved "ubi8" as an alias (/etc/containers/registries.conf.d/000-
     shortnames.conf)
Trying to pull registry.access.redhat.com/ubi8:latest...
...
1be0b2fae53029d518e75def71c0d6961b662d0e8b4a1082edea5589d1353af3
```

　　还记得第 2 章介绍过的短名称用法吗？你可以输入完整的镜像名称 registry.access.redhat.com/ubi8，但这个名称真的很长。幸运的是，短名称 ubi8 已经有了到其完整镜像名称的别名映射。这意味着你不需要从镜像注册服务器的列表中选择它。Podman 会在如下终端输出中向你显示已找到的别名对应的镜像位置。

```
$ podman create --pod mypod --name time --workdir /var/www/html ubi8 ./time.sh
Resolved "ubi8" as an alias (/etc/containers/registries.conf.d/000-short-
     names.conf)
```

　　这里，我们还使用了--workdir 命令选项，将容器的默认目录设置为/var/www/html。当容器启动时，./time.sh 将在容器工作目录中运行，实际文件路径是/var/www/html/time.sh（见图 4-7）。

```
$ podman create --pod mypod --name time --workdir /var/www/html ubi8 ./time.sh
```

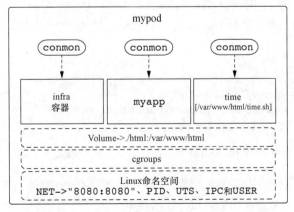

图 4-7　Podman 启动名为 time 的 sidecar 容器

由于此容器将在 mypod pod 内运行，因此它将继承来自 pod 的 -v ./html:/var/www/html 选项，这意味着主机目录中的 ./html/time.sh 命令对 pod 中的每个容器都可用。

Podman 检查 infra 容器，挂载 /var/www/html 卷，并在启动 sidecar 容器时加入命名空间。现在是时候启动 pod 并查看发生什么了。

## 4.4　启动 pod

你可以通过 podman pod start 命令来启动 pod。

```
$ podman pod start mypod
790fefe97b280e5f67c526e3a421e9c9f958cf5a98f3709373ef1afd91965955
```

还可以使用 podman ps 命令来查看 pod 启动了哪些容器。

```
$ podman ps
CONTAINER ID   IMAGE         COMMAND       CREATED       STATUS
    PORTS              NAMES
b9536ea4a8ab localhost/podman-pause:4.0.3-1648837314              14
    minutes ago Up 5 seconds ago 0.0.0.0:8080->8080/tcp 8920b1ccd8b0-
    infra
a978e0005273 quay.io/rhatdan/myimage:latest       /usr/bin/run-http... 14
    minutes ago Up 5 seconds ago 0.0.0.0:8080->8080/tcp myapp
be86937986e9 registry.access.redhat.com/ubi8:latest ./time.sh      13
    minutes ago Up 5 seconds ago 0.0.0.0:8080->8080/tcp time
```

现在请注意，已经启动了三个容器。infra 容器基于 k8s.gcr.io/pause 镜像，你的应用程序基于 quay.io/rhatdan/myimage:latest 镜像，而更新容器基于 registry.access.redhat.com/ubi8:latest 镜像。

当 ubi8 sidecar 容器启动时，它开始通过 time.sh 脚本修改 index.html。由于 myapp 容器共享卷挂载点 /var/www/html，因此它可以看到 /var/www/html/index.html 文件中的更改。打开你喜欢使用的 Web 浏览器，并导航到 http://localhost:8080 以验证应用程序是否正常工作，如图 4-8 所示。

图 4-8　Web 浏览器与在 pod 中运行的 myapp 进行通信

几秒后，单击刷新按钮。请注意日期已更改，表明 sidecar 容器正在运行并更新由主容器中运行的 myapp Web 服务器使用的数据，如图 4-9 所示。

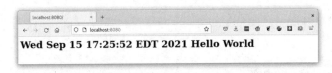

图 4-9　Web 浏览器显示 pod 中运行的第二个容器已更改 myapp 中的内容

一些常用的 podman pod start 命令选项如下。

■ --all: 告诉 Podman 启动所有的 pod。

■ --latest: 告诉 Podman 启动最后创建的 pod（在 macOS 和 Windows 系统上不可用）。

现在你已经在 pod 中运行了应用程序，你可能想要停止该应用程序。

## 4.5 停止 pod

现在你已经看到应用程序成功运行了，可以使用 podman pod stop 命令停止该 pod，如下所示。

```
$ podman pod stop mypod
790fefe97b280e5f67c526e3a421e9c9f958cf5a98f3709373ef1afd91965955
```

可以使用 podman ps 命令查看，以确保 Podman 停止了 pod 中的所有容器。

```
$ podman ps
CONTAINER ID  IMAGE    COMMAND    CREATED   STATUS    PORTS    NAMES
```

一些常用的 podman pod stop 命令选项如下。

■ --all: 告诉 Podman 停止所有的 pod。

■ --latest: 告诉 Podman 停止最近启动的 pod。

■ --timeout: 告诉 Podman 设置尝试停止 pod 中容器的超时时间。

现在你已经创建、运行和停止了 pod，你可以开始检查它。首先，列出系统上的所有 pod。

## 4.6 列出 pod

你可以使用 podman pod list 命令列出所有的 pod。

```
$ podman pod list
POD ID        NAME     STATUS    CREATED          INFRA ID      # OF CONTAINERS
790fefe97b28  mypod    Exited    22 minutes ago   b9536ea4a8ab  3
```

一些常用的 podman pod list 命令选项如下。

■ --ctr*: 告诉 Podman 列出 pod 中包含的容器信息。

■ --format: 告诉 Podman 列出所有的 pod，并以自定义格式输出信息。

现在你已经完成了演示，是时候清理 pod 和容器了。

## 4.7　删除 pod

在第 8 章中，我们将讨论如何生成 Kubernetes YAML 文件，以允许你在 Podman 或 Kubernetes 中启动你的 pod。但现在，你可以使用 podman pod rm 命令删除 pod。

在执行此操作之前，请使用--all 选项列出系统上的所有容器，使用--format 选项仅显示 ID、镜像和 pod ID，你将看到组成你的 pod 的三个容器。

```
$ podman ps --all --format "{{.ID}} {{.Image}} {{.Pod}}"
b9536ea4a8ab  k8s.gcr.io/pause:3.5 790fefe97b28
a978e0005273  quay.io/rhatdan/myimage:latest 790fefe97b28
be86937986e9  registry.access.redhat.com/ubi8:latest 790fefe97b28
```

现在，你可以使用以下命令删除 pod。

```
$ podman pod rm mypod
790fefe97b280e5f67c526e3a421e9c9f958cf5a98f3709373ef1afd91965955
```

使用 podman pod ls 命令查看，以确保该 pod 已经被删除。

```
$ podman pod ls
POD ID    NAME      STATUS    CREATED    INFRA ID  # OF CONTAINERS
```

看起来你的 pod 已经被删除。可以通过运行以下命令来验证 Podman 是否已经删除了所有容器。

```
$ podman ps -a --format "{{.ID}} {{.Image}}"
```

系统已被完全清理。

一些常用的 podman pod rm 命令选项如下（也请参阅表 4-1）。

- --all：告诉 Podman 删除所有的 pod。
- --force：告诉 Podman 在尝试删除容器之前先停止所有正在运行的容器。否则，Podman 将只删除未运行的 pod。

表 4-1　　　　　　　　　　　　　　　podman pod 命令

| 命令 | 手册页 | 描述 |
| --- | --- | --- |
| create | podman-pod-create(1) | 创建一个新的 pod |
| exists | podman-pod-exists(1) | 检查一个 pod 是否存在 |
| inspect | podman-pod-inspect(1) | 查看一个 pod 的详细信息 |
| kill | podman-pod-kill(1) | 向 pod 里的容器主进程发送结束信号 |
| list | podman-pod-list(1) | 列出所有的 pod |
| logs | podman-pod-logs(1) | 获取包含一个或多个容器的 pod 的日志信息 |
| pause | podman-pod-pause(1) | 暂停 pod 内所有的容器 |

| 命令 | 手册页 | 描述 |
|---|---|---|
| prune | podman-pod-prune(1) | 删除所有已停止的 pod 及其容器 |
| restart | podman-pod-restart(1) | 重启一个 pod |
| rm | podman-pod-rm(1) | 删除一个或多个 pod |
| stats | podman-pod-stats(1) | 查看 pod 内所有容器的状态统计信息 |
| start | podman-pod-start(1) | 启动一个 pod |
| stop | podman-pod-stop(1) | 停止一个 pod |
| top | podman-pod-top(1) | 查看 pod 内正在运行的进程的信息 |
| unpause | podman-pod-unpause(1) | 撤销 pod 里所有容器的暂停状态 |

## 4.8　总结

- pod 是将容器组合成更复杂的应用程序、共享命名空间和共享资源约束的一种方式。
- pod 共享容器使用的大多数参数选项。当你将新的容器添加到 pod 中时,它将与 pod 中的所有其他容器共享这些选项。

# 第 2 部分

# 设计

本书的第 2 部分涵盖了 Podman 的底层设计。第 5 章解释了 Podman 用到的各种不同的配置文件。Podman 开发使用了多个不同的容器库，每个库都有不同的配置方法。你将学习如何配置容器存储及容器和镜像的存储位置，以及如何配置用于拉取和推送容器镜像的容器镜像注册服务器。最后，你将了解 containers.conf 配置文件，该配置文件允许你完全自定义 Podman 的工作方式。你可以为每个创建的容器更改 Podman CLI 使用的默认值。

第 6 章深入介绍了非特权容器是如何工作的。非特权容器是 Podman 的一个重要功能，它允许你以普通用户的身份完全使用容器和 pod，而无须任何额外的特权。本章还介绍了用户命名空间的工作原理，以及用户命名空间是如何让你在容器内使用多个 UID 而无须 root 权限的。本章最后介绍了非特权容器存在的一些问题及如何解决这些问题。

# 第 5 章　自定义和配置文件

**本章内容:**

- 基于库来使用 Podman 配置文件
- 配置 storage.conf 文件
- 使用 registries.conf 和 policy.json 文件进行配置
- 使用 containers.conf 文件配置其他默认值
- 使用系统配置文件允许非特权用户的命名空间访问

　　Podman 内置了数十个硬编码的默认设置。这些默认设置决定了 Podman 的许多功能和非功能行为,如网络和安全设置。Podman 开发人员尝试选择最大化的安全性,同时仍然允许大多数容器成功运行。同样,我希望尽可能地与主机隔离。

　　安全默认设置包括使用哪些 Linux 能力、设置哪些 SELinux 标签以及容器可用的系统调用集。默认设置还包括资源约束,如内存使用和容器内允许的最大进程数。其他默认设置包括存储镜像的本地路径、容器镜像注册服务器的列表,甚至允许非特权模式工作的系统配置。Podman 开发人员希望允许用户对这些默认设置拥有终极控制权,因此容器引擎配置文件提供了一种可以自定义 Podman 和其他容器引擎运行方式的机制。

　　默认设置的问题在于它们是开发人员的最佳估计。虽然大多数用户在默认设置下运行 Podman,但有时需要更改配置。不是每个环境都具有相同的配置,用户可能希望将某些机器默认设置为不同的安全级别和不同的镜像注册服务器配置,甚至非特权用户可能需要与特权用户不同的配置。在本章中,将向你展示如何自定义 Podman 的不同部分,并解释你可以找到有关可用的所有不同设置的更多信息的位置。

　　正如你在之前的章节中学到的,当使用容器时,Podman 使用多个库来执行不同的任务。表 5-1 描述了 Podman 使用的不同的库。

表 5-1 Podman 使用的容器库

| 库 | 描述 |
|---|---|
| containers/storage | 定义容器镜像和其他基础存储的存储方式，被容器引擎使用 |
| containers/image | 定义将容器镜像从不同类型的存储移动的机制，通常在容器镜像注册服务器和本地容器存储之间使用 |
| containers/common | 定义所有默认的容器引擎配置选项（如果未在 containers/storage 或 containers/image 中定义） |
| containers/buildah | 正如第 2 章中所解释的那样，它用于使用 Containerfile 或 Dockerfile 中定义的规则将容器镜像构建到本地存储中；有关 Buildah 的更多信息，请参见附录 A |

　　每个库都有单独的配置文件，用于特定库的默认设置，Buildah 除外。容器引擎 Podman 和 Buildah 共享名为 containers.conf 的容器通用配置文件。该配置文件在 5.3 节中描述。

> 提示　Podman 使用的所有非系统配置文件都使用 TOML 格式。TOML 语法由 "名称='值'" 对、[部分名称] 和 "#" 注释组成。TOML 的格式可以简化如下。
>
> [表]
> 选项=值
> [表.子表 1]
> 选项=值
> [表.子表 2]
> 选项=值

　　有关 TOML 的更完整解释，请参见 https://toml.io。在配置 Podman 时，通常首要关注的是在哪里存储容器和镜像。

# 5.1　存储配置文件

　　Podman 使用 github.com/containers/storage 库来提供存储文件系统层、容器镜像和容器的方法。该库的配置使用 storage.conf 配置文件来完成。该配置文件可以存储在多个不同的目录中。

　　Linux 发行版通常提供一个 /usr/share/containers/storage.conf 文件，可以通过创建 /etc/containers/storage.conf 文件来覆盖它。非特权用户可以将其配置存储在 $XDG_CONFIG_HOME/containers/storage.conf 文件中；如果 $XDG_CONFIG_HOME 环境变量未设置，则使用 $HOME/.config/containers/storage.conf 文件。大多数用户永远不会更改 storage.conf 文件，但在某些情况下，高级用户需要进行一些自定义。更改的最常见原因是重新定位容器的存储位置。

> 提示　在远程模式下使用 Podman（例如在 macOS 或 Windows 机器上）时，Podman 服务使用位于 Linux 机器中的 storage.conf 文件。要修改它们，需要进入虚拟机。在使用 Podman 时，执行 podman machine ssh 命令进入虚拟机。要获取更多信息，请参见附录 E 和 F。

Podman 只读取一个 storage.conf 文件，并忽略所有后续文件。Podman 首先尝试使用主目录中的 storage.conf 文件，接下来是/etc/storage/storage.conf 文件，如果这两个文件都不存在，则 Podman 读取/usr/share/containers/storage.conf 文件。可以通过 podman info 命令查看 Podman 正在使用的 storage.conf 文件。

```
$ podman info --format '{{ .Store.ConfigFile }}'
/home/dwalsh/.config/containers/storage.conf
```

## 5.1.1  存储位置

默认情况下，非特权模式下 Podman 会被配置成将镜像存储在$HOME/.local/share/containers/storage 目录中。特权模式下默认的存储位置为/var/lib/containers/storage。

有时你需要更改此默认位置。比如/var 或你的主目录中的磁盘空间不足，因此你希望将镜像存储在另一个磁盘上。storage.conf 文件将存储位置称为 graphRoot，并且可以在/etc/containers/storage.conf 中为特权容器进行覆盖。

在本小节中，将图形驱动程序的位置修改为/var/mystorage。首先，成为 root 用户并确保/etc/containers/storage.conf 文件存在。如果不存在，请将/usr/share/containers/storage.conf 文件复制到这里。

```
$ sudo cp /usr/share/containers/storage.conf /etc/containers/storage.conf
```

> **提示**  有些发行版只提供/etc/containers/storage.conf 文件。

现在，备份并打开/etc/containers/storage.conf 文件进行编辑。

```
$ sudo cp /etc/containers/storage.conf /etc/containers/storage.conf.orig
$ sudo vi /etc/containers/storage.conf
```

将 graphdriver 变量 graphroot 由"/var/lib/containers/storage"设置为"/var/mystorage"，并保存文件。

你的 storage.conf 文件应包含以下内容。

```
$ grep -B 1 graph /etc/containers/storage.conf
# Primary Read/Write location of container storage
graphroot = "/var/mystorage"
```

执行 podman info 命令以查看更改是否生效。

```
$ sudo podman info
...
Store:
 configFile: /etc/containers/storage.conf
...
 graphDriverName: overlay
```

```
graphOptions:
 overlay.mountopt: nodev,metacopy=on
graphRoot: /var/mystorage
...
 volumePath: /var/mystorage/volumes
```

请注意，在存储部分，graphRoot 现在是/var/mystorage。所有镜像和容器都将存储在此目录中。

现在以非特权模式运行 podman info 命令。存储位置将不会更改，它仍然是/home/dwalsh/.local/share/containers/storage。

```
$ podman info
store:
 configFile: /home/dwalsh/.config/containers/storage.conf
 containerStore:
  number: 27
  paused: 0
  running: 0
  stopped: 27
 graphDriverName: overlay
 graphOptions: {}
 graphRoot: /home/dwalsh/.local/share/containers/storage
```

你可以创建一个$HOME/.config/containers/storage.conf 文件并进行更改，但这对于具有多个用户的系统来说并不具有可扩展性。rootless_storage_path 关键字允许你更改系统上所有用户的位置。

这一次，取消注释并修改 rootless_storage_path 行。

```
$ sudo vi /etc/containers/storage.conf
```

将 storage.conf 中的 rootless_storage_path 行从

```
# rootless_storage_path = "$HOME/.local/share/containers/storage"
```

修改为

```
rootless_storage_path = "/var/tmp/$UID/var/mystorage"
```

保存 storage.conf 文件。完成后，该文件应该如下：

```
$ grep -B 3 rootless_storage_path /etc/containers/storage.conf
# Storage path for rootless users
#
rootless_storage_path = "/var/tmp/$UID/var/mystorage"
```

现在运行 podman info 命令以查看更改。请注意，graphRoot 现在指向/var/tmp/3267/var/mystorage 目录。

```
$ podman info
...
```

```
store:
 configFile: /home/dwalsh/.config/containers/storage.conf
...
 graphOptions: {}
 graphRoot: /var/tmp/3267/var/mystorage
```

container/storage 支持扩展此路径的$HOME 和$UID 环境变量。要撤销更改，请复制并还原原始的 storage.conf 文件。

```
$ sudo cp /etc/containers/storage.conf.orig /etc/containers/storage.conf
```

> **提示** 如果你运行 SELinux 系统并更改了存储的默认位置，则需要使用以下 semanage 命令来通知 SELinux。这会告诉 SELinux 将新位置标记为旧位置的标签。接下来，你需要使用 restorecon 命令来更改磁盘上的标记。你可以使用以下命令来执行此操作。
>
> ```
> sudo semanage fcontext -a -e /var/lib/containers/storage /var/mystorage
>   sudo restorecon -R -v /var/mystorage
> ```

在非特权模式下，你需要执行以下操作。

```
sudo semanage fcontext -a -e $HOME/.local/share/containers/storage/
➡ var/tmp/3267/var/mystorage
sudo restorecon -R -v /var/tmp/3267/var/mystorage
```

有时，你可能希望更改存储驱动程序，或更有可能希望更改存储驱动程序的配置。

## 5.1.2 存储驱动程序

回想一下第 2 章的婚礼蛋糕图示，该图示显示镜像通常由多个层组成。这些层通过 container/storage 库存储在磁盘上，但当在其上运行容器时，每个层都需要挂载到前一个层上（如图 5-1 所示）。

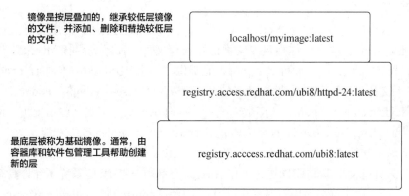

图 5-1 堆叠的镜像通过 container/storage 重新组装和挂载

container/storage 使用 Linux 内核文件系统概念中的分层文件系统来实现这一点。Podman 使用 container/storage，支持多种不同类型的分层文件系统。在 Linux 中，这些文件系统被称为写时复制（CoW）文件系统。在 containers/storage 中，这些不同的文件系统类型被称为驱动程序。默认情况下，Podman 使用 overlay 存储驱动程序。

> 提示 Docker 支持两种 overlay 驱动程序：overlay 和 overlay2。overlay2 是对 overlay 的改进，原始的 overlay 驱动程序已经很少使用了。相比之下，Podman 使用更新的 overlay2 驱动程序，并将其称为 overlay。可以在 Podman 中选择 overlay 驱动程序，但其实际上是 overlay2。

表 5-2 列出了 Podman 和 containers/storage 支持的所有存储驱动程序。我建议坚持使用 overlay 驱动程序，因为它是绝大多数用户使用的驱动程序。

表 5-2 容器存储驱动程序

| 存储驱动程序 | 描述 |
| --- | --- |
| overlay（overlay2） | 这是默认驱动程序，我强烈建议使用它。它基于 Linux 内核的 overlay 文件系统。在 Podman 中，overlay 和 overlay2 是完全相同的。它是经过最多测试的驱动程序。绝大多数用户使用它 |
| vfs | 这是最简单的驱动程序。它创建每个较低层的完整副本，并将其移至下一层。它适用于所有情况，但速度较慢，磁盘密集度较大 |
| devmapper | 这个驱动程序在 Docker 非常流行之初就已经被广泛使用了——在 overlay 驱动程序出现之前流行。它将每个层的大小重新分配为最大值。不再建议使用 |
| aufs | 这个驱动程序从未合并到上游内核中，因此只在一些 Linux 发行版上可用 |
| btrfs | 此驱动程序允许在基于 Btrfs 文件系统的 Btrfs 快照上存储。一些用户使用此文件系统取得了成功 |
| zfs | 此驱动程序使用 ZFS 文件系统。这是一种专有的文件系统，在大多数发行版上不可用 |

### overlay 存储选项

overlay 驱动程序有一些有趣的自定义选项，这些选项位于 storage.conf[storage.options.overlay]表中。

有几个高级选项可用于配置 overlay 驱动程序，下面会简要描述其使用情况。

mount_program 选项允许你指定要使用的可执行文件，而不是内核 overlay 驱动程序。Podman 通常随附 fuse-overlayfs 可执行文件，它提供了一个 FUSE（用户空间）overlay 驱动程序。如果在不支持非特权模式本地 overlay 的系统上安装了 fuse-overlayfs，Podman 将自动切换到 fuse-overlayfs mount_program。大多数内核支持本地 overlay，但在某些情况下，你可能需要配置 mount_program。fuse-overlayfs 具有本地 overlay 当前不支持的高级功能。

Podman 快速被高性能计算（HPC）社区采用。HPC 社区不允许特权模式容器，而且在许多情况下，它只允许使用单个 UID 运行工作负载。这意味着一些 HPC 系统不允许具有多个 UID 的用户命名空间。由于许多镜像带有多个 UID，因此 Podman 在 containers/storage 中添加了 ignore_chown_errors 选项，以允许带有不同 UID 的文件的镜像被压缩为单个 UID。表 5-3 列出了容器存储支持的所有最新存储选项。

> **提示**　你已经查看了一些 storage.conf 字段，但还有很多其他字段。可以使用 containers-storage.conf(5)
> 手册来探索它们。
> https://github.com/containers/storage/blob/main/docs/containers-storage.conf.5.md
> $ man containers-storage.conf

表 5-3　　　　　　　　　　　　　　容器存储驱动器

| 存储驱动器 | 描述 |
|---|---|
| ignore_chown_errors | 允许在启动容器时忽略文件所有权更改操作产生的错误。/etc/subuid 文件为空 |
| mount_program | 用于挂载文件系统的帮助程序路径，以替代使用内核 overlay 来挂载它。旧的内核不支持非特权模式 overlay |
| mountopt | 传递给内核的挂载选项的以逗号分隔的列表。它默认为 "nodev,metacopy=on" |
| skip_mount_home | 不要在存储主目录上创建 PRIVATE 绑定挂载 |
| inode | 容器镜像中的最大 inode 数 |
| size | 容器镜像的最大大小 |
| force_mask | 镜像中新文件和目录的权限掩码。值如下：<br>■ private：将所有文件系统对象都设置为 0700。系统上没有其他用户可以访问这些文件<br>■ shared：相当于将文件系统对象设置为 0755。系统上的所有人都可以读取、访问和执行镜像中的文件。这对于与其他用户共享容器存储很有用<br>镜像中的所有文件都可以由系统上的任何用户读取和执行。即使镜像中的/etc/shadow，现在也可以被任何用户读取。当设置 force_mask 时，原始权限掩码存储在 xattrs 中，mount_program（如 /usr/bin/fuse-overlayfs）将 xattr 权限呈现给容器中的进程 |

现在你已经了解如何配置容器存储了。下一个要查看的配置是容器镜像注册服务器访问。

## 5.2　容器镜像注册服务器的配置文件

Podman 使用 github.com/containers/image 库拉取和推送容器镜像时，通常是通过容器镜像注册服务器来完成的。Podman 使用 registries.conf 配置文件来指定容器镜像注册服务器，并使用 policy.json 文件来验证镜像的签名。与容器存储 storage.conf 一样，大多数用户不会修改这些文件，而是使用发行版的默认设置。

### registries.conf

registries.conf 配置文件是一个针对容器镜像注册服务器的系统级配置文件。如果存在 $HOME/.config/containers/registries.conf 文件，Podman 将使用该文件；否则，Podman 将使用/etc/containers/registries.conf。

> 提示　在远程模式下使用 Podman（例如在 macOS 或 Windows 机器上）时，registries.conf 文件存储在
> 服务器端的 Linux 机器中。你需要通过 ssh 登录到 Linux 机器来进行更改。使用 Podman 机器，
> 可以执行 podman machine ssh 命令。要了解更多的信息，请参见附录 E 和 F。

　　registries.conf 文件中的主要键值是 unqualified-search-registries。当经由短名称拉取镜像时，该字段按顺序指定一个主机[:端口]镜像注册服务器数组。如果在 unqualified-search-registries 选项中仅指定一个容器镜像注册服务器，Podman 将类似于 Docker 并强制用户使用单个容器镜像注册服务器。

　　在本练习中，你将修改 Podman 要使用的默认搜索镜像注册服务器。首先，你需要备份 /etc/containers/registries.conf 文件，然后删除 docker.io 并添加 example.com。

```
$ sudo cp /etc/containers/registries.conf
     /etc/containers/registries.conf.orig
$ sudo vi /etc/containers/registries.conf
```

　　修改以下行：

```
unqualified-search-registries = ["registry.fedoraproject.org",
    "registry.access.redhat.com", "docker.io", "quay.io"]
```

　　将该行修改为：

```
unqualified-search-registries = ["registry.fedoraproject.org",
    "registry.access.redhat.com", "example.com", "quay.io"]
```

　　保存文件，然后执行 podman info 以验证更改。

```
$ podman info
registries:
  search:
  - registry.fedoraproject.org
  - registry.access.redhat.com
  - example.com
  - quay.io
```

　　现在，如果尝试通过未知的短名称拉取镜像，应该会看到以下提示。

```
$ podman pull foobar
? Please select an image:
  ▸ registry.fedoraproject.org/foobar:latest
    registry.access.redhat.com/foobar:latest
    example.com/foobar:latest
    quay.io/foobar:latest
```

　　将原始文件复制到 registries.conf 文件中。

```
$ sudo cp /etc/containers/registries.conf.orig /etc/containers/registries.conf
```

表 5-4 描述了 registries.conf 文件中所有的可用选项。

表 5-4　　　　　　　　　　　　　容器 registries.conf 全局字段

| 字段 | 描述 |
| --- | --- |
| unqualified-search-registries | 一个主机[:端口]镜像注册服务器数组，用于在拉取未标记的镜像时尝试的镜像注册服务器列表，按顺序排列 |
| short-name-mode | 确定 Podman 如何处理短名称。可用值如下：<br>■ enforcing：如果有一个未标记的搜索镜像注册服务器，请使用它。如果定义了两个或更多镜像注册服务器，并且你正在终端运行 Podman，请提示用户选择一个搜索镜像注册服务器；否则将出现错误<br>■ permissive：与 enforcing 相似，如果没有提供终端，则不会产生错误，而是继续尝试使用每个镜像注册服务器进行搜索，直到成功为止<br>■ disabled：使用所有未标记的搜索镜像注册服务器而不提示 |
| credential-helpers | 用于处理容器镜像注册服务器凭据的工具。请注意，containers-auth.json 是保留的值，用于将 auth 文件指定为 containers-auth.json(5)。如果未指定，则凭据助手设置为["containers-auth.json"] |

## 禁止从容器镜像注册服务器中拉取

在 registries.conf 中可以配置的另一个有趣的功能是禁止用户从容器镜像注册服务器中拉取镜像。在下面的示例中，将配置 registries.conf 以禁止从 docker.io 中拉取镜像。registries.conf 文件具有一个特定的[[registry]]表项，可以用来指定如何处理单个容器镜像注册服务器。你可以多次添加此表格，每个镜像注册服务器一次。

```
$ sudo vi /etc/containers/registries.conf
```

添加以下内容：

```
[[registry]]
Location = "docker.io"
blocked=true
```

保存文件。使用 podman info 检查设置。

```
$ podman info
...
registries:
 Docker.io:
  Blocked: true
  Insecure: false
  Location: docker.io
  MirrorByDigestOnly: false
  Mirrors: null
  Prefix: docker.io
  search:
  - registry.fedoraproject.org
  - registry.access.redhat.com
  - docker.io
  - quay.io
```

现在，尝试从 docker.io 中拉取镜像。

```
$ podman pull docker.io/ubuntu
Trying to pull docker.io/library/ubuntu:latest...
Error: initializing source docker://ubuntu:latest: registry docker.io is
    blocked in /etc/containers/registries.conf or
    /home/dwalsh/.config/containers/registries.conf.d
```

这表明管理员可以阻止从特定的镜像注册服务器中拉取内容。表 5-5 描述了 registries.conf 文件中[[registry]]表的可用子选项。

> **提示**　复制原始的 registries.conf，以便在本书的其余部分可以从 docker.io 中拉取镜像：
> ```
> $ sudo cp /etc/containers/registries.conf.orig/
> ➥ etc/containers/registries.conf
> ```

表 5-5　　　　　　　　　　　　　　　　[[registry]]表的字段

| 字段 | 描述 |
|------|------|
| location | 要应用过滤器的镜像注册服务器/仓库的名称 |
| prefix | 在尝试拉取与特定前缀匹配的镜像时选择指定的配置 |
| insecure | 如果为真，则允许未加密的 HTTP 以及不受信任证书的 TLS 连接 |
| blocked | 如果为真，则禁止拉取匹配名称的镜像 |

一些用户所使用的系统与互联网完全隔离，但仍需要使用依赖互联网上的镜像的应用程序。这种情况的一个例子是，如果有一个期望使用 registry.access.redhat.com/ubi8/httpd-24:latest 的应用程序，但它无法在互联网上访问 registry.access.redhat.com，则可以下载该镜像并将其放入内部镜像注册服务器中，然后配置 registries.conf 并使用该 mirror 镜像注册服务器。如果你在 registries.conf 中配置条目，它将如下所示。

```
[[registry]]
location="registry.access.redhat.com"
[[registry.mirror]]
location="mirror-1.com"
```

然后，你的用户可以使用 podman pull 命令。

```
$ podman pull registry.access.redhat.com/ubi8/httpd-24:latest
```

实际上，Podman 会拉取 mirror-1.com/ubi8/httpd-24:latest，但用户不会注意到区别。

> **提示**　你已经查看了一些 registries.conf 字段，可以使用 containers-registries.conf(5)手册页来探索更多内容。
> ```
> https://github.com/containers/image/blob/main/docs/containers-registries.conf.5.md
> $ man containers-registries.conf
> ```

现在你已经知道如何配置存储和容器镜像注册服务器了，是时候看看如何配置 Podman 的所有核心选项了。

## 5.3 引擎配置文件

Podman 和其他容器引擎使用 github.com/containers/common 库来处理与容器存储或容器镜像注册服务器无关的默认设置。这些配置设置来自 containers.conf 文件。Podman 将读取表 5-6 中的文件（如果存在）。

表 5-6　　　　　　特权模式和非特权模式下 Podman 都会读取的 containers.conf 文件

| 文件 | 描述 |
| --- | --- |
| /usr/share/containers/containers.conf | 通常随发行版默认安装 |
| /etc/containers/containers.conf | 系统管理员可以使用此文件来设置和修改不同的默认值 |
| /etc/containers/containers.conf | 一些软件包工具可能会将其他默认文件放入此目录，按数字顺序排序 |

当以非特权模式运行时，Podman 还会读取表 5-7 中的文件（如果存在）。

表 5-7　　　　　非特权模式下 Podman 会读取的 containers.conf 文件

| 文件 | 描述 |
| --- | --- |
| $HOME/.config/containers/containers.conf | 用户可以创建此文件以覆盖系统默认值 |
| $HOME/.config/containers/contain-ers.conf.d/*.conf | 用户可以在此处放置文件（如果需要），它们将按数字顺序排序 |

与 storage.conf 和 registries.conf 不同，containers.conf 文件会合并在一起，并且它们不会完全覆盖之前的版本。个别字段可以覆盖较高级别的 containers.conf 文件中的相同字段。Podman 不需要任何 containers.conf 文件，因为它具有内置的默认值。大多数系统仅提供/usr/share/containers/containers.conf 中的发行版默认值覆盖。

> 提示　Podman 支持 CONTAINERS_CONF 环境变量。该环境变量可以强制 Podman 使用 $CONTAINERS_CONF 变量指向的目标文件。其他 containers.conf 文件都将被忽略。这在测试环境或确保没有人定制了 Podman 默认值时非常有用。

目前 containers.conf 支持 5 个不同的表，如表 5-8 所示。在修改选项时，需要确保在正确的表中进行操作。

表 5-8　　　　　　　　　　　　containers.conf 支持的表

| 表 | 描述 |
| --- | --- |
| [containers] | 运行单个容器的配置。例如，将容器放入的命名空间、是否启用 SELinux 以及容器的默认环境变量 |
| [engine] | Podman 使用的默认配置。例如，默认的日志记录系统、OCI 运行时使用的路径以及 conmon 的位置 |
| [service_destinations] | 与 podman --remote 一起使用的远程连接数据。远程服务将在第 9 章中介绍 |

| 表 | 描述 |
| --- | --- |
| [secrets] | 有关容器的 secrets 插件驱动程序的信息 |
| [network] | 网络配置的特殊配置，包括默认网络名称、CNI 插件的位置和默认子网 |

许多 Podman 用户希望更改它在某个环境中启动容器的默认方式。之前我已经解释过，HPC 社区想使用 Podman 运行其工作负载，但是它们非常具体地指定了要添加到容器中的卷、要添加的环境变量以及启用的命名空间。

也许你希望所有容器都设置相同的环境变量。让我们试一下。运行 Podman 以显示 ubi8 镜像中的默认环境。

```
$ podman run --rm ubi8 printenv
PATH=/usr/local/sbin:/usr/local/bin:/usr/sbin:/usr/bin:/sbin:/bin
TERM=xterm
container=oci
HOME=/root
HOSTNAME=ba4acf180386
```

> 提示　在远程模式下使用 Podman 时，例如在 macOS 或 Windows 机器上，大多数 containers.conf 文件的设置来自服务器端的 Linux 机器。用户主目录中的 containers.conf 文件则用于存储连接数据，这将在第 9 章中介绍。macOS 和 Windows 客户端在附录 E 和 F 中介绍。

现在在主目录中创建一个 env.conf 文件，并设置 env= ["foo=bar"]。

```
$ mkdir -p $HOME/.config/containers/containers.conf.d
$ cat << _EOF > $HOME/.config/containers/containers.conf.d/env.conf
[containers]
env=[ "foo=bar" ]
_EOF
```

运行任何容器，你将看到环境变量设置了 foo=bar。

```
$ podman run --rm ubi8 printenv
PATH=/usr/local/sbin:/usr/local/bin:/usr/sbin:/usr/bin:/sbin:/bin
TERM=xterm
container=oci
foo=bar
HOME=/root
HOSTNAME=406fc182d44b
```

当配置 Podman 在容器内运行时，我会使用 containers.conf。许多用户希望在 CI/CD 系统中运行 Podman 或者只是为了对比测试他们的发行版里启用的 Podman 和更新版本的 Podman。由于许多人在容器中运行 Podman 时遇到了麻烦，我决定尝试创建一个默认镜像 quay.io/podman/stable 来帮助他们。在创建该镜像时，我意识到当在容器中运行时，几个 Podman 的默认值效果不佳，因此我使用 containers.conf 来更改这些设置。你可以通过以下链接查看我的 containers.conf 文件：http://mng.bz/o5DM。

你可以通过实际运行镜像来查看 containers.conf。

```
$ podman run quay.io/podman/stable cat /etc/containers/containers.conf
[containers]
netns="host"
userns="host"
ipcns="host"
utsns="host"
cgroupns="host"
cgroups="disabled"
log_driver = "k8s-file"
[engine]
cgroup_manager = "cgroupfs"
events_logger="file"
runtime="crun"
```

在编写此文件时，我的想法如下。首先，我决定禁用除挂载和用户命名空间之外的所有 cgroups 和命名空间，因为 Podman 在容器内运行。如果用户设置了 cgroups 或配置了命名空间，则在容器中运行的 Podman 创建的容器将遵循父 Podman 的规则。

```
[containers]
netns="host"
userns="host"
ipcns="host"
utsns="host"
cgroupns="host"
cgroups="disabled"
```

许多发行版的默认日志驱动程序、事件记录器和 cgroup 管理器分别是 journald 和 systemd，但在容器内部，systemd 和 journald 并不运行，因此容器引擎需要使用文件系统。

```
[containers]
log_driver = "k8s-file"
[engine]
cgroup_manager = "cgroupfs"
events_logger="file"
```

最后，使用 OCI 运行时 crun 而不是 runc，主要是因为 crun 比 runc 小得多。

```
[engine]
runtime="crun"
```

现在尝试在容器内运行容器。使此功能正常工作所需的技巧是使用 --user podman 运行 podman/stable 镜像。这会导致容器内的 Podman 以非特权模式运行。由于 podman/stable 镜像在容器内使用 fuse-overlay 驱动程序，因此还需要添加 /dev/fuse 设备。

```
$ podman run --device /dev/fuse --user podman quay.io/podman/stable podman
➡ run ubi8-micro echo hi
Resolved "ubi8" as an alias (/etc/containers/registries.conf.d/
➡ 000-shortnames.conf
Trying to pull registry.access.redhat.com/ubi8:latest…
Getting image source signatures
```

```
Copying blob sha256:5368f457acd16b337e2b150741f727c46f886c69eea
➡ 1a4d56d0114c88029ed87
...
hi
```

> **提示**　你已经查看了一些 containers.conf 字段，可以使用 container.conf(5) 手册页更深入地探索它们。
> ```
> $ man containers.conf
> https:/ /github.com/containers/common/blob/main/docs/containers.conf.5.md
> ```

现在，你了解了有关 Podman 这样的容器工具的配置工具的更多信息。接下来，你将了解 Podman 需要的其他系统配置文件。

## 5.4　系统配置文件

当你在非特权模式下运行 Podman 时，将使用/etc/subuid 和/etc/subgid 文件来指定容器的 UID 范围。正如我在 3.1.2 节中所解释的那样，Podman 会读取/etc/subuid 和/etc/subgid 文件以获取分配给你的用户账户的 UID 和 GID 范围。然后，Podman 启动/usr/bin/newuidmap 和/usr/bin/newgidmap，验证 Podman 指定的 UID 和 GID 范围是否实际分配给了你。在某些情况下，你需要修改这些文件以添加 UID。在你向系统添加新用户时，像 useradd 这样的工具会自动更新/etc/subuid 和/etc/subgid。例如，我在安装笔记本电脑时使用 useradd 来设置我的用户账户 UID 3267，并将映射 dwalsh:100000:65536 添加到/etc/subuid 和/etc/subgid 中。图 5-2 展示了基于此映射的容器在我的系统上的样子。

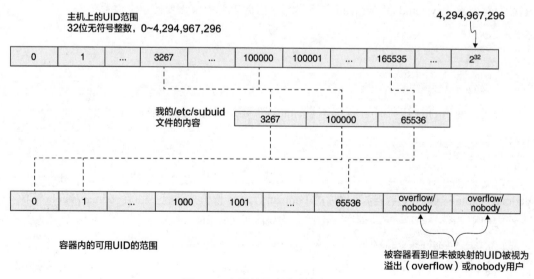

图 5-2　容器的用户命名空间映射

> 提示 你需要为每个用户保持 UID 范围的唯一性，并确保它们不与任何系统 UID 重叠。Podman 和系统不会验证是否存在重叠。如果两个不同的用户在其范围内具有相同的 UID，则容器中的进程将被允许从用户命名空间的角度相互攻击。验证此问题需要手动进行。useradd 工具会自动选择唯一的范围。

如 subuid(5)和 subgid(5)手册页所解释的那样，/etc/subuid 和/etc/subgid 中的每一行都包含一个用户名和一个从属用户 ID 范围或从属 GID 范围，用户被允许使用这些范围。每一行由三个以冒号分隔的字段指定。这些字段如下。

- 登录名或 UID。
- 数字从属用户 ID 或组 ID。
- 数字从属用户 ID 或组 ID 计数。

新版本的操作系统，特别是包含/usr/bin/newuidmap 和/usr/bin/newgidmap 的软件包，正在获得通过网络从 LDAP 服务器共享这些文件的能力。在 Fedora 上，这些可执行文件包含在 shadow-utils 软件包中。4.9 或更高版本具有此功能。

> 提示 对/etc/subuid 和/etc/subgid 的更改可能不会立即反映在用户账户中。这对在运行 Podman 之后修改这些文件的用户来说是常见的问题。但请记住：当 Podman 第一次运行时，它会在用户命名空间中启动 podman pause 进程，然后所有其他容器加入此 Podman 进程的用户命名空间。要使新的用户命名空间生效，必须执行 podman system migrate 命令。该命令停止 podman pause 进程并重新创建用户命名空间。

## 5.5 总结

- Podman 根据其使用的库具有多个配置文件。
- 配置文件在特权模式和非特权模式环境之间共享。
- storage.conf 文件用于配置 containers/storage，包括存储驱动程序、容器及其镜像的存储位置。
- registries.conf 和 policy.json 文件用于配置 container/image 库，主要影响对容器镜像注册服务器、短名称和 mirror 镜像位置的访问。
- containers.conf 文件用于配置 Podman 中使用的所有其他默认值。
- 系统配置文件/etc/subuid 和/etc/subgid 用于配置运行在非特权模式下的 Podman 所需的用户命名空间。

# 第6章 非特权容器

**本章内容：**
- 为什么非特权（rootless）模式更安全
- Podman 如何使用用户命名空间和挂载命名空间
- 非特权模式运行下的 Podman 架构

本章将深入研究在非特权模式下运行 Podman 时的机理。我相信通过了解非特权容器的实现以及了解在非特权模式下运行 Podman 可能导致的一些问题，会对了解和学习 Podman 很有帮助。随着过去几年容器化应用程序的引入，某些对安全要求较高的环境无法利用这些新技术。

高性能计算（HPC）系统运行着世界上最快的计算机，这些计算资源往往是国家级实验室和大学用来处理高度安全的信息计算的地方。由于它们处理着世界上一些安全等级要求最高的数据，所以明确禁止使用特权模式下的容器。HPC 系统可以用来处理巨大的数据集，如人工智能、核武器、全球天气模式识别、医学研究等。这些系统往往有数千台共享计算机。鉴于它们的多用户共享环境，这些系统需要能够被锁定权限来保证安全。HPC 社区认为以 root 运行守护进程太不安全了。如果流氓容器进程突破权限限制并获得 root 访问权限，它就可以访问高度敏感的数据。在 Podman 出现之前，HPC 环境的管理员无法使用开放容器计划（OCI）的容器技术，而现在 HPC 社区正在努力转向使用支持非特权模式的 Podman。

同样地，出于对所涉及的财务数据的关注，大型金融公司的管理员也不允许用户和开发人员访问其共享计算机系统上的 root 目录，世界上最大的一些金融公司难以完全采用 OCI 容器。如图 6-1 所示，即使 Docker 客户端可以作为非 root 用户运行，它仍然需要连接到以 root 身份运行的守护进程，从而获得主机操作系统的完整 root 访问权限。

底线：允许共享计算系统上的用户通过访问同一个以 root 身份运行的守护进程来运行容器工作负载，这太不安全了。在不同的用户账户下以非特权模式运行每个用户的容器更安全。

图 6-2 展示了多个用户彼此独立地运行 Podman，且没有任何 root 访问权限。

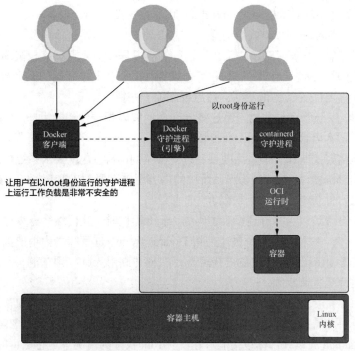

图 6-1 多用户的工作负载共享同一个以 root 身份运行的守护进程在本质上是不安全的

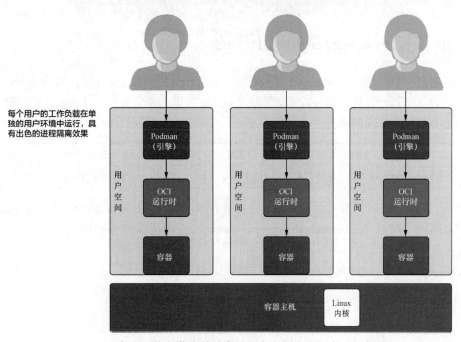

图 6-2 每个工作负载在其独有的用户空间内运行会更加安全

Linux 从设计之初就对特权模式（rootful）和非特权模式（rootless）进行了分离。在 Linux 中，几乎所有任务都在非特权模式下运行，只有修改核心操作系统才需要特权操作。几乎所有在容器、Web 服务器、数据库和用户工具中运行的应用程序都无须 root 权限即可运行。应用程序不会修改系统的核心部分。遗憾的是，在容器镜像注册服务器中找到的大多数镜像都需要 root 权限，或者至少需要以 root 身份启动，然后再删除一些特权。

但在工业界，系统管理员非常不愿意将 root 访问权限授予他们的用户。如果你从雇主那里收到一台公司笔记本电脑，通常你不会被授予任何 root 访问权限。出于企业规模的考虑，企业系统管理员往往需要控制和管理员工办公系统上安装的内容。这就要求系统管理员需要能够同时更新成百上千台机器，因此控制操作系统中的内容至关重要。如果其他人正在管理你的机器，他们需要控制谁可以获得 root 访问权限。

作为一名安全人员，当我看到没有密码的 sudo 操作时，我仍然会有点退缩。当我第一次开始使用 Docker 时，我很震惊于它鼓励使用 Docker group，这意味着为用户提供主机上的完全 root 访问权限且无须密码，而黑客的终极目标是获得并利用 root 权限漏洞，因此这意味着他们可以获得系统的完全控制权限。

底线：如果存在容器逃逸的问题，情况则有点糟糕，你最好处在非特权模式下，那么黑客攻击只能控制那些非特权进程，而非完全控制系统和全部数据的 root 攻击（忽略其他安全机制，如 SELinux）。Podman 的设计目标包括能够在没有 root 权限的情况下运行尽可能多的工作负载，并促使核心操作系统能够让用户更轻松地以这种更安全的模式运行。

# 6.1　非特权 Podman 是如何工作的

你是否想了解非特权 Podman 容器的幕后发生了什么？在第 2 章中，所有 Podman 示例都在非特权模式下运行。让我们看看在非特权 Podman 容器的幕后发生了什么。我将解释每个组件，然后分解所有涉及的步骤。

> 提示　本节的部分内容复制或更新于我之前写的博客文章 "What Happens behind the Scenes of a Rootless Podman Container?"，这篇文章由我和 Matthew Heon、Giuseppe Scrivano 共同撰写。

首先，让我们先清理容器镜像存储，准备好新的环境，并在 quay.io/rhatdan/myimage 上运行一个容器（记住可以使用 podman rmi --all --force 命令来清理所有的容器镜像）。

```
$ podman rmi --all -force
Untagged: registry.access.redhat.com/ubi8/httpd-24:latest
Untagged: registry.access.redhat.com/ubi8-init:latest
Untagged: localhost/myimage:latest
Untagged: quay.io/rhatdan/myimage:latest
Deleted: d2244a4379d6f1981189d35154beaf4f9a17666ae3b9fba680ddb014eac72adc
```

```
Deleted: 82eb390304938f16dd707f32abaa8464af8d4a25959ab342e25696a540ec56b5
Deleted: 8773554aad01d4b8443d979cdd509e7b8fa88ddbc966987fe91690d05614c961
```

现在你有了一个干净的系统环境，你需要从容器镜像注册服务器中检索应用程序镜像 quay.io/rhatdan/myimage，该镜像在第 2 章中被你推送到了这个容器镜像注册服务器。在下面的命令中，在你的计算机上重新创建应用程序。该命令将镜像从远端容器镜像注册服务器中拉回到本地，并在本地主机上启动 myapp 容器。

```
$ podman run -d -p 8080:8080 --name myapp quay.io/rhatdan/myimage
Trying to pull quay.io/rhatdan/myimage:latest...
...
2f111737752dcbf1a1c7e15e807fb48f55362b67356fc10c2ade24964e99fa09
```

现在，让我们深入了解在运行非特权 Podman 容器时发生了什么事情。运行非特权容器时首先发生的事情是 Podman 需要设置用户命名空间。下面，我将解释为什么以及它是如何工作的。

## 镜像包含由多个用户标识符（UID）拥有的内容

在 Linux 中，用户标识符（UID）和组标识符（GID）被分配给进程并存储在文件系统对象上。文件系统对象还具有分配给它们的权限值。Linux 基于这些 UID 和 GID 控制进程对文件系统的访问，这种访问称为自主访问控制（DAC）。当登录到 Linux 机器时，你的非特权用户进程使用单个 UID（比如 1000）运行，但容器镜像通常在其镜像层中带有多个不同的 UID。让我们检查运行镜像所需的 UID。在此样例中，你将通过运行另一个容器来检查容器镜像中定义的所有 UID。

在下面的命令中，使用 quay.io/rhatdan/myimage 容器镜像来启动一个容器。你需要在容器内以 root（--user=root）身份运行容器，以检查镜像中的每个文件。

```
$ podman run --user=root --rm quay.io/rhatdan/myimage -- bash -c "find /
➡ -mount -printf \"%U=%u\n\" | sort -un 2>/dev/null
```

由于这只是一个临时容器，可以使用--rm 选项来确保容器在完成运行后便会被立马删除。该容器运行一个 Bash 脚本，该脚本查找与容器中每个文件/目录关联的所有 UID 和 USER。该脚本将输出通过管道进行排序以显示唯一条目，并将 stderr 重定向到/dev/null 以消除任何错误。

```
$ podman run --user=root --rm quay.io/rhatdan/myimage -- bash -c "find /
➡ -mount -printf \"%U=%u\n\" | sort -un" 2>/dev/null
0=root
48=apache
1001=default
65534=nobody
```

从输出中可以看出，我们的容器镜像用到了表 6-1 中所示的四个不同的 UID。

| 表 6-1 | | 运行容器镜像所需的唯一 UID |
| --- | --- | --- |
| UID | 用户名 | 描述 |
| 0 | root | 拥有容器镜像中的绝大部分内容 |
| 48 | apache | 拥有 Apache 目录 |
| 1001 | default | 容器运行时的默认用户 |
| 655634 | nobody | 分配给任何未映射到容器的 UID |

为了将容器镜像拉到你的主目录，Podman 需要存储至少三个不同的 UID：0、48 和 1001。由于 Linux 内核阻止非特权账户使用多个 UID，因此你无法创建具有不同 UID 的文件。你需要利用用户命名空间来实现。

### 1. 用户命名空间

Linux 支持用户命名空间的概念，它是主机的 UID/GID 到命名空间内不同的 UID 和 GID 的映射。以下是手册页对其的描述。

```
$ man user namespaces
...
```

用户命名空间隔离与安全相关的标识符和属性，特别是用户 ID 和组 ID（参见 credentials(7)）、根目录、密钥（参见 keyrings(7)）和能力（参见 capabilities(7)）。进程的用户 ID 和组 ID 在用户命名空间内外可以不同。特别地，一个进程可以在用户命名空间外拥有普通的非特权用户 ID 的同时，在命名空间内拥有用户 ID 0；换言之，该进程具有命名空间内操作的完全特权，但对命名空间外的操作没有特权。

由于你的容器需要多个 UID，因此 Podman 进程首先创建并进入一个用户命名空间，在这个命名空间下它可以访问更多 UID。Podman 还必须挂载多个文件系统来保证能够运行容器。这些挂载命令在用户命名空间（连同挂载命名空间）外是不允许被执行的。图 6-3 展示了用户命名空间中使用的 UID。

当创建系统时，我使用 useradd 程序来创建我的账户。useradd 分配 3267 作为我的 UID 和 GID，这在/etc/passwd 和/etc/group 中定义。useradd 还为我分配了附加的 UID 和 GID（100000～165535），这些则在/etc/subuid 和/etc/subgid 中定义。接下来让我们看看这些文件的内容。

```
$ cat /etc/subuid
dwalsh:100000:65536
Testuser:165536:65536
$ cat /etc/subgid
dwalsh:100000:65536
Testuser:165536:65536
```

在你的系统上执行 cat 命令获取这些文件内容时，你会看到类似的信息输出。在我的系统上还有一个 testuser 账户，useradd 还为该用户添加了 UID/GID，这些动作会在我创建用户后立即发生。

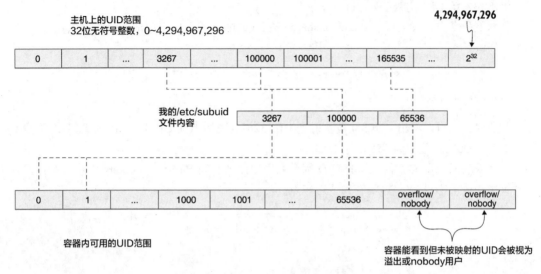

图 6-3　容器的用户命名空间映射

在用户命名空间内，我可以访问 UID 3267（这是我的 UID）以及 UID 100000,100001, 100002,…,165535，总共 65537 个 UID。root 用户可以修改/etc/subuid 和/etc/subgid 文件来增加或减少这个数字。

useradd 命令从 UID 100000 开始，以便让你拥有大约 99000 个普通用户以及 1000 个为 Linux 系统上的系统服务保留的 UID。内核支持超过 40 亿个 UID（$2^{32}=4294967296$）。由于 useradd 为每个用户分配了 65537，Linux 可以支持超过 60000 个用户。选择 65536（$2^{16}$）是因为在 Linux 内核 2.4 之前，这是 Linux 系统上的最大用户数。下面让我们更深入地了解用户命名空间。

Linux 系统上的每个进程都在命名空间中，包括 init 进程、systemd。这些是主机命名空间。因此每个进程也都在用户命名空间中。你可以通过检查/proc 文件系统来查看进程的用户命名空间映射。/proc/PID/uid_map 和/proc/PID/gid_map 包含操作系统上每个进程的用户命名空间映射。/proc/self/uid_map 包含当前进程的 UID 映射。

```
$ cat /proc/self/uid_map
     0        0 4294967295
```

该映射意味着 UID 的映射值是从 0 开始的，UID 的范围为 0 至 4294967295。

查看 UID 映射的另一种方法是：

```
UID 0->0, 1->1,...,3267->3267,...,4294967294->4294967294
```

基本上没有映射，所以 root 就是 root，UID 3267 映射到 3267 本身。

现在让我们进入用户命名空间并查看映射的内容。Podman 有一个特殊的命令 podman unshare，允许你在不启动容器的情况下进入用户命名空间，允许你检查用户命名空间内发生的事情的同时，仍作为系统上的常规进程运行。

在以下命令中，我运行 podman unshare 以在我的账号的默认用户命名空间内执行命令 cat /proc/self/uid_map。

```
$ podman unshare cat /proc/self/uid_map
        0      3267         1
        1    100000     65536
```

从映射关系可以看出，UID 0 被映射到 UID 3267（我的当前 UID），范围为 1；UID 1 被映射到 UID 100000，范围为 65536 个 UID。

任何未映射到用户命名空间的 UID 都会在用户命名空间中报告为 nobody 用户。在你搜索容器镜像中的 UID 之前，你就看到了这一点。

```
$ podman run --user=root --rm quay.io/rhatdan/myimage -- bash -c "find /
➡ -mount -exec stat -c %u=%U {} \; | sort -un" 2>/dev/null
0=root
48=apache
1001=default
65534=nobody
```

如果你查看主机上的"/"，你会看到它的所有者是真实的 root。

```
$ ls -l -ld /
dr-xr-xr-x. 18 root root 242 Sep 21 22:32 /
```

如果你在用户命名空间内检查同一目录，则会看到它的所有者是 nobody 用户。

```
$ podman unshare ls -ld /
dr-xr-xr-x. 18 nobody nobody 242 Sep 21 22:32 /
```

由于主机的 UID 0 没有映射到用户命名空间，因此内核会将该 UID 报告为 nobody 用户。在用户命名空间内部的进程只能基于 other 或 world 权限访问 nobody 文件。在下面的示例中，你将启动一个 Bash 脚本，显示在用户命名空间内用户是 root，但是看到/etc/passwd 的所有者是用户 nobody。你可以使用 grep 命令读取文件，因为/etc/passwd 是全局可读的。但是，即使是 root 也无法修改由未映射到用户命名空间的 UID 拥有的文件，因此执行 touch 命令会失败。

```
$ podman unshare bash -c "id ; ls -l /etc/passwd; grep dwalsh
➡ /etc/passwd; touch /etc/passwd"
uid=0(root) gid=0(root) groups=0(root),65534(nobody)
-rw-r--r--. 1 nobody nobody 2942 Sep 28 07:08 /etc/passwd
dwalsh:x:3267:3267:Dan Walsh:/home/dwalsh:/bin/bash
touch: cannot touch '/etc/passwd': Permission denied
```

当你将在主机上查看你的主目录和在用户命名空间内查看做对比时，你会看到相同的文件显示为由你的 UID 拥有。

```
$ ls -ld /home/dwalsh
drwx------. 365 dwalsh dwalsh 24576 Sep 28 07:30 /home/dwalsh
```

在用户命名空间内，它们归 root 用户所有。

```
$ podman unshare ls -ld /home/dwalsh
drwx------. 365 root root 24576 Sep 28 07:30 /home/dwalsh
```

默认情况下，Podman 在用户命名空间中将用户的 UID 映射到 root。Podman 默认使用 root 用户身份，因为正如我在本章开始时指出的那样，大多数容器镜像假定它们以 root 身份启动。

我将给出最后一个例子。在用户命名空间中创建一个目录并在该目录中创建一个文件，然后使用 chown 命令将文件的 UID 更改为 1:1。

```
$ podman unshare bash -c "mkdir test;touch test/testfile; chown -R 1:1 test"
```

在用户命名空间之外，你可以看到测试文件的所有者的 UID 是 100000。

```
$ ls -l test
total 0
-rw-r--r--. 1 100000 100000 0 Sep 28 07:53 testfile
```

当你在用户命名空间中创建测试文件并将 UID/GID 更改为 1:1 时，磁盘上文件的所有者实际上是 UID 100000/100000。请记住，在用户命名空间内，UID 1 被映射到 UID 100000，因此当你在用户命名空间内创建 UID 1 文件时，操作系统实际上会创建 UID 100000。

如果你尝试在用户命名空间之外删除该文件，则会看到报错信息。

```
$ rm -rf test
rm: cannot remove 'test/testfile': Permission denied
```

在用户命名空间之外，你只能访问自己的 UID，而无法访问其他 UID。

> **提示** 在 3.1.2 节中，我展示了用户命名空间映射可能在容器存储卷中引起问题，并讨论了如何处理这些问题。

重新进入用户命名空间后，你可以删除该文件。

```
$ podman unshare rm -rf test
```

希望你已经对用户命名空间有所了解。podman unshare 命令使得在用户命名空间下探索系统并理解非特权容器中发生的事情变得容易。在运行非特权容器时，Podman 需要的不仅仅是以 root 身份运行，它还需要访问一些称为 Linux 能力的 root 特权。

在 Linux 中，root 进程实际上并不是同样强大的。Linux 将 root 特权分为一系列的 Linux 能力。具有所有 Linux 能力的 root 进程是万能的，而没有 Linux 能力的 root 进程则不允许操纵系统中的许多内容。例如，它不能读取非 root 文件，除非这些文件具有允许系统上所有 UID

读取的权限标志（world readable）。

让我们看看用户命名空间如何使用 Linux 能力。

```
$ man capabilities
...
DESCRIPTION
For the purpose of performing permission checks, traditional UNIX
implementations distinguish two categories of processes: privileged
processes (whose effective user ID is 0, referred to as superuser or root),
and unprivileged processes (whose effective UID is nonzero). Privileged
processes bypass all kernel permission checks, while unprivileged processes
are subject to full permission checking based on the process's credentials
(usually: effective UID, effective GID, and supplementary group list).
Starting with kernel 2.2, Linux divides the privileges traditionally
associated with superuser into distinct units, known as capabilities, which
can be independently enabled and disabled. Capabilities are a per-thread
attribute.
```

Linux 目前有大约 40 种能力。例如，CAP_SETUID 和 CAP_SETGID 允许进程更改其 UID 和 GID，CAP_NET_ADMIN 允许你管理网络栈。

另一个名为 CAP_CHOWN 的能力允许进程更改磁盘上文件的 UID/GID。在前面的示例中，当你将 test 目录更改为 1:1 时，你在用户命名空间中就使用了 CAP_CHOWN 能力。

```
$ podman unshare bash -c "mkdir test;touch test/testfile; chown -R 1:1 test"
```

在用户命名空间中运行时，你使用的就是命名空间能力。你的用户命名空间中的 root 用户具有这些能力，而这些能力已经超出命名空间内定义的 UID 和 GID 所具有的能力。具有命名空间能力 CAP_CHOWN 的进程允许将用户命名空间内拥有的文件的所有权更改为同样在该用户命名空间内的 UID。如果用户命名空间内的进程尝试更改未映射到用户命名空间的文件（所有者为 nobody 用户），则该进程操作将被拒绝。同样，尝试更改未在用户命名空间中定义的 UID 的文件的所有权的进程操作也将被拒绝。同样，CAP_SETUID 能力仅允许进程将 UID 更改为用户命名空间中定义的 UID。

当 Podman 运行容器时，需要挂载多个文件系统以供容器使用。在 Linux 中，挂载文件系统需要 CAP_SYS_ADMIN 能力。从安全角度来看，在 Linux 上挂载文件系统可能是一件危险的事情。内核添加了对可以挂载哪些类型的文件系统的额外控制，并要求你的用户命名空间进程也在唯一的挂载命名空间中。在第 10 章中，你将了解 Podman 如何限制容器内命名空间 root 可用的 Linux 能力的数量。

### 2．挂载命名空间

挂载命名空间允许命名空间内的进程挂载文件系统。在该命名空间外的进程看不到挂载点。在挂载命名空间中，你可以在/tmp 上挂载 tmpfs，这使得该命名空间内的进程都可以查看

/tmp。在挂载命名空间外部，进程仍然能看到原始挂载和/tmp 中的文件，但它们看不到你的挂载。

在非特权容器中，Podman 需要挂载容器镜像中的内容以及/proc、/sys、来自/dev 的设备和一些 tmpfs 文件系统。为此，Podman 需要创建一个挂载命名空间。

```
$ man mount namespaces
...
Mount namespaces provide isolation of the list of mount points seen by the
processes in each namespace instance. Thus, the processes in each of the
mount namespace instances see distinct single-directory hierarchies.
```

当你执行 podman unshare 命令时，实际上你正在进入一个不同的挂载命名空间和不同的用户命名空间。

你可以通过列出/proc/self/ns/目录来查看进程的命名空间，如下所示。

```
$ ls -l /proc/self/ns/user /proc/self/ns/mnt
lrwxrwxrwx. 1 dwalsh dwalsh 0 Sep 28 09:17 /proc/self/ns/mnt ->
➡ 'mnt:[4026531840]'
lrwxrwxrwx. 1 dwalsh dwalsh 0 Sep 28 09:17 /proc/self/ns/user ->
➡ 'user:[4026531837]'
```

请注意，当你进入用户命名空间和挂载命名空间时，标识符会发生更改。

```
$ podman unshare ls -l /proc/self/ns/user /proc/self/ns/mnt
lrwxrwxrwx. 1 root root 0 Sep 28 09:17 /proc/self/ns/mnt ->
➡ 'mnt:[4026533087]'
lrwxrwxrwx. 1 root root 0 Sep 28 09:17 /proc/self/ns/user ->
➡ 'user:[4026533086]'
```

在下面的测试中，你可以在/tmp 上创建一个文件，然后尝试将其绑定挂载到/etc/shadow。在命名空间外部，内核会立刻阻止你挂载该文件，如下面的输出所示。

```
$ echo hello > /tmp/testfile
$ mount --bind /tmp/testfile /etc/shadow
mount: /etc/shadow: must be superuser to use mount.
```

一旦你输入了用户命名空间和装载命名空间，你的命名空间进程就可以成功地装载到/etc/shadow 文件上。你可以看到运行以下命令时/etc/shadow 实际上已修改：

```
$ podman unshare bash -c "mount -o bind /tmp/testfile /etc/shadow; cat
/etc/shadow"
hello
```

一旦你退出了 unshare，一切都恢复正常。

### 3. 用户命名空间和挂载命名空间

正如你之前看到的那样，当你重载/etc/shadow 文件时，可能会欺骗一些 setuid 应用程序（如

/bin/su 或/bin/sudo），从而让你获得完全的 root 权限。不允许非特权用户挂载文件系统的原因就是为了防止这种类型的攻击。

正如你已经看到的那样，单独的挂载命名空间防止你影响主机的系统视图，你挂载的任何内容仅在挂载命名空间内可见。在用户命名空间内，容器已经拥有了一个命名空间 root。对你的挂载点的攻击只能在用户命名空间内升级为 root，而不是主机上的真正 root。容器化进程不能将其 UID（setuid）更改为真正的 root 或任何未映射到用户命名空间中的其他 UID。

即使使用了命名空间，Linux 内核仍然只允许你挂载某些文件系统类型。许多文件系统类型对于非特权用户来说太危险了，因为它们可以访问内核的敏感部分。我正在与文件系统内核工程师合作，看看是否有办法锁定其他文件系统类型，以便在非特权模式下允许对其进行挂载，而不影响系统的安全性。

从内核 5.13 开始，内核工程师将原生 overlay 挂载添加到了允许挂载的列表中。当前允许的文件系统类型列在表 6-2 中。

表 6-2　　　　　　　　　　　目前在非特权模式下支持的文件系统挂载

| 挂载类型 | 描述 |
| --- | --- |
| bind | 在非特权容器中广泛使用。因为非特权用户不允许创建设备，所以 Podman 将主机上的/dev 绑定挂载到容器中。Podman 还使用 bind 挂载以对容器隐藏主机文件系统中的内容，通过将/dev/null 绑定挂载到/proc 和/sys 中的文件来隐藏内容。第 3 章中描述的卷挂载也使用 bind 挂载 |
| binderfs | 采用 Android binder IPC 机制的文件系统。Podman 不支持它 |
| devpts | 在/dev/pts 上挂载的虚拟文件系统。它包含用于终端仿真器的设备文件 |
| cgroupfs | 用于操作 cgroups 的内核文件系统；非特权容器可以使用 cgroupfs 在 cgroups v2 中操作 cgroups。在 v1 上不支持。这被挂载在/sys/fs/cgroups 上 |
| FUSE | 在非特权模式下使用 fuse-overlayfs 挂载容器镜像。在内核 5.13 之前，这是在非特权模式下使用 overlay 文件系统的唯一方式 |
| procfs | 在容器内部挂载在/proc 上。你可以检查容器内的进程 |
| mqueue | 实现 POSIX 消息队列 API。Podman 在/dev/mqueue 上挂载此文件系统 |
| overlayfs | 用于挂载镜像。在 fuse-overlayfs 文件系统中执行得更好。在某些用例中，它提供了比原生 overlay 更好的优势，例如 NFS 主目录 |
| ramfs | 动态可调整大小的基于 RAM 的 Linux 文件系统，目前在 Podman 中未使用 |
| sysfs | 挂载在/sys 上 |
| tmpfs | 用于对容器隐藏/proc 和/sys 中的内核文件系统目录 |

## 6.2　非特权 Podman 技术内幕

你已经了解了用户命名空间和挂载命名空间的工作原理以及为什么需要它们，现在让我们深入了解 Podman 在运行容器时所做的工作吧。在登录后第一次运行 Podman 容器时，Podman 会读取/etc/subuid 和/etc/subgid 文件，查找你的用户名或 UID。一旦 Podman 找到了该条目，它就会使用其内容以及你当前的 UID/GID 为你生成一个用户命名空间。然后，Podman 启动 podman pause 进程来保持用户命名空间和挂载命名空间的开放状态（见图 6-4）。

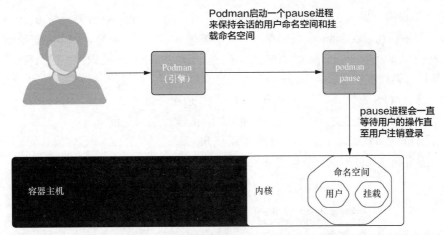

图 6-4　Podman 启动 pause 进程来保持用户命名空间和挂载命名空间的开放状态

在用户运行 Podman 容器后，当他们运行以下命令时，常常看到仍有 Podman 进程在运行。

```
$ ps -e | grep podman
  2541 ?        00:00:00 podman pause
```

后续运行的 Podman 命令会加入 podman pause 进程的命名空间。Podman 这样做是为了避免用户命名空间在启动和关闭时出现竞争条件。pause 进程会一直运行，直到你退出登录。你还可以执行 podman system migrate 命令将其删除。pause 进程的作用是保持用户命名空间的活动状态，因为所有非特权容器都必须在同一个用户命名空间中运行。如果没有这样做，共享内容和其他命名空间（例如从另一个容器共享网络命名空间）就是不可能的。

> 提示　我经常听到用户说，当他们更改/etc/subuid 和/etc/subgid 文件时，他们的容器不能立即反映出更改。由于 pause 进程是用以前的用户命名空间设置启动的，因此需要将其删除。执行 podman system migrate 命令会在用户命名空间内重新启动 pause 进程。

你可以随时终止 pause 进程，但 Podman 会在下一次运行时重新创建它。默认情况下，每个非特权用户都有自己的用户命名空间，并且他们的所有容器都在同一个用户命名空间内运行。你可以划分用户命名空间并使用不同的用户命名空间运行容器，但是请注意，默认情况下，你只有 65000 个 UID 可用于工作。在运行特权容器时，在不同的用户命名空间中运行多个容器要容易得多。现在用户命名空间和挂载命名空间已创建，Podman 为容器的镜像创建存储并设置挂载点以开始存储镜像。

## 6.2.1 拉取镜像

在拉取镜像时（图 6-5），Podman 检查本地容器存储中是否存在容器镜像 quay.io/rhatdan/myimage。如果存在，Podman 配置容器网络（请参见 6.2.3 节）。但是，如果容器镜像不存在，则 Podman 使用 containers/image 库来拉取镜像。以下是 Podman 在拉取镜像时执行的步骤。

1）解析容器镜像注册服务器 quay.io 的 IP 地址。

2）通过 HTTPS 端口（443）连接到容器镜像注册服务器的 IP 地址。

3）使用 HTTP 开始拉取镜像的 manifest、所有的镜像层和配置。

4）查找 quay.io/rhatdan/myimage 的多个层或 blob。

5）将所有镜像层同时从容器镜像注册服务器复制到当前主机。

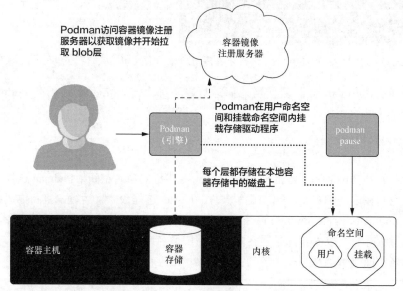

图 6-5　Podman 从容器镜像注册服务器拉取镜像并将其存储在本地的容器存储中

当每个层被复制到主机时，Podman 使用 containers/storage 库按顺序重新组装这些层，为每个层创建一个 overlay 挂载点，放在上一个 overlay 层的顶部，并将其存放在~/.local/share/containers/storage 目录中。如果没有先前的层，则创建初始层。

接下来，containers/storage 将层的内容解压缩到新的存储层中。当层被解压缩时，containers/storage 将 TAR 归档文件中文件的 UID/GID 更改为主目录中的 UID/GID。Podman 利用了前面解释的用户命名空间 CAP_CHOWN。请记住，如果 TAR 归档文件中指定的 UID 或 GID 未映射到用户命名空间，则 Podman 无法创建内容。

## 6.2.2 创建容器

一旦 containers/storage 库完成镜像下载和存储创建，Podman 就会基于该镜像创建一个新的容器。Podman 将容器添加到内部数据库中。然后，它告诉 containers/storage 在磁盘上创建可写空间，并使用默认存储驱动程序（通常是 overlayfs）将此空间挂载为新的容器层。新的容器层充当最终的读/写层，并挂载在镜像之上。

> **提示** 特权容器默认使用本机 Linux overlay 挂载。在非特权模式下，高于 5.13 或具有非特权 overlay 功能（RHEL 8.5 内核或更高版本也具有此功能）的内核版本使用本机 overlay 挂载。在旧的内核中，Podman 使用 fuse-overlayfs 可执行文件来创建层。在 Podman 中，overlay 和 overlay2 是相同的驱动程序。

此时，Podman 需要在网络命名空间内配置容器网络。

## 6.2.3 配置容器网络

在非特权 Podman 中，你不能为容器创建完整、独立的网络，因为非特权进程不允许创建网络设备和修改防火墙规则。非特权 Podman 使用 slirp4netns（https://github.com/rootless-containers/slirp4netns）配置主机网络并模拟容器的 VPN。slirp4netns 为非特权网络命名空间提供了用户模式网络（slirp）。参见图 6-6。

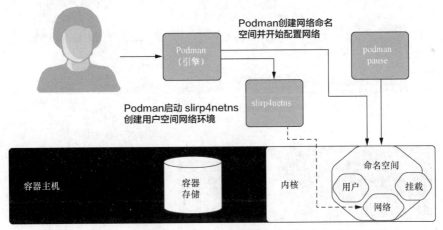

图 6-6  Podman 创建网络命名空间并启动 slirp4netns 来中继网络连接

注意，在特权容器中，Podman 使用 CNI 插件来配置网络设备。在非特权模式下，即使用户被允许创建和加入网络命名空间，也不允许他们创建网络设备。slirp4netns 程序模拟虚拟网络以连接主机网络和容器网络。更高级的网络配置需要特权容器。

请记住，在我们的原始示例中，用户指定 8080:8080 端口映射的命令如下。

```
$ podman run -d -p 8080:8080 --name myapp
  registry.access.redhat.com/ubi8/httpd-24
```

Podman 将 slirp4netns 程序配置为在主机网络上侦听 8080 端口，并允许容器进程绑定到 8080 端口。slirp4netns 命令创建一个插入新网络命名空间的 TAP 设备，容器就在这个命名空间中。每个数据包从 slirp4netns 读取，并在用户空间中模拟 TCP/IP 栈。容器网络命名空间外的每个连接在主机网络命名空间中被转换成一个套接字操作，非特权用户可以在其中运行。

> 提示　Linux TAP 设备可以创建一个用户空间网络桥接。在用户空间中，TAP 设备可以在网络命名空间内模拟网络设备。命名空间中的进程与网络设备交互。从网络设备读/写的数据包通过 TUN/TAP 设备路由到用户空间程序：slirp4netns。

既然存储和网络已经配置好了，Podman 准备最终启动容器进程。

## 6.2.4　启动容器监视器：conmon

Podman 现在为容器启动 conmon（容器监视器），告诉它使用其配置的 OCI 运行时，通常是 crun 或 runc。当容器退出时，它还执行 podman container cleanup $CTRID 命令（参见图 6-7）。conmon 已在 4.1 节中进行了介绍。

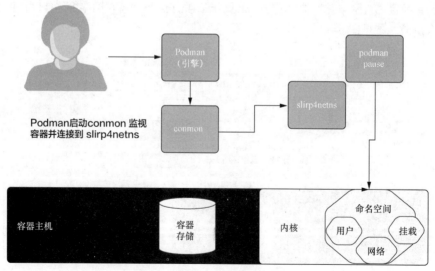

Podman启动conmon 监视容器并连接到 slirp4netns

图 6-7　Podman 启动容器监视器，该监视器启动 OCI 运行时

## 6.2.5　启动 OCI 运行时

OCI 运行时读取 OCI 规范文件并配置内核以运行容器（见图 6-8）。OCI 运行时执行以

下操作。

1）为容器设置附加命名空间。

2）配置 cgroups v2（cgroups v1 不支持非特权容器）。

3）为运行容器设置 SELinux 标签。

4）将 /usr/share/containers/seccomp.json seccomp 规则加载到内核中。

5）为容器设置环境变量。

6）将任何卷绑定挂载到 rootfs 中的路径。

7）将 current/ 切换为 rootfs/。

8）"fork" 容器进程。

9）执行任何 OCI hook 程序，将 rootfs 以及容器的 PID 1 传递给它们。

10）执行镜像指定的命令。

11）退出 OCI 运行时，使 conmon 监视容器。

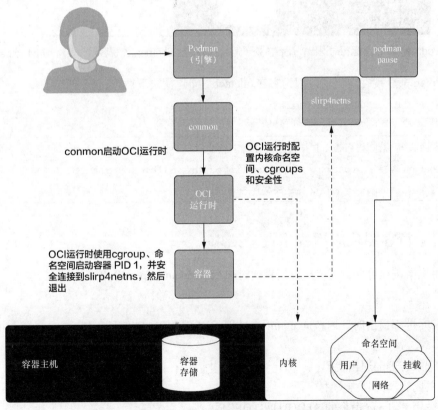

图 6-8   conmon 启动 OCI 运行时，OCI 运行时配置内核

最后，conmon 向 Podman 报告成功（见图 6-9）。

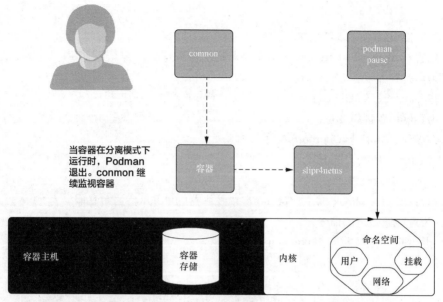

图 6-9　Podman 和 OCI 运行时退出，让容器处于运行状态并让 conmon 监视容器，使用 slirp4netns 提供网络

Podman 命令现在退出了，因为它在 --detach（-d）模式下运行。

```
$ podman run -d -p 8080:8080 --name myapp
    registry.access.redhat.com/ubi8/httpd-24
```

> 提示　如果以后你想让 Podman 与分离的容器进行交互，请使用 podman attach 命令，该命令连接到
> conmon 套接字。conmon 允许 Podman 通过 STDIN、STDOUT 和 STDERR 文件描述符与容器进
> 程交互，conmon 一直在监视这些文件描述符。

## 6.2.6　运行容器化应用程序直至结束

应用程序进程可以自行退出，或者通过执行 podman stop 命令停止容器。

```
$ podman stop myapp
```

当容器进程退出时，内核向 conmon 进程发送 SIGCHLD 信号。然后，conmon 执行以下
操作。

1）记录容器的退出代码。

2）关闭容器的日志文件。

3）关闭 Podman 命令的 STDOUT/STDERR。

4）执行 podman container cleanup $CTRID 命令。

5）自行退出。

podman container cleanup 命令关闭 slirp4netns 网络并卸载所有容器的挂载点。如果指定了 --rm 选项，则容器将被完全删除——容器/存储中的层被删除，并且将从数据库中删除容器定义。

# 6.3 总结

■ 运行非特权容器比运行特权容器更安全。
■ 用户命名空间赋予普通用户管理多个 UID 的能力，是运行容器的关键。
■ 挂载命名空间允许 Podman 在用户命名空间内挂载文件系统。
■ Podman 使用 slirp4netns 为容器提供网络访问。
■ Podman 启动 conmon 进程来监视容器。

# 第 3 部分

# 高级主题

在本书的第 3 部分，你将学习 Podman 的一些高级用法。这部分讨论如何将 Podman 集成到现有的系统中，以及 Podman 如何与其他工具和编排器协同工作。

第 7 章引入了 systemd 集成的概念。Podman 在开发时就完全集成到了系统中，并利用了 init 系统——systemd。systemd 可以很容易地在 Podman 容器内运行，本章将向你展示如何操作它。同样，Podman 提供了一些命令让你能够自动创建服务配置文件，从而使 Podman 也可以在 systemd 服务中运行。

第 8 章将向你展示 Podman 如何与 Kubernetes 协同工作。Podman 并不是 Kubernetes 的容器引擎，但它可以与 Kubernetes 的 YAML 文件配合使用。由于 Kubernetes 的 YAML 文件被用于定义在 Kubernetes 中运行的应用程序，因此 Podman 让应用程序在完全编排的环境和单节点之间的迁移变得简单。这个功能使你能够更容易地开发最终在 Kubernetes 下运行的应用程序，也使你更容易地通过在本地笔记本电脑上运行应用程序来调试在 Kubernetes 下出现的问题。当在单一节点上运行一组容器时，Kubernetes 的 YAML 是 docker-compose YAML 的一个很好的替代品。

第 9 章引入了 Podman 服务的概念，这使得可以使用 RESTful API 来生成和管理 Podman 上的 pod 和容器。像 docker-compose 这样的工具及其他基于 docker-py 构建的 Python 工具可以与 Podman 服务交互，从而完全消除了对 Docker 的需求。基于 Podman 服务，在远程系统(如 Windows、macOS 和 Linux)上运行的 Podman 可以与 Linux Podman 容器进行协作。

# 第 7 章　与 systemd 集成

**本章内容：**
- 将 systemd 作为容器中的主要进程运行
- 从现有容器中生成 systemd 单元文件
- 套接字激活的容器化服务
- 使用 sd-notify 容器化服务
- 使用 journald 作为日志驱动程序和事件后端的优势
- 使用 Podman 和 systemd 在边缘设备上管理容器化服务的生命周期

  systemd 是 Linux 事实上的 init 系统。几乎每个 Linux 发行版都默认将 systemd 作为内核之后启动的第一个进程，然后启动所有服务，包括用户的登录会话。Podman 接受 systemd 的强大功能，用它来启动许多服务。在启动容器化服务时，Podman 鼓励用户将 systemd 单元文件与 Podman 命令一起使用。单元文件即 systemd 的配置文件。systemd 支持几种不同类型的单元文件，包括服务文件。你可以在其中定义希望 systemd 管理的服务。SystemD.socket 是 systemd 使用的另一种类型的单元文件（参见 7.6 节）。systemd 服务单元文件是共享容器化服务的一种方式。如图 7-1 所示，Podman 的 fork/exec 模型使 systemd 能够跟踪容器化服务中的进程。

  systemd 将服务单元文件（称为 scope）中的所有进程放入相同的 cgroup 层次结构中。然后，它使用 PID cgroup 跟踪所有进程，并使用这些信息管理服务。使用客户端-服务器方法的容器引擎会阻止 systemd 跟踪容器化进程。

  正如你将在本章中看到的那样，Podman 还利用其他服务来处理自动重启容器、自动更新和容器化服务的基本管理。本章将介绍许多 Podman 和 systemd 的功能，但首先你将学习在 Podman 容器中运行 systemd。

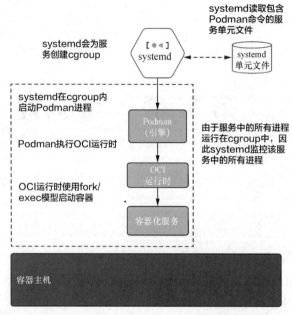

图 7-1　systemd 执行一个 Podman 容器

## 7.1　在容器中运行 systemd

在容器化刚开始流行时，许多倡导者解释了微服务的概念。微服务被定义为容器中的一个专用服务。这个单一服务作为容器中的初始 PID（PID 1）运行，并将其日志直接写入 stdout 和 stderr。Kubernetes 假定运行的都是微服务，因而从运行的容器的 stdin/stderr 中收集日志。图 7-2 显示了 Podman 运行微服务的情况。

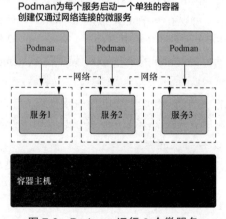

图 7-2　Podman 运行 3 个微服务

一种替代的想法是在容器中将 systemd 作为初始 PID 运行，然后允许 systemd 启动容器内的一个或多个服务。这种思路认为，容器化服务应该像在虚拟机中一样启动。服务包设计者（如 RPM 和 APT）开发 systemd 单元文件作为在操作系统中精确启动服务的方式，容器开发人员应该利用这些单元文件。这种方式允许在同一容器中运行多个服务，利用本地通信路径，加快将大型多服务应用程序转换为容器，并随着时间的推移，将每个服务拆分为它自己的微服务。

systemd 在容器中的另一个巨大优势是 init 系统会处理僵尸进程的清理工作。在 Linux 中，当进程退出时，内核会向父进程发送 SIGCHLD 信号，父进程应该收集退出进程的退出状态。当父进程读取退出进程的退出状态时，内核会将该退出进程从系统中删除。如果没有父进程读取退出状态，则退出的进程将保留在退出状态并称为僵尸进程。init 系统 systemd 回收系统上的大多数进程。在容器中初始运行的进程应该回收这些进程。有时容器进程会退出，如果 PID 1 不回收它们，它们就会悬挂并且永远不会消失。

> 提示　podman-run 命令支持-init 选项。该选项将启动一个小的 init 程序来收集僵尸进程。

Podman 的设计旨在支持两种方法——微服务和多服务容器。图 7-3 显示了 systemd 在容器中运行多服务应用程序的情况。

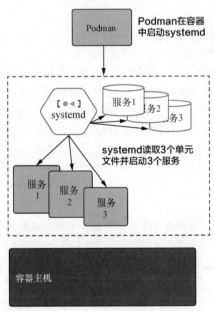

图 7-3　使用 Podman 创建一个容器，在其中运行 systemd 作为容器的初始化系统，
并在该容器中启动 3 个服务

Podman 检查容器的 cmd 选项，然后为 init 系统启动 systemd。接着它自动以 systemd 模式启动容器。

以下列出了触发 Podman 以 systemd 模式运行的所有命令。

- /sbin/init。
- /usr/sbin/init。
- /usr/local/sbin/init。
- /*/systemd（以 systemd 命令结尾的任何路径）。

registry.access.redhat.com/ubi8-init 镜像是一个旨在以 systemd 模式运行的示例镜像。拉取 ubi8-init 镜像并检查命令：

```
$ podman pull ubi8-init
Resolved "ubi8-init" as an alias (/etc/containers/registries.conf.d/
➥ 000-shortnames.conf)
Trying to pull registry.access.redhat.com/ubi8-init:latest…
…
8cb83279f877a4bf3412827bf71c53188c3983194bd4663a1fc1378360844463
$ podman inspect ubi8-init --format '{{ .Config.Cmd }}'
[/sbin/init]
```

systemd 需要按特定方式配置环境，否则 systemd 会尝试纠正环境。下一小节将解释 Podman 如何满足 systemd 的要求。

## 7.1.1　容器化的 systemd 要求

systemd 对启动环境有一些假设，例如/run 和/tmp 需要在它们上面挂载 tmpfs。当环境不正确时，systemd 会尝试通过在/run 和/tmp 上挂载 tmpfs 进行纠正。挂载需要在容器中具有 CAP_SYS_ADMIN 特权，但在非特权容器中这个特权是不允许的。因此，systemd 会崩溃。

为了解决这个问题，Podman 在检查容器镜像的入口点和 CMD 是否正在运行 systemd 后，修改容器环境以匹配 systemd 的期望。当 systemd 看到这些挂载时，会跳过它们，从而使 systemd 在锁定的环境中运行。表 7-1 描述了为了成功地在非特权容器中运行 systemd，systemd 的要求有哪些、Podman 能提供哪些功能。

表 7-1　　　　　　　　　　　　在非特权容器中运行 systemd 的要求

| systemd 的期望 | 描述 |
|---|---|
| 在/run 上挂载 tmpfs | systemd 要求在/run 上挂载 tmpfs。如果没有在/run 上挂载 tmpfs，则 systemd 将尝试在/run 上挂载 tmpfs。默认的受限制容器无法进行挂载，因此 systemd 将失败 |
| 在/tmp 上挂载 tmpfs | 与/run 类似，如果/tmp 上没有挂载 tmpfs，systemd 将尝试在/tmp 上挂载 tmpfs |
| 将/var/log/journald 作为 tmpfs | 容器中的 systemd 需要能够写入/var/log/journald，因此 Podman 挂载了一个 tmpfs 以实现此目的 |
| container 环境变量 | systemd 使用 container 环境变量来改变一些默认行为，从而使其在容器中能够更好地运行 |
| STOPSIGNAL=SIGRTMIN+3 | 与系统上的大多数进程不同，systemd 忽略 SIGTERM，只有在接收到 SIGRTMIN+3 (37) 时才会彻底退出 |

## 7.1.2 systemd 模式下的 Podman 容器

你可以使用--systemd=always 标志来检查基于 systemd 的容器环境。首先，使用--systemd=always 标志启用以 systemd 模式启动容器。即使没有运行 systemd，这个选项也能以 systemd 模式运行容器，从而更容易调试环境。此时，你可以执行 systemd 并将其作为 PID 1 启动。

```
$ podman create -rm -name SystemD -ti --systemd=always ubi8-init sh
774a50204204768edd73f178b6afdf975cf9353e3b90af9df77273d639f60ac3
```

使用 podman inspect 检查容器的 StopSignal，Podman 将其设置为 37(SIGRTMIN+3)。

```
$ podman inspect SystemD --format '{{ .Config.StopSignal}}'
37
```

现在启动容器，查看/run 和/tmp 的挂载点，你会看到两者都使用 tmpfs 挂载。最后，检查是否设置了 container 环境变量。

```
$ podman start --attach SystemD
# mount | grep -e /tmp -e /run | head -2
tmpfs on /tmp type tmpfs
➡ (rw,nosuid,nodev,relatime,context="system_u:object_r:container_file_t:s0:
➡ c37,c965",uid=3267,gid=3267,inode64)
tmpfs on /run type tmpfs
➡ (rw,nosuid,nodev,relatime,context="system_u:object_r:container_file_t:s
➡ 0:c37,c965",uid=3267,gid=3267,inode64)
# printenv container
Oci
```

如果你只是基于 ubi8-init 来运行容器，你会看到启动了 systemd：

```
$ podman run -ti ubi8-init
SystemD 239 (239-45.el8_4.3) running in system mode. (+PAM +AUDIT +SELINUX
➡ +IMA -APPARMOR +SMACK +SYSVINIT +UTMP +LIBCRYPTSETUP +GCRYPT +GNUTLS
➡ +ACL +XZ +LZ4 +SECCOMP +BLKID +ELFUTILS +KMOD +IDN2 -IDN +PCRE2
➡ default-hierarchy=legacy)
Detected virtualization container-other.
Detected architecture x86-64.
Welcome to Red Hat Enterprise Linux 8.4 (Ootpa)!
Set hostname to <26bbf9077219>.
Initializing machine ID from random generator.
Failed to read AF_UNIX datagram queue length, ignoring:
➡ No such file or directory
[ OK ] Listening on initctl Compatibility Named Pipe.
[ OK ] Reached target Swap.
[ OK ] Listening on Journal Socket (/dev/log).
[ OK ] Listening on Journal Socket.
…
```

在这里，你可以注意到 systemd 通过按 Ctrl-C 忽略了 SIGTERM。因此，要停止此容器，你需要进入另一个终端并执行下面的命令。

```
# podman stop -l
```

这会导致 Podman 向容器中的 systemd 发送适当的 STOPSIGNAL（SIGRTMIN+3）。当 systemd 收到此信号时，将立即关闭。

现在你已经了解了 systemd 需要的内容，是时候创建一个 systemd 运行的服务了。在接下来的一节中，你将构建一个基于 systemd 的 Apache 服务。该服务将在容器内使用 systemd 运行。

### 7.1.3　在 systemd 容器中运行 Apache 服务

在本小节中，你将创建一个 Containerfile，该文件使用 ubi8-init 作为基础镜像，然后安装 Apache httpd，最后你将启用此服务并设置我们一直在使用的 Apache 脚本。

创建一个 Containerfile。

```
$ cat << _EOF > /tmp/Containerfile
FROM ubi8-init
RUN dnf -y install httpd; dnf -y clean all
RUN systemctl enable httpd.service
_EOF
```

请注意，"FROM ubi8-init"这一行告诉 Podman 使用 ubi8-init 镜像作为新镜像的基础镜像。

```
FROM ubi8-init
RUN dnf -y install httpd; dnf -y clean all
RUN systemctl enable httpd.service
```

"RUN dnf -y install httpd; dnf -y clean all"这一行告诉 Podman 在 ubi8-init 镜像上运行一个执行 dnf 命令的容器，并安装 httpd 包。第二个 dnf 命令将删除安装时创建的多余文件和日志，因为这些文件和日志没有必要包含在镜像中。

```
FROM ubi8-init
RUN dnf -y install httpd; dnf -y clean all
RUN systemctl enable httpd.service
```

最后的"RUN systemctl enable httpd.service"命令告诉 Podman 启动一个临时的构建容器，并执行 systemctl 命令以启用 httpd.service。当 systemd 在由新创建的镜像创建的容器上运行时，httpd 服务将被启动。

```
FROM ubi8-init
RUN dnf -y install httpd; dnf -y clean all
RUN systemctl enable httpd.service
```

现在使用 podman build 命令构建镜像，并将镜像命名为 my-systemd。

```
$ podman build -t my-systemd /tmp
STEP 1/3: FROM ubi8-init
STEP 2/3: RUN dnf -y install httpd; dnf -y clean all
Updating Subscription Management repositories.
Unable to read consumer identity
...
COMMIT my-systemd
--> 104fa99d9a2
Successfully tagged localhost/my-systemd:latest
104fa99d9a2138404039cf15b470ab04784cdaab2226f29bd8343f8e24ec60e2
```

现在在这个基于 systemd 的容器镜像上运行一个容器，并从主机挂载一个卷。由于默认的 Apache 包侦听端口 80，因此使用-p 8080:80 在容器内将端口 8080 映射到端口 80。使用 3.1 节中含有 index.html 的 html 文件夹。

```
$ podman run -d --rm -p 8080:80 -v ./html:/var/www/html:Z my-systemd
71f1678084390925b7488f68ab58cd55e16009d69b717045b8ed5ef14e8599ce
```

你在./html 目录中挂载了一个卷（-v ./html/:/var/www/html:Z），其中包含了内容为 goodbye world 的 index.html 文件。

```
$ podman run -d --rm -p 8080:80 -v ./html:/var/www/html:Z my-systemd
```

打开 Web 浏览器，检查容器化服务是否正在工作（如图 7-4 所示）。

```
$ web-browser localhost:8080
```

图 7-4　Web 浏览器窗口显示基于 systemd 的容器镜像在运行你的内容

请注意，在设计镜像时，你无须特别处理 HTTPD 服务器进程；你的容器以与虚拟机相同的方式运行 HTTPD。如果需要在镜像中启用另一个服务，则可以通过安装软件包并启用其单元文件来轻松完成。

为了看到此设置的缺点，你可以运行 podman logs 命令。

```
$ podman logs 71f1678084
```

没有输出。由于 systemd 正在容器的 PID 1 上运行，因此不会将任何输出写入日志。你需要进入容器并使用 journalctl 或在/var/log/httpd/error_log 中读取 httpd 日志，以查看是否存在任何问题。现在，你已经了解如何在容器中使用 systemd 了，下面看看如何使用 systemd 和 Podman

来实现 systemd 高级功能。

## 7.2　使用 journald 进行日志记录和事件处理

systemd 日志（journald）是 Linux 上的现代日志系统。它是一个系统服务，用于收集和存储日志数据。使用 journald 的一个重要优势是记录会被永久存储，而且日志轮换是内置的。Podman 默认使用 journald 来存储日志数据。

### 7.2.1　日志驱动程序

Podman 默认在使用 systemd 作为 init 系统的系统上使用 journald 作为日志驱动程序。如果在没有运行 systemd 的容器中运行 Podman，则会回退到使用文件驱动程序。选择日志驱动程序时需要考虑一个因素，即容器被删除时日志数据是否持久化。

第二个关注点是日志文件的增长速度。日志记录容器中所有的 stdout 和 stderr。长时间运行的容器会产生大量的日志内容。只有 journald 驱动程序内置了由 systemd 提供的日志轮换功能。如果使用 k8s-file 驱动程序，则系统空间可能会被耗尽。表 7-2 显示了可用的日志驱动程序，以及日志数据是否持久化、系统是否支持日志轮换。

表 7-2　　　　　　　　　　　　　　日志驱动程序选项

| 日志驱动程序 | 描述 | 容器被删除后是否持久化日志 | 日志轮换 |
| --- | --- | :---: | :---: |
| journald | 使用 systemd 日志来存储日志信息 | ✓ | ✓ |
| k8s-file | 将日志数据以 Kubernetes 格式平面文件存储 | × | × |
| none | 不存储任何日志信息 | × | × |

尽管建议你使用 journald 作为日志驱动程序，但某些非特权用户根据其系统配置不允许使用 journald。在其他情况下，例如在容器中运行 Podman 时 journald 不可用。

你可以使用以下命令来查看系统上的默认日志驱动程序。

```
$ podman info --format '{{ .Host.LogDriver }}'
k8s-file
```

由于某些原因，你的主机上的系统设置已设置为记录到 k8s-file。使用 containers.conf 可以轻松覆盖系统的默认日志驱动程序。在 $HOME/.config/containers/containers.conf.d 主目录下创建一个名为 log_driver.conf 的文件，并设置 log_driver 选项。

```
$ mkdir -p $HOME/.config/containers/containers.conf.d
$ cat > $HOME/.config/containers/containers.conf.d/log_driver.conf << _EOF
[containers]
log_driver="journald"
_EOF
```

```
$ podman info --format '{{ .Host.LogDriver }}'
journald
```

接下来，通过使用--rm 选项启动容器，在退出时删除容器，你将看到 journald 日志驱动程序的好处。

```
$ podman run --rm --name test2 ubi8 echo "Check if logs persist"
Check if logs persist
```

通过检查可知，日志记录了容器的启动。

```
$ journalctl -b | grep "Check if logs persist"
Nov 10 06:19:54 fedora conmon[657915]: Check if logs persist
```

如果使用 k8s_file 选项启动，Podman 将在删除容器时删除日志文件，而不会留下任何日志条目。Podman 支持使用 systemd 日志来存储事件。

## 7.2.2　事件

Podman 事件记录容器生命周期中的不同步骤，例如，你可以查看上次运行的容器的启动事件。

```
$ podman events --filter event=start --since 1h
2021-11-10 06:35:06.780429582 -0500 EST container start
➡ ecf04c4802bb120f34533560fbfc19ab023bcce63d48945ab0e8ff06cc6eeda1
…
```

可以使用 podman info 命令检查默认的事件记录器。

```
$ podman info --format '{{ .Host.EventLogger }}'
journald
```

你可以通过 containers.conf 中的 events_logger 选项来修改事件记录器，类似于你为 log_driver 所做的操作。表 7-3 显示了可用的事件记录选项。

表 7-3　　　　　　　　　　　　　　　　　事件记录选项

| 库 | 描述 | 重启时持久化数据 | 日志轮换 |
|---|---|---|---|
| journald | systemd 日志将记录所有事件 | ✓ | ✓ |
| file | 将事件存储在文件中, 通常在/run 上 | × | × |
| none | 不要存储任何事件信息 | × | × |

如果你的系统使用文件事件记录器，则针对非特权用户的事件后端文件存储在$XDG_RUNTIME_DIR 上，默认情况下位于 tmpfs 上。事件后端文件会不断增长，直到你使用文件驱动程序重启系统。这可能会导致无法运行容器或系统空间不足，因为事件后端不会滚动，除非你使用 journald。此外，当你重新启动时，事件日志会丢失。切换到 journald 可以保留事件并处理事件日志的轮换。如果你不需要事件和日志，则建议将日志驱动程序和事件驱动程序设置

为相同的值，即 journald、file 或 none。

你已经查看了如何在 Podman 中使用 systemd 和 journald 来管理日志文件和事件，接下来你将了解如何设置系统，以便在系统启动时使用 systemd 来自动运行容器。

## 7.3　在系统启动时启动容器

正如你在第 1 章中学到的那样，Podman 不作为守护进程运行，这意味着你不能依靠守护进程在系统启动时自动启动容器。通常，你需要通过 systemd 来运行容器化服务，配置 systemd 来安装、运行和管理容器化应用程序。许多应用程序作为容器镜像交付，并将包含 systemd 服务单元文件以进行启动。systemd 提供了许多改进容器化服务在系统上的运行方式的功能。

### 7.3.1　重启容器

Podman 通过在 systemd 单元文件中启动 Podman 来启动容器化服务。podman run 命令允许你选择是否在容器未被用户停止时重新启动容器(--restart)。如果容器崩溃或系统重新启动，就可能需要做出这样的选择。表 7-4 显示了 Podman 可用的重启策略。

表 7-4　重启策略

| 选项 | 描述 | 启动时重启 |
| --- | --- | --- |
| no | 不要在容器退出时重启容器 | × |
| on-failure[:max_retries] | 当容器以非零退出码退出时重新启动它们，无限重试或直到达到可选的 max_retries 计数 | × |
| always 或 unless-stopped | 在容器退出时重启容器，无论其退出状态如何，重试次数无限 | √ |

systemd 提供帮助的一种简单方式是使用 always 重启策略来启动容器。如果你设置了 always 选项并且重启系统，则 Podman 使用两个 systemd 服务来自动重启标记为--restart=always 的容器。一个服务处理特权容器，另一个服务处理系统上所有的非特权容器。

当你的系统启动时，systemd 运行以下 Podman 命令，以启动任何重启策略设置为 always 的容器。

```
/usr/bin/podman start --all --filter restart-policy=always
```

> 提示　Podman 随附两个 systemd 服务文件用于重启服务——一个用于特权容器，另一个用于非特权容器。
>
> /usr/lib/systemd/system/podman-restart.service
> /usr/lib/systemd/user/podman-restart.service

　　--restart=always 功能非常棒，但它要求你在系统上创建一个容器，并且即使容器失败也会重新启动。systemd 的设计旨在运行服务。在下一小节，你可以使用 Podman 轻松创建服务单元文件来运行容器化服务。

## 7.3.2　使用 Podman 容器作为 systemd 服务

　　正如你所见，systemd 使用单元文件来指定如何运行服务。图 7-5 显示了 systemd 如何与 Podman 协作来启动容器。

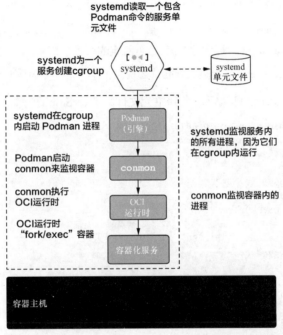

图 7-5　Podman 的 fork/exec 架构非常适合 systemd 服务管理

　　在图 7-5 中，我指出 systemd 能够监视在 systemd 单元文件中运行的所有进程，这使得它可以轻松地启动和停止这些进程。conmon 进程也在 systemd 服务中运行，用以监视容器进程。conmon 仍然会注意容器在什么时候退出并保存它的退出代码，彻底清除容器环境。systemd 不知道容器的存在，它只知道运行在单元文件中的进程，包括容器进程。

　　基于 systemd 的单元文件以许多不同的方法来运行和启动进程，而 Podman 通过许多不同的选项来运行容器。配置单元文件可能会非常复杂。许多用户编写单元文件来运行容器，但其中一些用户在这样做时遇到了一些问题。最常见的问题是在单元文件中运行 podman run --detach 命令。当 Podman 命令分离并退出时，systemd 假定服务已经完成并将其关闭，即使 conmon 和容器仍在运行。我听到用户提出的最常见的问题之一是："我应该如何在 systemd 单元文件中运行我的容器？"

Podman 具有生成包含最佳默认值的单元文件的功能。首先，重新创建来自 myimage 的容器，然后使用 podman systemd generate 创建一个 systemd 服务单元文件来管理你的容器。创建一个基于你在第 2 章创建的镜像的容器。

```
$ podman create -p 8080:8080 --name myapp quay.io/rhatdan/myimage
...
8879112805e976b4b6d97c07c9426bdde22ee4ffc7ba4daa59965ae25aa08331
```

现在，请使用 Podman 由该容器生成一个单元文件。

```
$ mkdir -p $HOME/.config/systemd/user
$ podman generate systemd myapp > $HOME/.config/systemd/user/myapp.service
```

请注意在 Podman 创建的 myapp.service 脚本中，有一个 ExecStart 字段。在服务启动时，systemd 将执行 ExecStart 命令。该命令仅启动你创建的容器。

```
ExecStart=/usr/bin/podman start 8879112805...
```

在服务停止时，systemd 将执行添加到单元文件的 ExecStop 命令。

```
ExecStop=/usr/bin/podman stop -t 10 8879112805...
Let's take a look at the generated service file:
$ cat $HOME/.config/systemd/user/myapp.service
# container-
    8879112805e976b4b6d97c07c9426bdde22ee4ffc7ba4daa59965ae25aa08331.service
# autogenerated by Podman 3.4.1
# Wed Nov 10 08:23:06 EST 2021
[Unit]
Description=Podman container-8879112805...service
Documentation=man:podman-generate-SystemD(1)
Wants=network-online.target
After=network-online.target
RequiresMountsFor=/run/user/3267/containers
[Service]
Environment=PODMAN_SYSTEMD_UNIT=%n
Restart=on-failure
TimeoutStopSec=70
ExecStart=/usr/bin/podman start 8879112805...
ExecStop=/usr/bin/podman stop -t 10 8879112805...
ExecStopPost=/usr/bin/podman stop -t 10 8879112805...
PIDFile=/run/user/3267/containers/overlay-
        containers/8879112805.../userdata/conmon.pid
Type=forking
[Install]
WantedBy=multi-user.target default.target
```

要使所有这些工作正常，你需要告诉 systemd 重新加载数据库，以便它可以注意到单元文件中的更改。

```
$ systemctl --user daemon-reload
```

使用以下命令启动服务。

```
$ systemctl --user start myapp
```

检查服务是否正在运行。

```
$ systemctl --user status myapp
• myapp.service - Podman container-8879112805....service
  Loaded: loaded (/home/dwalsh/.config/SystemD/user/myapp.service;
⇒ disabled; vendor preset: disabled)
  Active: active (running) since Thu 2021-11-11 07:19:08 EST; 3min 9s ago
…
$ podman ps
CONTAINER ID    IMAGE                      COMMAND
⇒ CREATED        STATUS      PORTS    NAMES
8879112805e9 quay.io/rhatdan/myimage:latest /usr/bin/run-http...
⇒ 23 hours ago Up 5 minutes ago 0.0.0.0:8080->8080/tcp myapp
```

现在，你可以在本地主机上使用 8080 端口运行 Web 浏览器，以查看它是否正在运行（参见图 7-6）。

```
$ web-browser localhost:8080
```

图 7-6　连接到 myapp 的 Web 浏览器窗口

关闭服务，请执行如下命令。

```
$ systemctl --user stop myapp
```

生成 systemd 服务文件的能力为用户提供了很大的灵活性，并且有意模糊了容器与主机上任何其他程序或服务之间的区别。

该单元文件的一个问题是它是特定于你创建的容器的，你需要首先创建容器并生成特定的服务文件，你不能将单元文件交给另一个用户，并要求在他们的计算机上运行你的服务。幸运的是，Podman 支持创建更具可移植性的 systemd 单元文件：podman generate systemd --new。

### 7.3.3　分发用于管理 Podman 容器的 systemd 单元文件

如前面所展示的，podman generate systemd 命令可以生成一个单元文件来启动和停止现有的容器。--new 标志告诉 Podman 生成单元文件，以便运行、停止和删除容器。在相同的容器上试一试。

```
$ podman generate systemd --new myapp > $HOME/.config/systemd/user/
➡ myapp-new.service
```

　　注意，使用--new 选项时，Podman 会生成一个略有不同的单元文件。查看以下 ExecStart 命令，你会发现用于创建容器的原始 podman create -p8080:8080--namemyappquay.io/rhatdan/myimage 命令已被更改为使用 podman run 命令。此外，注意 Podman 添加了其他选项，以使在 systemd 下更加容易运行（--cidfile =%t/%n.ctr.id --cgroups=no-conmon --rm --sdnotify=conmon -d --replace）。

　　现在，Podman 添加了 ExecStop 命令（/usr/bin/podman stop --ignore --cidfile=%t/%n.ctr-id），告诉 systemd 如何在执行 systemctl stop 或系统关闭时停止容器。

　　最后，Podman 添加了 ExecStopPost 命令（/usr/bin/podman rm -f --ignore --cidfile=%t/%n.ctr-idType=notify），该命令在 ExecStop 命令完成后由 systemd 执行。Podman 命令将从系统中删除容器。

```
$ cat $HOME/.config/systemd/user/myapp-new.service
# container-8879112805....service
# autogenerated by Podman 3.4.1
# Thu Nov 11 07:40:34 EST 2021
[Unit]
Description=Podman container-8879112805...service
Documentation=man:podman-generate-SystemD(1)
Wants=network-online.target
After=network-online.target
RequiresMountsFor=%t/containers
[Service]
Environment=PODMAN_SystemD_UNIT=%n
Restart=on-failure
TimeoutStopSec=70
ExecStartPre=/bin/rm -f %t/%n.ctr-id
ExecStart=/usr/bin/podman run --cidfile=%t/%n.ctr-id --cgroups=no-conmon -
➡ rm --sdnotify=conmon -d --replace -p 8080:8080 --name myapp
➡ quay.io/rhatdan/myimage
ExecStop=/usr/bin/podman stop --ignore --cidfile=%t/%n.ctr-id
ExecStopPost=/usr/bin/podman rm -f --ignore --cidfile=%t/%n.ctr-idType=notify
NotifyAccess=all
[Install]
WantedBy=multi-user.target default.target
```

　　这样，你就可以从系统中删除容器和镜像，并且当你告诉 systemctl 启动服务时，Podman 会拉取镜像和创建新的容器。这意味着 myapp-new.service 单元文件可以与其他用户共享了。当他们运行该服务时，Podman 同样会在他们的系统上拉取镜像并运行容器，而不需要首先创建容器。表 7-5 显示了基于是否使用--new 标志，添加到单元文件中的不同命令。

| 表 7-5 | 单元文件的差异 |
|---|---|
| 选项 | 命令 |
| 使用--new | ExecStart=/usr/bin/podman run ...--cidfile=%t/%n.ctr-id --cgroups=no-<br>➥ conmon --rm --sdnotify=conmon -d --replace -p 8080:8080 --name<br>➥ myapp quay.io/rhatdan/myimage<br>ExecStop=/usr/bin/podman stop --ignore --cidfile=%t/%n.ctr-id<br>ExecStopPost=/usr/bin/podman rm -f --ignore --cidfile=%t/%n<br>➥ .ctr-idType=notify |
| 不使用--new | ExecStart=/usr/bin/podman start 8879112805...<br>ExecStop=/usr/bin/podman stop -t 10 8879112805...<br>ExecStopPost=/usr/bin/podman stop -t 10 8879112805... |

一旦你的容器化服务在多台机器上运行，你就需要考虑如何维护它。Podman 有一种无须人工干预即可实现的方法：自动更新。

## 7.3.4 自动更新 Podman 容器

在第 2 章中，我们谈到容器镜像就像发臭的奶酪一样老化。当容器镜像更新了新软件或漏洞修复时，你需要通知这些机器拉取更新的镜像，并重新创建容器化服务。当机器管理自己的更新时，劳动强度要小得多。

想象一下，你将一个服务配置为在数百个节点上运行容器镜像。几个月后，你在镜像中添加了新功能，或者更重要的是，发现了一个新的 CVE。现在，你需要更新镜像，然后在所有节点上重新创建服务。

Podman 通过自动更新自动化了这个过程，每个节点都会监视容器镜像注册服务器中是否出现新的镜像。当新的镜像出现时，节点会拉取镜像并重新创建容器。没有人类干预。

Podman 的自动更新功能使你能够在边缘用例中使用 Podman，在连接到网络后即可更新工作负载，并在失败时回滚到已知的良好状态。此外，对于在远程数据中心或物联网（IoT）设备上实现边缘计算来说，运行容器是必不可少的。自动更新使你能够在边缘用例中使用 Podman，在连接到网络后更新工作负载，并降低维护成本。

为了实现这种行为，Podman 要求容器具有特殊的标签--label"io.containers.autoupdate=registry"，并且容器必须在使用 podman generate systemd--new 生成的 systemd 单元文件中运行。表 7-6 描述了可用的自动更新模式。

| 表 7-6 | 自动更新模式 |
|---|---|

| io.containers.autoupdate | 描述 |
|---|---|
| registry | Podman 连接到容器镜像注册服务器，检查是否有与用于创建容器的镜像不同的镜像可用；如果有，Podman 将更新容器 |
| local | Podman 连接到容器镜像注册服务器，但是将本地镜像与创建容器时使用的镜像进行比较；如果它们不同，Podman 将更新容器 |

首先，如果 systemd 服务正在运行，请停止它，并删除现有的 myapp 容器。

```
$ systemctl --user stop myapp-new
$ podman rm myapp --force -t 0
```

使用特殊标签 "io.containers.autoupdate=registry" 重新创建 myapp 容器。

```
$ podman create --label "io.containers.autoupdate=registry" -p 8080:8080
➥ --name myapp quay.io/rhatdan/myimage
397ad15601868eb6fd77fe0b67136869cde9e0ffad90ee5095a19de5bb4b999e
```

使用--new 选项重新创建 systemd 单元文件。

```
$ podman generate systemd myapp --new > $HOME/.config/systemd/user/
➥ myapp-new.service
```

通过执行 daemon-reload 命令告诉 systemd 单元文件已更改，并启动服务。

```
$ systemctl --user daemon-reload
$ systemctl --user start myapp-new
```

现在，myapp-new 服务已准备好自动更新。当你执行 podman auto-update 命令时，Podman 会检查将 io.containers.autoupdate 标签设置为 image 的正在运行的容器。对于具有该标签的每个容器，Podman 连接到容器镜像注册服务器并检查自创建容器以来是否更改了镜像。如果镜像已更改，Podman 会重新启动相应的 systemd 单元文件。请注意，当 systemd 重新启动时，会执行以下步骤。

1）systemd 通过执行 podman stop 命令停止服务。

```
ExecStop=/usr/bin/podman stop --ignore --cidfile=%t/%n.ctr-id
```

2）systemd 执行 ExecStopPost 脚本。一旦容器停止，该脚本会使用 podman rm 删除容器。

```
ExecStopPost=/usr/bin/podman rm -f --ignore --cidfile=%t/
➥ %n.ctr-idType=notify
```

3）systemd 使用包含--label"io.containers.autoupdate=registry"选项的 podman run 命令重新启动服务。

```
ExecStart=/usr/bin/podman run --cidfile=%t/%n.ctr-id --cgroups=no-conmon --rm
➥ --sdnotify=conmon -d --replace --label
➥ io.containers.autoupdate=registry -p 8080:8080
➥ --name myapp quay.io/rhatdan/myimage
```

第 3）步中的 podman run 命令将访问容器镜像注册服务器，下载更新的容器镜像，并在其上重新创建容器化应用程序。容器及其环境和所有依赖项将重新启动。

你可以通过更改镜像、将其推送到容器镜像注册服务器来测试这一点，然后运行 podman auto-update 命令。

```
$ podman exec -i myapp bash -c 'cat > /var/www/html/index.html' << _EOF
<html>
 <head>
 </head>
 <body>
  <h1>Welcome to the new Hello World<h1>
 </body>
```

```
</html>
_EOF
```

现在将镜像提交为 myimage-new，并使用原始名称 myimage 将其推送到容器镜像注册服务器。最后，从本地存储中删除该镜像，以模拟该镜像从未出现在你的系统上。

```
$ podman commit myapp quay.io/rhatdan/myimage-new
...
226ec055eef82ac185c53a26de9e98da4e6403640e72c7461a711edcbcaa2422
$ podman push quay.io/rhatdan/myimage-new quay.io/rhatdan/myimage
...
$ podman rmi quay.io/rhatdan/myimage-new
```

一旦新镜像在容器镜像注册服务器中，并且你已将其从本地存储中删除，就可以运行 podman auto-update 命令。该命令会注意到新镜像并重新启动服务。这会触发 Podman 拉取新镜像并重新创建容器化服务。

```
$ podman auto-update
Trying to pull quay.io/rhatdan/myimage...
Getting image source signatures
Copying blob ecfb9899f4ce done
Copying config 37e5619f4a done
Writing manifest to image destination
Storing signatures
UNIT            CONTAINER         IMAGE
➡ POLICY   UPDATED
myapp-new.service c8888d1319c4 (myapp) quay.io/rhatdan/myimage registry
➡ true
```

你的应用程序已更新为最新版本的镜像。

一些常用的 podman auto-update 命令选项如下。

- --dry-run: 此选项有助于查看是否需要更新任何容器，而不实际更新它们。
- --roll-back: 如果更新失败，此选项告诉 Podman 回滚到先前的镜像，如下一节所述。

### systemd 计时器触发 Podman 更新

Podman 配备了两个自动更新 systemd 计时器单元文件和两个自动更新服务单元文件，分别用于特权容器和非特权容器。系统每天触发一次的计时器单元文件如下。

- /usr/lib/systemd/system/podman-auto-update.timer
- /usr/lib/systemd/user/podman-auto-update.timer

计时器单元告诉 systemd 执行如下相应的自动更新服务单元文件。

- /usr/lib/systemd/system/podman-auto-update.service
- /usr/lib/systemd/user/podman-auto-update.service

使用此功能，systemd 将启动 Podman，后者将查找带有"io.containers.autoupdate=registry"标签的容器，就像在上一节中创建的一样。一旦 Podman 找到具有该标签的容器，它就会检查容器镜像是否已在容器镜像注册服务器上更新。如果镜像已更改，则 Podman 启动更新过程。

这意味着你可以运行无人值守的系统，并在你将更新的镜像推送到容器镜像注册服务器时，每次都会在 24 小时内使用最新版本的容器镜像进行更新。如果你与他人分享所生成的单元文件，则他们也会获得自动更新。

　　自动更新的一个大问题是更新失败后会发生什么。在这种情况下，将有数百个节点更新了不良服务。systemd 具有称为 sd-notify 的功能，允许服务声明其初始化已完成并准备好作为服务使用。

## 7.4　在 notify 单元文件中运行容器

　　单元文件服务可以指定它们在其他服务启动并运行后才开始启动。例如，你有一个依赖数据库运行的网站，即在 Web 服务可以接受连接之前数据库就已经启动并运行。systemd 通常在启动服务的主要进程后认为服务已经启动。然而，许多服务需要一定时间的初始化，并且不能立即接受连接。在前面的例子中，数据库可能需要几分钟才能准备好让 Web 服务开始接受连接。

　　systemd 定义了一种称为 notify（或 sd-notify）的特殊服务类型，它允许服务进程在实际完全启动和运行时通知 systemd。只有当 systemd 被通知数据库已准备好时，才会启动 Web 服务。

　　systemd 通过传递 NOTIFY_SOCKET 环境变量，告诉服务它需要被通知服务已经准备就绪，并且该环境变量指向要通知的 systemd 套接字。默认情况下，systemd 在/run/systemd/notify 套接字上监听。当 Podman 在 notify 单元文件中执行时，它需要将套接字以卷挂载的方式挂载到容器中并将环境变量传递到容器中（如图 7-7 所示）。

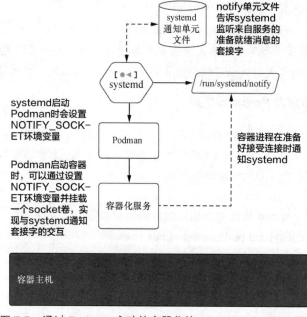

图 7-7　通过 Podman 启动的容器化的 sd_notify systemd 服务

如果服务在规定时间内没有通知 systemd，则 systemd 将该服务标记为失败。Podman 自动更新会检查新服务是否完全运行，如果检查失败，则 Podman 可以自动回滚到以前的容器，同样无须人工干预。

## 7.5　更新后回滚失败的容器

如果你定义的服务支持 sd-notify 并在限定时间内写入通知套接字，则 podman auto-update 命令执行成功。如果失败，Podman 将删除新容器并重新标记原始镜像。最后，它将在先前的镜像上创建容器，你的服务将恢复到以前的状态。你甚至可以设置基于系统的容器化服务，通知你的日志系统更新失败。回滚操作使你有时间找出问题所在，并发布新的镜像，再次触发自动更新。正如你所看到的，systemd 可以用作单一系统的容器编排器。

你现在已经发现了 systemd 为无须人工干预的运行容器提供的一些不错的功能。Podman 可以利用的另一个功能是套接字激活。套接字激活允许你在单元文件中指定一个容器，在 systemd 没有收到第一个数据包之前不会运行该容器。

## 7.6　套接字激活的 Podman 容器

当 systemd 被首次推出时，它因加速系统启动而受到赞誉。在 systemd 之前，每个服务都是按顺序启动的，并且依赖不同服务的服务需要等待运行。为了加速启动并更好地进行资源分配，systemd 使用了套接字激活服务。当你设置套接字激活服务时，systemd 代表你的服务设置监听 IP 或 UNIX 域套接字，而不启动服务（见图 7-8）。

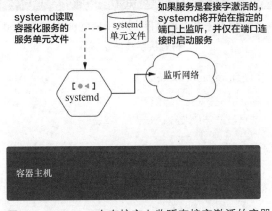

图 7-8　systemd 在套接字上监听套接字激活的容器

当连接到套接字时，systemd 会激活服务并将连接交给它。之后，服务处理连接。服务可以在未来的某个空闲时间退出。如果有新的连接进来，systemd 会接受新的连接并重新启动服务。

套接字激活使 systemd 能够指示服务立即启动，而无须实际启动或等待服务启动，从而加快了启动过程。套接字激活使 systemd 能够在系统上运行更多的服务，因为许多服务处于空闲状态并且没有使用系统资源。基本上，你的服务可以停止，只有在实际需要时才运行，而不是处于空闲状态，等待另一个连接。对于容器化服务，服务的主要进程是 Podman，它需要将连接传递给在容器内运行的服务（见图 7-9）。

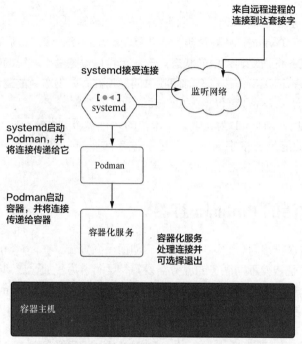

图 7-9　当连接到 systemd 正在监听的套接字时，systemd 会激活 Podman 来启动容器，并将套接字传递给容器

关闭 myapp.service 并创建 myapp.socket。

```
$ systemctl --user stop myapp.service
$ cat > $HOME/.config/systemd/user/myapp.socket <<_EOF
[Unit]
Description=myapp socket service
PartOf=myapp.service
[Socket]
ListenStream=127.0.0.1:8080
[Install]
WantedBy=sockets.target
_EOF
```

现在，启用套接字，并确保没有容器正在运行。

```
$ systemctl --user enable --now myapp.socket
$ podman ps
CONTAINER ID  IMAGE    COMMAND    CREATED    STATUS
➡ PORTS     NAMES
```

将 Web 浏览器连接到套接字（参见图 7-10）。

```
$ web-browser localhost:8080
```

图 7-10　Web 浏览器窗口连接到运行在 Podman 中的 ubi8/httpd-24 容器，并更新 "Hello World" HTML

请注意，podman.socket 启动了 podman.service，该服务创建了一个容器来处理连接。

```
$ podman ps
CONTAINER ID  IMAGE                          COMMAND                    CREATED
➡ STATUS          PORTS          NAMES
69c34949d632 quay.io/rhatdan/myimage:latest /usr/bin/run-http...
➡ 2 minutes ago Up 2 minutes ago 0.0.0.0:8080->8080/tcp myapp
```

现在，如果停止服务，容器不仅被停止，而且将被删除。

```
$ systemctl --user stop myapp.service
$ podman ps -a
CONTAINER ID  IMAGE    COMMAND    CREATED    STATUS
➡ PORTS     NAMES
```

套接字激活允许你仅在需要时运行服务，从而节省了系统资源。稍后，你可以将服务停止，因为你知道如果有新连接进来，systemd 和 Podman 将会处理它。

## 7.7　总结

- Podman 允许 systemd 在容器内作为主要进程来运行。
- 推荐使用 journald 来记录 Podman 的日志和事件。
- 可以使用 systemd 在系统启动时启动和重启容器。
- Podman 自动更新用于管理容器的生命周期和镜像。
- 套接字激活的 systemd 服务可以与基于 Podman 的容器一起使用。
- podman generate systemd 命令可轻松生成运行容器所需的 systemd 服务文件。

# 第 8 章　与 Kubernetes 协同工作

**本章内容：**

■　从现有的 Podman 容器和 pod 创建 Kubernetes YAML 文件
■　从 Kubernetes YAML 文件创建 Podman 容器和 pod
■　使用 Kubernetes YAML 文件关闭与删除 pod 和容器
■　在从 Kubernetes YAML 文件启动 pod 和容器之前动态构建容器镜像
■　在 Podman 容器和 Kubernetes 容器内部运行 Podman

　　有些读者期望在本章看到 Podman 如何像以前使用 Docker 一样成为 Kubernetes 的容器引擎。虽然也有人努力尝试将 Podman 用作 Kubernetes 的容器引擎（kind 项目支持此功能），但我通常不建议用户使用 Podman 来实现这一目的。我建议使用附录 A 中描述的 CRI-O，因为它是专为与 Kubernetes 配合使用而构建的，并且共享 Podman 的底层基础库。Kubernetes 现在也劝阻用户使用 Docker 后端，并鼓励他们使用 CRI-O 或 containerd 作为 Kubernetes 的后端容器引擎。

　　本章将介绍如何在 Kubernetes 和 Podman 中使用相同的结构化语言，以及如何在 Kubernetes 集群中运行 Podman 容器。你已经学会如何使用 Podman 命令行创建微服务的容器和 pod 了。通常，软件开发人员和打包人员需要将应用程序运行在多台计算机上。你可能想将 Web 应用程序与数据库后端相结合。如果 Web 应用程序变得流行起来，你需要在不同节点上运行多个实例以满足需求。将不同的微服务连接在一起并协调它们工作并不是 Podman 的职责所在，这是 Kubernetes 的用武之地。

　　在本章中，你将学习如何在 Kubernetes 中运行这些相同的容器和 pod。kubernetes.io 网站上写道："Kubernetes，也称为 K8s，是用于自动化部署、扩展和管理容器化应用程序的开源系统。"我将 Kubernetes 视为在多台计算机上同时运行各种容器的工具，也是一种编排调度大型容器化微服务集群的方式。

你可能会遇到的一个问题是，大多数容器开发使用像 Podman 和 Docker 这样的工具，这些工具使用相当简单的命令行界面来创建容器和 pod。但 Kubernetes 使用的则是写在 YAML 文件中的声明式语言。

在本章中，我不会深入探讨 Kubernetes 的工作原理，因为有许多深入的图书涵盖了该主题，包括 Marko Lukša 的 *Kubernetes in Action*（Manning，2020）和 William Denniss 的 *Kubernetes for Developers*（Manning，2020），这些书描述了 Kubernetes 的所有功能特性。但我将解释和描述 Kubernetes 的开发语言：Kubernetes YAML 文件。

> 提示　yaml.org 网站首先将 YAML 描述为 "YAML Ain't Markup Language"，并进一步阐述道："YAML 是一种对人类友好的数据序列化语言，适用于所有编程语言。"

将命令行选项转换为结构化语言（如 YAML），这对于从单节点容器转移到运行规模化容器的开发人员来说是一个障碍。这涉及如何指定卷、要使用的镜像、安全约束、网络端口等。在 8.2 节中，你将学习如何使用 Podman 从本地创建的 pod 和容器生成 Kubernetes YAML 文件。

用户在使用 Kubernetes YAML 文件编写和部署应用程序到 pod 中，并在 Kubernetes 中运行应用程序时可能会遇到问题。大规模测试应用程序可能很困难，且通常你只想在本地系统上运行应用程序，而不必设置和配置 Kubernetes 集群。在 8.3 节中，你将了解 podman play kube。这个 Podman 命令允许你在本地运行 Kubernetes YAML 文件，而不需要 Kubernetes，以便你可以测试和调试。

本章的最后一部分将介绍如何在容器和 Kubernetes 集群中运行 Podman。管理员、开发人员和质量工程师需要使用 Podman 在持续集成（CI）系统中测试容器。这些 CI 系统通常建立在 Kubernetes 集群上。8.4 节将教会你在 Podman 和 Kubernetes 启动的容器中运行 Podman 命令的不同方法。

## 8.1　Kubernetes YAML 文件

Kubernetes YAML 文件是在 Kubernetes 中用来启动 pod 和容器的对象。在第 5 章中，你学习了 Podman 使用的配置文件是使用 TOML 编写的，YAML 类似于 TOML。这两种配置语言都试图实现可读性。YAML 依赖缩进子段，这与你学习 TOML 时的语法不同。你可以访问 yaml.org 网站了解更多关于这种语言的信息。

如果你要大量使用 Kubernetes YAML 文件，最好有一个至少能够理解 YAML 的文本编辑器或 IDE（如 Visual Studio 和 VS Code）；如果它知道 Kubernetes 语言则更好。Kubernetes YAML 是描述性的和强大的，它允许你使用声明式语言对应用程序的期望状态进行建模。正如本章开头的介绍中所述，编写这些 YAML 文件是开发人员在将容器从本地系统转移到 Kubernetes 时需要克服的障碍。大多数开发人员只是在网络上搜索现有的 Kubernetes YAML 文件，然后开始将其容器命令、镜像和选项剪切并粘贴到 YAML 文件中。虽然这种方法可行，但可能会导致意外后果，而且往往是不必要的工作。

　　Podman 的产品经理 Scott McCarty 提出了一个想法："我真正想做的是帮助用户从 Podman 转移到使用 Kubernetes 管理其容器。"这促使 Podman 开发人员创建了一个新的 Podman 命令：podman generate kube。

# 8.2　用 Podman 生成 Kubernetes YAML 文件

　　假设你想要在 Kubernetes 中运行前几章中生成的容器，则需要编写 Kubernetes YAML 文件。那么应该从哪里开始呢？

　　在本章中，你将学习一个新命令：podman generate kube。这个 Podman 命令会捕获本地 pod 和容器的描述，然后将它们翻译成 Kubernetes YAML。这有助于你过渡到更复杂的编排环境，如 Kubernetes。生成的 Kubernetes YAML 文件可以被 Kubernetes 命令直接使用，以便将你的 pod 和容器部署到 Kubernetes 集群中。

　　你可以使用在前几章中学到的 podman run、create 和 stop 命令，重新创建这些容器或 pod。可以使用下面介绍的命令重新创建你正在使用的容器。

　　首先，使用 podman rm 删除容器（如果存在）。你将引入一个新标志：--ignore，它告诉 podman rm 命令在容器不存在时不报告错误，然后从命令行中重新创建容器。

```
$ podman rm -f --ignore myapp
$ podman create -p 8080:8080 --name myapp quay.io/rhatdan/myimage
9305822e6089ca28a1fdbb005c12f57f4a26be273fe5d49a1908eadbcfdcb7d4
```

　　现在，使用命令 podman generate kube myapp 生成 Kubernetes YAML 文件。Podman 会检查其数据库中现有的容器或 pod，以获取在 Kubernetes 中运行容器所需的所有字段，并将它们填充到 Kubernetes YAML 文件中。

```
$ podman generate kube myapp > myapp.yaml
```

　　图 8-1 展示了 podman generate kube 命令的执行结果。

　　检查 YAML 文件的各个部分。理解 Kubernetes 与 pod 配合工作的原理，尽管你只创建了一个容器，但 podman generate kube 命令会帮助你创建一个 pod 规范的定义。Podman 根据原始容器的名称，在该 pod 规范中将 pod 命名为 myapp-pod，将容器命名为 myapp。

```
metadata:
  creationTimestamp: "2021-11-22T11:57:12Z"
  labels:
    app: myapppod
  name: myapp-pod
spec:
  containers:
  - args:
```

```
- /usr/bin/run-httpd
image: quay.io/rhatdan/myimage:latest
name: myapp
```

```
$ cat myapp.yaml.
# Save the output of this file and use kubectl create -f to import
# it into Kubernetes.
#
# Created with podman-4.1
apiVersion: v1
kind: Pod
metadata:
  creationTimestamp: "2021-11-22T11:57:12Z"
  labels:
    app: myapppod
  name: myapp_pod
spec:
  containers:
  -args:
   -/usr/bin/run-httpd
   image: quay.io/rhatdan/myimage:latest
   name: myapp
   ports:
   -containerPort: 8080
     hostPort: 8080
   securityContext:
     capabilities:
       drop:
       -CAP_MKNOD
       -CAP_NET_RAW
       -CAP_AUDIT_WRITE
```

pod是Kubernetes的计算单元，所以Podman生成的是pod规范的YAML定义

Podman根据容器的名称将pod命名为myapp_pod

这是Kubernetes要使用的容器镜像名称

端口映射用于将容器暴露到互联网上

为你的容器修改安全约束

图 8-1　从 myapp 容器生成的 myapp.yaml 文件

请注意，containers 部分记录了镜像名称 quay.io/rhatdan/myimage:latest，这告诉 Kubernetes 从哪里下载容器的镜像。它还告诉 Kubernetes 启动容器内应用程序的命令参数，即/usr/bin/run-httpd。

```
spec:
  containers:
  - args:
    - /usr/bin/run-httpd
    image: quay.io/rhatdan/myimage:latest
```

在 containers 部分，你还可以看到记录了 Podman 端口。

```
containers:
- args:
  - /usr/bin/run-httpd
  image: quay.io/rhatdan/myimage:latest
  name: myapp
  ports:
  - containerPort: 8080
    hostPort: 8080
```

在 containers 部分的末尾，你可以看到 securityContext 字段。该字段记录了 Podman 默认情况下会丢弃三个额外的 Linux 能力：CAP_MKNOD、CAP_NET_RAW 和 CAP_AUDIT_WRITE。

```
securityContext:
capabilities:
drop:
- CAP_MKNOD
- CAP_NET_RAW
- CAP_AUDIT_WRITE
```

大多数容器在没有这些 Linux 能力的情况下运行良好，但 OCI 规范默认启用了这三个能力。这告诉 Kubernetes 该 pod 可以在没有这些能力的情况下更安全地运行，Kubernetes 会将其去除。你可以通过运行命令 man capabilities，了解更多关于 Linux 能力的信息。

此时，你只需在任何 Kubernetes 集群中运行此 Kubernetes YAML 文件即可。通常执行以下命令。

```
kubectl create -f myapp.yml
```

通常，你需要为 YAML 文件添加复杂功能和编排说明，以利用 Kubernetes 的高级功能。例如，生成的 Kubernetes YAML 文件只会生成一个应用程序实例。如果你想在不同节点上运行应用程序的多个版本，可以在 YAML 文件中添加一个 replicas 选项，如图 8-2 所示。

```
# Save the output of this file and use kubectl create -f to import
# it into Kubernetes.
#
# Created with podman-4.1
apiVersion: v1
kind: Pod
metadata:
  creationTimestamp: "2021-11-22T11:57:12Z"
  labels:
    app: myapppod
  name: myapp_pod
spec:
  containers:
  - args:
    - /usr/bin/run-httpd
    image: quay.io/rhatdan/myimage:latest
    name: myapp
    ports:
    - containerPort: 8080
      hostPort: 8080
    securityContext:
      capabilities:
        drop:
        - CAP_MKNOD
        - CAP_NET_RAW
        - CAP_AUDIT_WRITE          ←——— 告诉Kubernetes使用此模板来运行两个pod
replicas: 2 ◄
```

图 8-2　修改后的 Kubernetes YAML 文件准备运行两个 pod

replicas 字段告诉 Kubernetes，在任何时候 myapp.yaml 文件都希望在两个不同的节点上运行两个 myapp pod。replicas 和其他高级 Kubernetes 功能超出了 Podman 的范围。podman play kube 命令会忽略这些字段。

一些常用的 podman generate kube 命令选项如下。

■　-f, --filename：将命令的输出写到指定路径的文件。

■　-s, --service：生成 kubernetes 服务对象的 YAML 文件。

既然你已经生成了一个 Kubernetes YAML 文件，你就能够很方便地反向进行这个过程。如果你有一个 Kubernetes YAML 文件，并且希望生成 Podman pod 和容器，那该怎么做呢？

## 8.3　从 Kubernetes YAML 生成 Podman pod 和容器

想象一下，你获得了一个 Kubernetes YAML 文件，并且希望在本地运行它以对其进行检查。你可以设置一个本地 Kubernetes 集群，但如果你可以直接在本地运行 pod，那就更好了。Podman 提供了一个命令来实现这个功能。podman play kube 命令根据结构化的 Kubernetes YAML 文件创建 pod、容器和卷。创建的 pod 和容器会自动启动。为了测试这个功能，你可以简单地删除创建的容器，然后使用以下命令运行生成的 myapp.yaml 文件。

```
$ podman rm -f --ignore myapp
$ podman play kube myapp.yaml
Pod:
b70aedd8105a6915428928a2b33fd7ecede632298088ea25d9db74ba9b16201e
Container:
a4d78fdfa5d8f751aafb06f3782e36a3aaf5b3804ca57694385de2ea1e400fe6
```

Kubernetes 只运行带有容器的 pod，不会单独运行容器。当 podman play kube 命令读取 YAML 文件时，它会启动 pod 和容器。请注意，在图 8-3 中，play 命令创建了一个包含 myapp 容器以及 infra 容器的 pod。

podman generate kube 命令基于 myapp.yaml 文件中的名称创建名为 myapp-pod 的 pod。容器的名称是通过将 pod 的名称附加到容器的名称上生成的：myapp-pod-myapp。如果 YAML 文件定义了其他容器，会以类似的方式为其命名。

```
$ cat myapp.yaml
…
  name: myapp-pod
spec:
  containers:
  - args:
    name: myapp
```

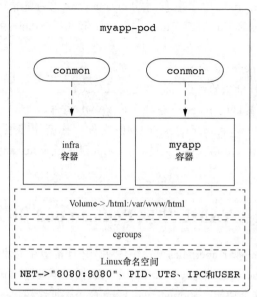

图 8-3 myapp-pod 中运行着 myapp 容器和 infra 容器

你可以使用 podman pod ps 命令来查看系统上正在运行的 pod。添加--ctr-names 选项还可以同时列出 pod 中正在运行的容器。

```
$ podman pod ps --ctr-names
POD ID N    AME      STATUS  CREATED    INFRA ID    NAMES
b70aedd8105a myapp-pod Running 1 day ago b7a276c62c1d
➡ myapp-pod-myapp,b70aedd8105a-infra
```

现在可以使用 podman ps 命令检查两个正在运行的容器。

```
$ podman ps
CONTAINER ID    IMAGE                COMMAND            CREATED
➡ STATUS          PORTS          NAMES
b7a276c62c1d k8s.gcr.io/pause:3.5
➡ 3 minutes ago Up 3 minutes ago 0.0.0.0:8080->8080/tcp b70aedd8105a-infra
a4d78fdfa5d8 quay.io/rhatdan/myimage:latest /usr/bin/run-http...
➡ 3 minutes ago Up 3 minutes ago 0.0.0.0:8080->8080/tcp myapp-pod-myapp
```

使用 podman pod stop 命令关闭 pod 和容器。

```
$ podman pod stop myapp-pod
b70aedd8105a6915428928a2b33fd7ecede632298088ea25d9db74ba9b16201e
```

podman play kube 命令可以执行更复杂的 YAML 文件，包括定义的多个 pod、卷和容器。在之前的简单示例中，你可以使用 podman pod stop 命令直接关闭 pod，但是当 podman play kube 生成多个唯一的 pod 时，停止它们会变得更复杂。

## 8.3.1 基于 Kubernetes YAML 文件关闭 pod 和容器

尽管你可以单独停止由 podman play kube 创建的每个 pod，但有时你不仅想停止 pod 和容器，还想从系统中移除它们。podman play kube --down 命令会清理由先前运行 play kube 命令创建的 pod。执行该命令后 pod 将被停止，然后从系统中删除。任何创建的容器挂载卷将被保留。下面的代码用于关闭之前示例中创建的 myapp.yaml pod。

```
$ podman play kube myapp.yaml --down
Pods stopped:
B70aedd8105a6915428928a2b33fd7ecede632298088ea25d9db74ba9b16201e
Pods removed:
b70aedd8105a6915428928a2b33fd7ecede632298088ea25d9db74ba9b16201e
```

请注意执行上述命令后，Podman 不仅停止了对应的 pod，还将其删除。你可以使用 podman pod ps 命令验证 pod 已经不存在了。

```
$ podman pod ps
POD ID    NAME    STATUS    CREATED    INFRA ID     # OF CONTAINERS
```

执行完 podman play kube --down 命令，会回到一个可以再次运行 podman play kube 的状态，再次执行将创建新的 pod 和容器。

```
$ podman play kube myapp.yaml
Pod:
302b1d2c0048a49ea32c2e6ffa0e0549af199ab2bc32de285eef5da628efe28c
Container:
b9f080dc6e13b4a4c37fa66a9b727dbeb2af30f0c3824044aba8a46eebfe15c5
```

这与 Kubernetes 运行 pod 和容器的过程类似。Kubernetes 总是新建 pod 和容器，并在完成后将其拆除。使用 YAML 文件生成所有的 pod 和容器，然后使用--down 删除它们，类似于 docker-compose 的工作流程。Podman 具有一个重大优势，即在运行 pod 和容器时，可以使用与 Kubernetes 的多节点编排环境中相同的 YAML 文件。docker-compose 的另一个功能是能够构建 YAML 文件中定义的镜像，Podman 开发人员也将这个功能加入 podman play kube 命令中。

## 8.3.2 使用 Podman 和 Kubernetes YAML 文件构建镜像

使用 podman play kube 作为 docker-compose 的替代品的用户要求 Podman 添加一个构建镜像的功能，而并非总是从容器镜像注册服务器那里拉取镜像。虽然 Kubernetes 不支持这样的功能，但 Podman 的开发人员决定在 podman play kube 中添加--build 来实现这一功能。由于 podman build 可以处理 Containerfile 或 Dockerfile，因此增强 podman play kube 是比较容易的。

想法是通过按需生成的容器镜像来创建一个容器化应用程序。正常的 Kubernetes 工作流程要求开发人员使用 podman build 来构建镜像，并使用 podman push 将其推送到容器镜像注册服务器中，正如你在第 2 章学到的那样。然后，你可以使用 podman play kube 从容器镜像注册服务器中检索镜像。podman play kube --build 选项则允许 Podman 在内部执行 podman build 并按需生成容器镜像，而不是强制用户从容器镜像注册服务器中拉取。

> **提示**　--build 选项对于运行在非 Linux 系统上的远端 Podman 客户端是不可用的，这意味着你不能在 macOS 或者 Windows 系统上使用它。

在这个例子中，你将重新创建 7.1.3 节中使用过的 Containerfile。

```
$ cat > ./Containerfile << _EOF
FROM ubi8-init
RUN dnf -y install httpd; dnf -y clean all
RUN systemctl enable httpd.service
_EOF
```

回忆一下，这个 Containerfile 构建了一个容器镜像，其中 systemd 作为 init 系统运行，并且 HTTPD 服务在端口 80 上运行和监听。首先，使用如下命令删除所有的 pod 和容器。

```
$ podman pod rm --all --force
$ podman rm --all -force
```

现在开始重新构建 mysystemd 镜像。

```
$ podman build -t mysystemd.
STEP 1/3: FROM ubi8-init
STEP 2/3: RUN dnf -y install httpd; dnf -y clean all
Updating Subscription Management repositories.
Unable to read consumer identity
…
Successfully tagged localhost/mysystemd:latest
bb1634ce1457f2eb70f84af33599d211eae64cb5f951e40e91481b6e58b747bf
```

现在在该镜像上重新创建一个容器，将./html 目录（使用 3.1 节中的代码示例）挂载到该容器中。

```
$ podman create --rm -p 8080:80 --name myapp -v ./html:/var/www/
➥ html:Z mysystemd
fec6de5716ac246613723a4cc26407005e0bc315affdc62b56883bd94acd795e
```

现在使用 podman generate kube 命令生成 Kubernetes YAML 文件。

```
$ podman generate kube myapp > myapp2.yaml
```

注意，这次 Podman 生成的 YAML 文件包含一个 volumes 部分，用于挂载 html 目录。

```
$ cat myapp2.yaml
…
```

```
spec:
  containers:
  - image: localhost/mysystemd:latest
    …
    volumeMounts:
    - mountPath: /var/www/html
    name: home-dwalsh-podman-html-host-0
  volumes:
  - hostPath:
    path: /home/dwalsh/podman/html
    type: Directory
    name: home-dwalsh-podman-html-host-0
```

通过使用 podman pod rm --all --force 命令删除所有 pod，回到一个干净的系统环境。使用 podman rm 和 podman rmi 命令删除所有容器和镜像，这样你可以从一个干净的状态开始后面的操作。

```
$ podman pod rm --all --force
$ podman rm --all --force
fec6de5716ac246613723a4cc26407005e0bc315affdc62b56883bd94acd795e
$ podman rmi mysystemd
Untagged: localhost/mysystemd:latest
Deleted: bb1634ce1457f2eb70f84af33599d211eae64cb5f951e40e91481b6e58b747bf
Deleted: 70e0c1a7580089420267b5928210ad59fdd555603e647b462159ea94f97946f9
```

podman play kube--build 命令需要存在与镜像名称对应的子目录才能构建镜像。Podman 检查 Kubernetes YAML 文件中所有的镜像，然后查找匹配的子目录。每个目录都被视为一个上下文目录，应该包含一个 Containerfile 或 Dockerfile。然后，Podman 在每个子目录上执行 podman build。由于 YAML 文件需要 mysystemd 镜像，你需要创建一个 mysystemd 目录，并将 Containerfile 放在该目录中。

```
$ mkdir mysystemd
$ mv Containerfile mysystemd/
```

现在你可以运行 podman play kube --build，它将重新构建容器镜像并启动该应用程序的 pod 和容器。

```
$ podman play kube myapp2.yaml --build
STEP 1/3: FROM ubi8-init
STEP 2/3: RUN dnf -y install httpd; dnf -y clean all
Updating Subscription Management repositories.
…
--> 305bb9b8da1
Successfully tagged localhost/mysystemd:latest
305bb9b8da12db682b0eae93ad492e632d2ba43e03f6a6b68467d7429a8a2664
a container exists with the same name ("myapp") as the pod in your YAML file;
➡ changing podname to myapp-pod
Pod:
```

30739dd554acfeab66a9767301127bab0fe994461686f45a3a89b137c3954840
Container:
ce633ac4e7a1e4d08e0428a8401fcfc4ac75fbcca4be07bc167add6093a44afa

Podman 根据 mysystemd/Containerfile 重新构建了 mysystemd 镜像，然后为你的应用程序生成了 myapp-pod pod 和 myapp 容器，而无须访问容器镜像注册服务器。

你可以将这个 YAML 文件和 mysystemd 目录与其他用户共享，他们可以使用 Podman 构建和启动你的应用程序。但是，如果他们想要在 Kubernetes 内部启动它，你需要将构建好的镜像提前推送到容器镜像注册服务器中，然后编辑 YAML 文件以将镜像指向注册服务器的镜像。现在你已经了解了 Podman 与 Kubernetes 的集成，下面我想探索最后一个想法：在 Podman 和 Kubernetes 的容器内运行 Podman。

## 8.4　在容器内运行 Podman

在容器或 Kubernetes 集群中运行 Podman 很常见。用户希望能够在使用容器的 CI/CD 系统中测试容器镜像和工具。通常，他们希望使用 podman build 构建容器镜像。有时，他们只是想测试比其发行版中发布的 Podman 更新的版本。

使用 Podman 的一个挑战是它可以以很多不同的方式进行配置，因此用户正在寻找在容器内运行 Podman 的最佳实践。因此，我和一些同事决定创建一个容器镜像 quay.io/podman/stable，使得在容器内运行 Podman 更容易。如你所了解的，Podman 可以以两种不同的模式运行：特权模式和非特权模式。默认情况下，Podman 容器以用户命名空间中的容器 root 身份启动。为了理解在容器内运行 Podman，你可以首先尝试在 Podman 的容器内运行 Podman。表 8-1 描述了在容器内运行 Podman 的不同方式以及容器所需的能力。

表 8-1　　　　　　　　　在容器内运行 Podman 的要求

| Host 模式 | container 模式 | 能力 | 解释 |
|---|---|---|---|
| 特权模式 | 特权模式 | CAP_SYS_ADMIN | 拥有对主机用户命名空间的完全访问权限 |
| 特权模式 | 非特权模式 | CAP_SETUID CAP_SETGID | 基于容器内的/etc/subuid 和/etc/subgid，在单独的用户命名空间中运行 |
| 非特权模式 | 特权模式 | 命名空间内的 CAP_SYS_ADMIN | 拥有对用户的用户命名空间的完全访问权限 |
| 非特权模式 | 非特权模式 | 命名空间内的 CAP_SETUID, CAP_SETGID | 基于容器内的/etc/subuid 和/etc/subgid，在单独的用户命名空间中运行。用户命名空间必须是运行 Podman 命令的用户命名空间的子集 |

### 8.4.1　在 Podman 容器内运行 Podman

在第一个例子中，你将在一个非特权容器中运行特权 Podman。你需要使用--privileged 命令，为了成功运行，Podman 需要能够挂载文件系统。当以 root 用户身份运行 Podman 时，挂载需要 CAP_SYS_ADMIN 能力，这是由--privileged 选项提供的。我们通过执行以下命令来尝试一下。

```
$ podman run --privileged quay.io/podman/stable podman version
Trying to pull quay.io/podman/stable:latest…
Getting image source signatures
Copying blob b1f89b7294d7 done
…
Version:      4.1.0
API Version:  4.1.0
Go Version:   go1.18.2
Built:        Mon May 30 12:03:28 2022
OS/Arch:      linux/amd64
```

quay.io/podman/stable 镜像也配置为在 Podman 容器中运行非特权 Podman。你可以通过添加--user podman 选项以 Podman 用户身份运行来激活此行为。在此模式下，容器内的 Podman 需要 CAP_SETUID 和 CAP_SETGID 来设置用户命名空间。幸运的是，Podman 默认情况下会为容器提供这些访问权限。

```
$ podman run --user podman quay.io/podman/stable podman version
```

如果你真的想完全限制容器权限，可以使用--cap-drop=all --cap-add CAP_SETUID, CAP_SETGID 选项来删除除 CAP_SETUID 和 CAP_SETGID 之外的所有能力。

```
$ podman run --cap-drop=all --cap-add CAP_SETUID,CAP_SETGID
➥ --user podman quay.io/podman/stable podman version
Version:      4.1.0
API Version:  4.1.0
Go Version:   go1.18.2
Built:        Mon May 30 12:03:28 2022
OS/Arch:      linux/amd64
```

这些示例展示了如何在 Podman 容器内运行 Podman，也可以使用 Docker 轻松地在容器内运行 Podman。

请注意，Docker 运行时带有 seccomp 过滤器，它会阻止 unshare 和 mount 系统调用。你需要禁用 Docker 中的 seccomp 过滤器。

```
docker run -security-opt seccomp=unconfined …
```

你也可以在 Podman 的 seccomp 过滤器下运行 Docker。

```
docker run -security-opt seccomp=/usr/share/containers/seccomp.json … .
```

在本小节中，你了解了 Podman 与 Kubernetes 的集成。在下一小节中，你将学习如何配置 Podman，使其在 Kubernetes pod 或容器中运行。

## 8.4.2　在 Kubernetes pod 中运行 Podman

CI/CD 系统的常见用例是使用 Podman 在 Kubernetes 中运行容器。正如你所了解的，在容器内运行 Podman 需要 CAP_SYS_ADMIN 权限来运行特权容器，或者需要 CAP_SETUID 和 CAP_SETGID 权限以非特权模式运行。需要理解的是，Podman 容器几乎总是需要多个 UID 才能运行，特别是在运行 podman build 时。许多 Podman 问题都是由 Kubernetes 用户尝试在受限制的 Kubernetes 容器中运行 Podman 时只有一个 UID 而没有 Linux 能力引起的。这些容器是 OpenShift 和许多基于云服务的 Kubernetes 环境的默认容器。在没有某些 Linux 能力和多个 UID 访问权限的环境中运行像 Podman 这样的容器引擎是不可能的。使用 quay.io/podman/stable 镜像在特权 Kubernetes 容器内运行特权 Podman 的等效版本，可以通过以下 Kubernetes YAML 文件启动。

```
apiVersion: v1
kind: Pod
metadata:
 name: podman-priv
spec:
 containers:
   - name: priv
     image: quay.io/podman/stable
     args:
       - podman
       - version
     securityContext:
       privileged: true
```

同样地，你可以使用以下 YAML 文件在 Kubernetes 容器中启动非特权 Podman。请注意，你需要指定 runAsUser:1000 作为 UID，而不是 podman 用户。Kubernetes 不支持在容器内将用户名转换为 UID。

```
apiVersion: v1
kind: Pod
metadata:
  name: podman-rootless
spec:
  containers:
  - name: rootless
    image: quay.io/podman/stable
    args:
      - podman
      - version
    securityContext:
      capabilities:
        add:
          - "SETUID"
```

```
  - "SETGID"
runAsUser: 1000
```

> 提示　我和我的同事 Urvashi Mohnani 撰写的以下文章提供了更多关于在容器内运行 Podman 的示例：
> - 《如何在容器内使用 Podman》（http://mng.bz/vXDM）
> - 《如何在 Kubernetes 中使用 Podman》（http://mng.bz/49EV）

正如你所看到的，只要你理解了 Podman 的要求，就可以相当轻松地在 Kubernetes 中运行 Podman 容器。Kubernetes 社区正在致力于利用用户命名空间，使得在 Kubernetes 容器内运行 Podman 容器更加容易和安全。

## 8.5　总结

- 使用 podman generate kube 命令可以轻松地将本地运行的 pod 和容器移到适合在 Kubernetes 集群中运行的 Kubernetes YAML 文件中。
- 这些 YAML 文件可以通过 podman play kube 命令生成本地 pod 和容器。
- --down 选项允许 podman play kube 关闭先前通过 podman play kube 命令启动的所有 pod 和容器。
- --build 选项允许 podman play kube 基于 Containerfile/Dockerfile 生成 KubernetesYAML 文件中定义的容器镜像，从而消除了将镜像推送到容器镜像注册服务器的需要。
- podman play kube 是 docker-compose 的一个合适替代品，因为它与 Kubernetes 具有相同的 YAML 格式。
- 只要理解了在受限制的环境中运行 Podman 的要求，就可以在 Podman 和 Kubernetes 容器中运行 Podman。

# 第9章 Podman 服务

**本章内容：**

- 将 Podman 作为服务运行
- 支持两个 REST API 的 Podman 服务
- 用于管理 Podman 容器的 Python 库 podman-py 和 docker-py
- 支持 docker-compose
- 与 Podman 服务进行远程命令行通信
- 管理与远程 Podman 实例的 SSH 通信

在前几章中，你学习了有关 Podman 命令行的知识。但是有时你需要从远程系统中操作容器。同样，你可能想要使用脚本语言来编写代码并与容器进行交互。Docker 作为一个客户端-服务器应用程序，支持流行的远程 API，从而促使使用 Python 和 JavaScript 编写的库来访问 Docker 守护进程。docker-py 是一种流行的 Python 库，用于与 Docker 守护进程交互。

许多 CI/CD、GUI 和远程管理系统已经被构建来管理 Docker 容器。像 Visual Studio 这样的代码编辑器甚至通过内置插件直接与 Docker API 通信。像 docker-compose 这样的高级工具还推出了一种新的编程语言，用于通过与 Docker 守护进程交互，在主机上编排多个容器。

Podman 提供了类似的功能，并且可以作为服务运行。Podman 支持以非特权和特权的方式运行 Podman 服务。在本章中，你将学习有关服务及如何与之交互的知识，包括使用 docker-py 库和更新的 podman-py 库编写一个简单的 Python 程序以与 Podman 服务交互。你还将学习如何设置基于 Docker 的远程工具，包括 docker-compose，以实际使用 Podman 服务，而不需要 Docker 守护进程。

---

**提示** Podman 服务仅支持 Linux。由于 Podman 服务启动 Linux 容器，因此它仅在 Linux 机器上运行。Windows 和 macOS 版本的 Podman 通过 REST API 与 Podman 服务通信以启动容器。有关 macOS 上的 Podman 的更多信息，参见附录 E；有关 Windows 上的 Podman 的更多信息，参见附录 F。

---

Podman 命令的--remote 选项允许你与 Podman 服务进行交互，无论是在本地机器上还是在远程机器上，最常见的情况是在远程机器上。你将学习设置 Podman 连接，以使与远程服务的交互变得简单且安全。但首先，你需要知道如何启用 Podman 服务。

## 9.1 Podman 服务介绍

Podman 项目支持 REST（或 RESTful）API。可以使用 podman system service 命令创建一个监听服务，用于响应 Podman 的 API 调用。该服务可以在特权或非特权模式下运行。此命令提供了一个可选参数，用于指定 Podman 服务将监听的 URI。例如，unix:///tmp/podman.sock URI 告诉 Podman 在/tmp/podman.sock UNIX 域套接字上监听。tcp:localhost:10000 URI 告诉 Podman 在 TCP 套接字端口 10000 上监听。默认情况下，Podman 在/run 目录下的 UNIX 域套接字上监听（见表 9-1）。

> **提示** 如果你还不了解 REST API 或远程 API，我建议你阅读 Red Hat 发表的文章 "What is a REST API?"（https://www.red-hat.com/en/topics/api/what-is-a-rest-api）。

在这种情况下，作为服务运行的 Podman 与 Docker 中的集中式守护进程在多个方面有所不同。最大的区别是 Podman 命令可以在没有服务的情况下运行，并与服务创建的容器和镜像进行交互。其他容器工具可以与存储和容器进行交互，而无须经过服务。服务在没有连接时也会退出。你甚至可以在同一数据存储上同时运行多个服务（尽管我不建议这样做）。Docker 守护进程强制所有与容器和镜像的交互都要通过该守护进程。表 9-1 显示了 Podman 服务监听传入连接的默认位置。

表 9-1 podman.socket 的默认位置

| 模式 | 默认位置 |
| --- | --- |
| 特权模式 | unix:///run/podman/podman.sock |
| 非特权模式 | unix://$XDG_RUNTIME_DIR/podman/podman.sock<br>（例如：unix:///run/user/1000/podman/podman.sock） |

尽管 Podman 服务也可以设置为在 TCP 套接字上运行，但我建议你要非常小心，因为服务本身并没有内置授权或提供额外的安全措施来防止黑客访问。该服务依赖 SSH 服务来远程访问 Podman 服务，这也是推荐的方法。

Podman 服务被设计为按需运行的服务，在最后一次连接完成 5 秒后退出。这个时间限制避免了一个长时间运行的守护进程，该守护进程即使在没有使用服务的情况下也会使用系统资源。虽然 Podman 服务可以为每个连接启动一个单独的进程，但这可能会成为一个瓶颈。通过运行以下命令尝试一下；5 秒后，你将看到命令退出。如果你有与该服务的活跃连接，则它将继续运行。

```
$ podman system service
```

你可以使用--time 选项指定此退出的超时时间（秒）。指定--time 0 使 podman system service 命令一直运行，直到你停止它。大多数用户从不直接与 Podman 系统服务交互以激活服务，而是依赖 systemd 服务来管理。

## systemd 服务

Podman 提供了多个 systemd 单元文件以将其作为服务运行。因为 Podman 并不是设计成守护进程的，开发人员也不想总是有一个长时间运行的守护进程，所以他们决定利用 systemd 套接字激活功能。这允许 Podman 服务作为按需服务启动。图 9-1 显示了 systemd 如何监听 Podman 套接字，然后在接收连接时启动 Podman 服务。

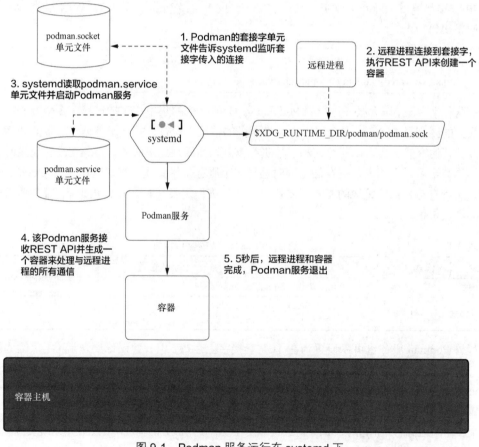

图 9-1　Podman 服务运行在 systemd 下

Podman 软件包提供了两个 podman.socket 单元文件：一个用于特权模式的 Podman，另一个用于非特权模式的 Podman。表 9-2 定义了在特权和非特权模式下要使用的 systemd 套接字文件的位置。

| 表 9-2 | Podman 套接字单元文件 |
| --- | --- |
| 模式 | systemd 套接字文件 |
| 特权模式 | /usr/lib/systemd/system/podman.socket |
| 非特权模式 | /usr/lib/systemd/user/podman.socket |

这两个套接字激活服务告诉 systemd 监听表 9-2 中列出的默认 UNIX 域套接字。当一个进程连接到套接字时，systemd 启动匹配的服务，该服务运行 podman system service 命令。然后，systemd 将套接字交给服务。在 Podman 服务完成 API 请求后，它等待另一个连接。如果 5 秒内没有连接发生，Podman 将退出，释放它正在使用的资源。如果有新的连接进来，systemd 会重复这个过程并启动 Podman 服务的新实例。

在本章的其余部分，你将与 Podman 服务进行交互，因此需要运行它。你可以使用 --user 选项启用和启动机器上的 Podman 套接字。该选项告诉 systemd 启用用户服务（或非特权模式服务）。

```
$ systemctl --user enable podman.socket
Created symlink
➡ /home/dwalsh/.config/systemd/user/sockets.target.wants/podman.socket ?
➡ /usr/lib/systemd/user/podman.socket.
$ systemctl --user start podman.socket
```

你可以看到 podman.sock 文件已经被创建在 XDG_RUNTIME_DIR 目录下。

```
$ ls $XDG_RUNTIME_DIR/podman/podman.sock
/run/user/3267/podman/podman.sock
```

此时，systemd 正在监听该套接字，而没有运行 Podman 进程。当一个数据包进入服务时，systemd 会启动 Podman 服务进程来处理该连接。

为了尝试该服务，你可以运行以下 curl 命令来探测 Podman 服务的版本。

```
$ curl -s --unix-socket $XDG_RUNTIME_DIR/podman/podman.sock
➡ http://d/v1.0.0/libpod/version | jq
{
  "Platform": {
  "Name": "linux/amd64/fedora-35"
  },
  "Components": [
  {
    "Name": "Podman Engine",
    "Version": "4.0.0-dev",
    "Details": {
        "APIVersion": "4.0.0-dev",
        "Arch": "amd64",
        "BuildTime": "2022-01-04T13:42:14-05:00",
        "Experimental": "false",
```

```
          "GitCommit": "66ffbc845d1f0fd5c29611ac3f09daa24749dc1e-dirty",
          "GoVersion": "go1.16.12",
          "KernelVersion": "5.15.10-200.fc35.x86_64",
          "MinAPIVersion": "3.1.0",
          "Os": "linux"
      }
    },
    {
      "Name": "Conmon",
      "Version": "conmon version 2.0.30, commit: ",
      "Details": {
        "Package": "conmon-2.0.30-2.fc35.x86_64"
      }
    },
    {

      "Name": "OCI Runtime (crun)",
      "Version": "crun version 1.4\ncommit:
3daded072ef008ef0840e8eccb0b52a7efbd165d\ nspec: 1.0 .0\ n + SYSTEMD
+SELINUX + APPARMOR + CAP + SECCOMP + EBPF + CRIU + YAJL ",
      "Details": {
        "Package": "crun-1.4-1.fc35.x86_64"
      }
    }
    ],
    "Version": "4.0.0-dev",
    "ApiVersion": "1.40",
    "MinAPIVersion": "1.24",
    "GitCommit": "66ffbc845d1f0fd5c29611ac3f09daa24749dc1e-dirty",
    "GoVersion": "go1.16.12",
    "Os": "linux",
    "Arch": "amd64",
    "KernelVersion": "5.15.10-200.fc35.x86_64",
    "BuildTime": "2022-01-04T13:42:14-05:00"
}
```

现在你已经启动了服务，是时候探索 API 了。

## 9.2　Podman 支持的 API

Podman 服务通过同一个套接字提供两个 API（见表 9-3）。兼容性 API 针对最新发布的 Docker API 版本，实现了除 Swarm API 之外的所有接口端点。Podman 团队将任何与 Docker API 不同的问题视为错误。如果 API 针对 Docker 守护进程有效，则必须针对 Podman 服务有效。

Podman Libpod API 提供对 Podman 的独特功能（例如 pod）的支持。虽然让所有项目都支持原生的 Libpod API 很好，但这需要时间来过渡，并且对于基于 Docker API 的旧项目来说这可能不能实现，因为这些项目已不再受到维护。

我建议所有新用户使用 Podman Libpod API，但如果你正在使用遗留代码或希望开发可同时与 Podman 和 Docker 一起使用的代码，则应使用兼容性 API。表 9-3 列出了 Podman 提供的两个不同的 REST API。

表 9-3　　　　　　　　　　　　Podman 支持的 API

| 模式 | 描述 | 文档 |
|---|---|---|
| 兼容性 | 提供对 Docker v1.40 API 支持的兼容层 | https://docs.docker.com/engine/api/ |
| Libpod | 提供 Podman 原生的 Libpod 层 | https://docs.podman.io/en/latest/_static/api.html |

与远程 API 交互的最简单的方式是使用 curl 命令。使用 curl 命令和 jq 命令列出可用的镜像，并将 JSON 代码格式化输出。还请注意 URL 中的 libpod 字段。这个字段告诉 Podman 使用其本地 API。

清单 9-1　当将 curl 连接到 Podman 套接字时的默认输出

```
$ curl -s --unix-socket $XDG_RUNTIME_DIR/podman/podman.sock
 http://d/v1.0.0/libpod/images/json | jq
[
  {
  "Id":
"Sha256:2c7e43d880382561ebae3fa06c7a1442d0da2912786d09ea9baaef87f73c29ae",
  "ParentId": "",
  "RepoTags": [
    "quay.io/rhatdan/myimage:latest"     ◁——  你正在使用的
  ],                                            镜像
…
  }
]
```

你也可以通过删除 libpod 字段来运行 Docker API。对于这个命令，你会得到相同的输出，因为这些 API 具有相同的输出。

```
$ curl -s --unix-socket $XDG_RUNTIME_DIR/podman/podman.sock
 http://d/v1.0.0/images/json | jq
[
  {
  "Id":
"Sha256:2c7e43d880382561ebae3fa06c7a1442d0da2912786d09ea9baaef87f73c29ae",
  "ParentId": "",
  "RepoTags": [
    "quay.io/rhatdan/myimage:latest"
  ],
…
  }
]
```

在列出 pod 时就可以看出这些 API 之间的差别。因为 Docker 不支持 pod 的概念，因此兼容性 API 没有对其进行接口支持。

首先，运行以下命令来创建一个用于测试的 pod。

```
$ podman pod create --name mypod
116291543d5691c597132ec73a428f29f2c1f71a65fdfbaca17eb5440a5d47f6
```

现在，使用 Libpod pod 或 JSON API 来查看与刚刚创建的 pod 相关的 JSON。

```
$ curl -s --unix-socket $XDG_RUNTIME_DIR/podman/podman.sock
➡ http://d/v1.0.0/libpod/pods/json | jq
[
  {
    "Cgroup": "user.slice",
    "Containers": [
      {
        "Id": "8eeceeb4fd6aa3897e05b5361b5c27c6e98bc29707484f95994f49437536599e",
        "Names": "4b10a21c5b8c-infra",
        "Status": "running"
      }
    ],
    "Created": "2022-01-05T06:51:52.604528462-05:00",
    "Id": "4b10a21c5b8c2b4f8a598de1eace7b94918d813055891276c2472df856a7fbc1",
    "InfraId":
➡ "8eeceeb4fd6aa3897e05b5361b5c27c6e98bc29707484f95994f49437536599e",
    "Name": "test_pod",
    "Namespace": "",
    "Networks": [],
    "Status": "Running",
    "Labels": {}
  },
  {
    "Cgroup": "user.slice",
    "Containers": [
      {
        "Id": "7a7405a31917da7bde01a6000809e0ee12f40b69fc76963d87a8ae254b34d8c7",
        "Names": "e10eb9303705-infra",
        "Status": "configured"
      }
    ],
    "Created": "2022-01-05T09:18:01.648324833-05:00",
    "Id": "e10eb930370592834fc168a7460fabe9b3e0e20a54b48a2bf3236cecd75f8138",
    "InfraId":
➡ "7a7405a31917da7bde01a6000809e0ee12f40b69fc76963d87a8ae254b34d8c7",
    "Name": "mypod",
    "Namespace": "",
    "Networks": [],
    "Status": "Created",
```

```
    "Labels": {}
  }
]
```

如果你尝试使用相同的查询对 Docker API 端点进行操作，它将最终失败并显示 "Not Found" 错误。

```
$ curl -s --unix-socket $XDG_RUNTIME_DIR/podman/podman.sock
➥ http://d/v1.0.0/pods/json
Not Found
```

这是因为 Docker API 和 Docker 本身不理解 pod。虽然你可以使用像 curl 这样的工具来直接使用 API 进行大量测试，但最好使用更高级的语言（例如 Python）与 API 进行交互。

## 9.3 与 Podman 交互的 Python 库

Python 可以说是 Linux 平台上最受欢迎的脚本语言，几乎每个 Linux 系统都默认安装了 Python。与 API 一样，我们也有两个非常相似的 Python 库可用：docker-py 库可与兼容性库一起使用，podman-py 库则支持更新的 Libpod API。本节使用了一些 Python 命令，可能需要有限的 Python 知识，但即使你只有有限的经验，也很容易理解。

### 9.3.1 使用 docker-py 库与 Podman API 进行交互

容器交互最受欢迎的 Python 包是 docker-py (https://github.com/docker/docker-py)。docker-py 是一个 Python 绑定库，最初用于与 Docker 守护进程进行通信。它也可以与 Podman 兼容性服务通信。docker-py 库允许你运行由 Podman 命令创建的相同容器，只不过你是通过 Python 进行操作的。

成千上万的基于 docker-py 构建的工具和示例正在生产环境中运行。这些工具已经被用于 CI/CD 系统以及 GUI、管理和调试。对于这些工具使用的命令，你可以使用 Podman 兼容性 API，它可以很好地与 docker-py 配合使用。

通常情况下，你可以使用 apt-get 或 dnf install 安装 docker-py。它也可以通过 PyPI 获得。请查阅你的 Linux 平台的安装命令。在基于 RPM 的系统上，该软件包称为 python-docker。

在基于 Red Hat 的系统上，我使用以下 dnf 命令进行安装。

```
$ sudo dnf install -y python-docker
```

在安装了 docker-py 后，你可以开始使用它与 Podman 服务进行交互。假设你想编写一个 Python 脚本与 Podman 服务进行交互以列出当前可用的镜像。注意，我必须重置 DockerClient 的 URL，以便将其指向 Podman 套接字。你可能需要修改系统上 podman.sock 的位置。

```
$ cat > images.py << _EOF
import docker
```

```
client=docker.DockerClient(base_url='unix:/run/user/1000/podman/podman.sock')
print(client.images.list(all=True))
_EOF
```

　　运行 images.py 脚本，查看安装在你的机器上的镜像。

```
$ python images.py
[<Image: 'quay.io/rhatdan/myimage:latest'>, <Image: 'k8s.gcr.io/pause:3.5'>]
```

　　在 Python 脚本中完全指定 Podman 套接字的路径是不方便的，但幸运的是，Docker 工具支持一个特殊的环境变量 DOCKER_HOST。你可以将 DOCKER_HOST 设置为指向实现 Docker API 的套接字。

　　首先，将 DOCKER_HOST 环境变量设置为指向 podman.sock。

```
$ export DOCKER_HOST=unix://$XDG_RUNTIME_DIR/podman/podman.sock
```

　　现在，将脚本更改为使用 docker.from_env()函数。

```
$ cat > images.py << _EOF
import docker
client=docker.from_env()
print(client.images.list(all=True))
_EOF
```

　　运行新脚本，你会看到它使用 DOCKER_HOST 环境变量来发现 Podman 服务套接字。

```
$ python images.py
[<Image: 'quay.io/rhatdan/myimage:latest'>, <Image: 'k8s.gcr.io/pause:3.5'>]
```

> 提示　在许多 Linux 发行版上，podman-docker 包在本地是可用的。安装此软件包后，它会安装一个 Docker 脚本。该脚本将 Docker 命令重定向为 Podman 命令。它还将所有 Docker 手册页链接到 Podman 手册页。最后，它为特权容器设置 docker.sock 和 podman.sock 之间的符号链接，允许 Docker 工具使用/var/run/podman/podman.sock，无须环境修改。

　　值得一提的是，这个DOCKER_HOST技巧可以用于大多数已经编写多年的docker-py脚本，你可以轻松地将脚本从使用 Docker 守护进程切换到使用 Podman 服务。如果你想使用更高级的Podman 功能，你需要使用 podman-py 软件包。

## 9.3.2　使用 podman-py 与 Podman API 进行交互

　　podman-py（https://github.com/containers/podman-py）与 docker-py 类似，是一个专门用于与Podman 服务通信的Python库。podman-py库比docker-py库更新，支持使用 Libpod API 的 Podman 的所有高级功能。

　　Podman Python 库使用 podman.sock 的默认位置并自动连接到该套接字。在非 root 用户身份下运行时，该库会连接到位于/run/user/$UID/podman/podman.sock 的非特权套接字。以 root

用户运行 Python 时，Podman 库会自动连接到/run/podman/podman.sock。

与 docker-py 类似，在我的系统上，可以通过 python-podman 软件包来安装 podman-py 库。

```
$ sudo dnf install -y python-podman
Last metadata expiration check: 0:27:40 ago on Sun 19 Jun 2022 02:14:49 PM EDT.
Dependencies resolved.
…
Installed:
  python3-podman-3:4.0.0-1.fc36.noarch
Complete!
```

现在使用 podman-py 库构建一个功能类似的脚本 podman-images.py。这次你不需要担心 Podman 套接字的位置。podman-py 库连接到默认位置。

```
$ cat > podman-images.py << _EOF
import podman
client=podman.PodmanClient()
print(client.images.list())
_EOF
```

运行脚本后，你将看到与 docker-py 示例相同的结果，但此库使用 Libpod API。

```
$ python podman-images.py
[<Image: 'quay.io/rhatdan/myimage:latest'>, <Image: 'k8s.gcr.io/pause:3.5'>]
```

如果你想展示高级功能，例如获取 Podman 数据库中的所有 pod 信息，请调用 pod.lists() 函数，然后遍历每个 pod。

```
$ cat >> podman-images.py << _EOF
for i in client.pods.list():
    print(i.attrs)
_EOF
```

现在脚本显示了镜像以及有关 pod 的信息。

```
$ python podman-images.py
[<Image: 'quay.io/rhatdan/myimage:latest'>, <Image: 'k8s.gcr.io/pause:3.5'>]
{'Cgroup': 'user.slice', 'Containers': [{'Id':
➥ 'f8679839c25729eb422d38e505ae3a4b7ffe18942e2f77a997bd388e0f52313e',
➥ 'Names': '116291543d56-infra', 'Status': 'configured'}], 'Created':
➥ '2021-12-14T06:44:04.56055485-05:00', 'Id':
    '116291543d5691c597132ec73a428f29f2c1f71a65fdfbaca17eb5440a5d47f6',
➥ 'InfraId':
    'f8679839c25729eb422d38e505ae3a4b7ffe18942e2f77a997bd388e0f52313e',
➥ 'Name': 'mypod', 'Namespace': '', 'Networks': None, 'Status':
➥ 'Created', 'Labels': {}}
```

如你所见，通过 Python 绑定库，你可以开始构建一个能够与远程套接字通信的 Python 版本的 Podman。

### 9.3.3　应该使用哪个 Python 库

podman-py 库基于 docker-py 库进行了设计，以使开发者更容易进行转换。如果你想构建一个能够同时使用 Podman 和 Docker 的应用程序，唯一的选择是 docker-py，因为 podman-py 无法与 Docker 一起使用。如果你想利用 Podman 的高级功能，则必须使用 podman-py。podman-py 正在进行大量开发，但是 docker-py 具有庞大的用户群。podman-py 可以直接与特权模式和非特权模式下的 Podman 服务一起使用，如果你使用 docker-py，则必须设置 DOCKER_HOST 环境变量，以指向 podman.socket。表 9-4 比较了 podman-py 和 docker-py 库的功能，以帮助你了解何时使用特定的库。

表 9-4　　　　　　　　　　　　　podman-py 和 docker-py

| 支持 | podman-py | docker-py |
| --- | --- | --- |
| Podman 服务 | ✓ | ✓ |
| Docker 守护进程 | × | ✓ |
| 支持 pod | ✓ | × |
| Podman 高级功能 | ✓ | × |

通过使用低级别的 Python 库 docker-py 和 podman-py 与容器引擎守护进程和服务进行通信，工程师们开发了更高级别的工具来编排和管理容器，其中最流行的是 docker-compose。

## 9.4　docker-compose 如何与 Podman 服务一起工作

在前文中，你已经学习了如何使用 Podman 命令行管理容器，以及由 podman play kube 启动的 Kubernetes YAML 来管理多个容器。你已经了解了如何使用 Kubernetes 启动容器。在本节中，你将学习另外一个编排工具 docker-compose（https://docs.docker.com/compose），该工具通常简称为 compose。

compose 是启动容器的最流行工具之一。compose 工具的出现要早于 Kubernetes，它侧重于在单个节点上编排多个容器，而 Kubernetes 是在多个节点上编排多个容器。像 Kubernetes 一样，compose 使用 YAML 文件来定义容器。创建 compose 的原因之一是构建复杂的命令行来运行多个容器可能会很麻烦，使用结构化语言如 YAML 可以更容易地支持在单个节点上运行具有多个容器的复杂应用程序。

compose 拥有庞大的用户群，你可能希望在基础架构中运行 compose YAML 文件。如果你认为不会出现这种情况，则可以跳过本节。

compose 工具是使用 docker-py 编写的，通过使用 Docker REST API 来启动容器。由于 Podman 现在支持兼容 REST API，因此它也支持使用 docker-compose 启动 Podman 容器。由于

Podman 可以在非特权和特权模式下工作，因此你甚至可以使用 docker-compose 启动非特权 Podman 容器。

在本节的剩余部分，你将创建一个 compose YAML 文件，以了解 compose 命令如何与 Podman 服务一起工作。你首先需要安装 docker-compose。在我的 Fedora 系统上，可以使用以下命令完成安装。

```
$ sudo dnf -y install docker-compose
```

可通过运行以下命令来确保由 Podman 的 systemd 套接字激活的服务正在运行。

```
$ systemctl -user start podman.socket
```

通过请求"ping 终端"并查看是否获得响应的方式来验证系统服务正在运行。只有这一步成功后才能继续进行。

```
$ curl -H "Content-Type: application/json" --unix-socket
➥ $XDG_RUNTIME_DIR/podman/podman.sock http://localhost/_ping
OK
```

由于 docker-compose 支持 DOCKER_HOST 环境变量，请使用以下命令以确保设置了该环境变量。

```
$ export DOCKER_HOST=unix://$XDG_RUNTIME_DIR/podman/podman.sock
```

在本节前面提到过，compose 支持它自己的 YAML 文件，与第 8 章描述的 Kubernetes YAML 文件不同。

首先创建一个名为 example 的目录，然后进入该目录。将你一直在使用的 html 目录移动到 example 目录中。

```
$ mkdir example
$ mv ./html example
$ cd example
```

你需要在正在使用的 example 目录中创建 docker-compose.yaml 文件。YAML 文件将基于 quay.io/rhatdan/myimage:latest 创建一个名为 myapp 的容器。设置容器以使用来自主机./html 目录的卷以及一个内置卷 myapp_vol。下面的示例就用到了 myapp_vol。

```
cat > docker-compose.yaml << _EOF
version: "3.7"
services:
  myapp:
    image: quay.io/rhatdan/myimage:latest
    volumes:
      - ./html:/var/www/html
      - myapp_vol:/vol
    ports:
      - 8080:80
```

```
volumes:
  myapp_vol: {}
_EOF
```

现在清理一下系统上的镜像和容器，以确保从一个干净的状态开始。通过运行以下命令来清理。

```
$ podman pod rm --all --force
$ podman rm --all --force
$ podman rmi --all --force
$ podman volume rm --all --force
```

通过 compose 命令启动容器，以对 compose 和 Podman 服务的交互进行展示。其中 compose 告诉 Podman 拉取镜像，并创建一个名为 example_myall_1 的容器和一个名为 example_myapp_vol 的卷。这个卷以卷挂载的方式挂载到容器中的 .html 目录。

**清单 9-2　对 Podman 套接字执行 docker-compose 的输出**

```
$ docker-compose up
Pulling myapp (quay.io/rhatdan/myimage:latest)...          ←——— 拉取 myimage 镜像
59bf1c3509f3: Download complete
c059bfaa849c: Download complete
Creating example_myapp_1 ... done          ←——— 创建 example_myapp_1 容器
Attaching to example_myapp_1
```

在一个不同的终端，运行 podman ps 命令。

```
$ podman ps --format "{{.ID}} {{.Image}} {{.Ports}} {{.Names}}"
230fce823ff6 quay.io/rhatdan/myimage:latest 0.0.0.0:8080->80/tcp
➡ example_myapp_1
```

现在检查 Podman 是否创建了一个卷。

```
$ podman volume ls
DRIVER      VOLUME NAME
local       example_myapp_vol
```

回到之前的窗口，并输入 Ctrl-C 来停止 docker-compose。

```
^CGracefully stopping... (press Ctrl+C again to force)
Stopping example_myapp_1 ... done
```

这将停止容器。

```
$ podman ps --format "{{.ID}} {{.Image}} {{.Ports}} {{.Names}}"
```

如果执行了 podman ps -a 命令，你能看到容器仍然存在，但是没有运行。

```
$ podman ps -a --format "{{.ID}} {{.Image}} {{.Ports}} {{.Names}}"
230fce823ff6 docker.io/library/alpine:latest 0.0.0.0:8080->80/tcp
➡ example_myapp_1
```

现在，如果你运行 docker-compose down 命令，它会告诉 Podman 从系统中移除容器。

```
$ docker-compose down
Removing example_myapp_1 ... done
Removing network example_default
```

再次通过执行 podman ps -a 命令来验证所有容器都被删除了。

```
$ podman ps -a --format "{{.ID}} {{.Image}} {{.Ports}} {{.Names}}"
```

正如你看到的，Podman 和 docker-compse 能够很好地协作编排容器。

> 提示　虽然 docker-compose 和 Podman 服务配合得很好，但我认为如果你正在开始一个新的项目，最好使用 Kubernetes YAML 和 podman play kube，因为这可以让你更容易地将容器移动到 Kubernetes。

如你所见，Podman 服务允许远程进程操作你的 pod 和容器，甚至 Podman 命令也可以作为客户端与 Podman 服务进行通信。

## 9.5　podman --remote

随着应用程序的扩展，你可能希望在多台机器上运行容器化应用程序。你可以使用 ssh 登录每台机器并在本地运行 Podman 命令来管理环境，或者编写代码并使用 9.4 节中描述的 Python 库。Podman 开发人员还将客户端支持构建到了 Podman 命令中。你可以使用 Podman 命令直接连接到这些远程 Podman 服务，并在远程机器上管理容器环境。

Podman 命令的一个特殊选项--remote 允许它与套接字激活的 Podman 服务通信。它不是作为 Podman 进程的子进程执行命令和容器，而是通过 REST API 与服务通信。

因为 Podman 是运行 Linux 容器的工具，所以完整的 Podman 命令只能在 Linux 上运行。Podman 开发人员希望能支持其他操作系统，至少在客户端模式下。为了支持在非 Linux 机器上运行 Podman，Podman 可以以两种不同的方式构建。到目前为止，你一直在使用的是完整的 Podman，具有--remote 选项。Podman 可执行文件仅支持与 Podman 服务通信。以这种方式构建的 Podman 通常称为 podman-remote。podman-remote 命令是在某些操作系统（例如 macOS 和 Windows，在附录 E 和 F 中有更全面的介绍）上发布的命令。如果你在阅读本书时在 macOS 或 Windows 机器上测试 Podman，则表示你已经在使用 podman-remote 了。它会透明地与在虚拟机中运行的 Podman 服务或在不同机器上运行的 Podman 服务进行通信。

### 9.5.1　本地连接

如先前提到的那样，podman --remote 命令默认连接到本地的 podman.socket，被称为本地连接（如图 9-2 所示）。尝试使用在 9.1 节中启用的 Podman 系统服务来运行 podman --remote

命令。注意，podman --remote version 命令会显示 Podman 客户端和服务器端的版本，在本例中，它们是同一个可执行文件。

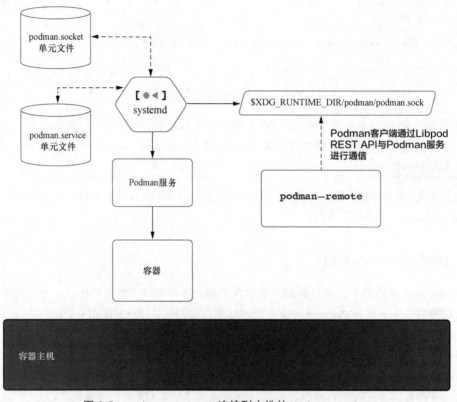

图 9-2　podman --remote 连接到本地的 podman.socket

清单 9-3　podman --remote 执行版本 API 的输出

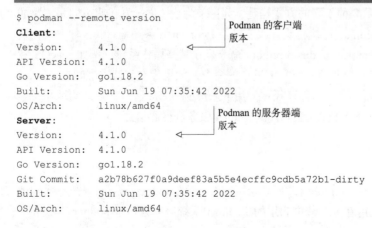

```
$ podman --remote version
Client:                                    Podman 的客户端
Version:      4.1.0                         版本
API Version:  4.1.0
Go Version:   go1.18.2
Built:        Sun Jun 19 07:35:42 2022
OS/Arch:      linux/amd64
Server:                                    Podman 的服务器端
Version:      4.1.0                         版本
API Version:  4.1.0
Go Version:   go1.18.2
Git Commit:   a2b78b627f0a9deef83a5b5e4ecffc9cdb5a72b1-dirty
Built:        Sun Jun 19 07:35:42 2022
OS/Arch:      linux/amd64
```

你可以使用完全相同的命令来启动容器。

```
$ podman --remote run ubi8 echo hi
Resolved "ubi8" as an alias (/etc/containers/registries.conf.d/
➥ 000-shortnames.conf)
Trying to pull registry.access.redhat.com/ubi8:latest…
..
hi
```

正如你所想象的那样，在这种模式下它并不是很有用，因为你可以在没有--remote 选项的情况下运行 Podman 并管理相同的容器环境。本地连接主要用于 API 测试，特别是在持续集成（CI）系统中。当你使用它来与真正的远程机器通信时，podman --remote 变得更加有趣。

## 9.5.2 远程连接

podman --remote 命令的主要目的是允许你使用 Podman 服务在另一台机器上操作 pod 和容器。在运行 SSH 守护进程的 Linux 机器或虚拟机上安装 Podman。在本地操作系统上运行 Podman 命令时，Podman 通过 SSH 连接到服务器。然后，它使用 systemd 套接字激活连接到 Podman 服务并通过 REST API 进行通信，如图 9-3 所示。

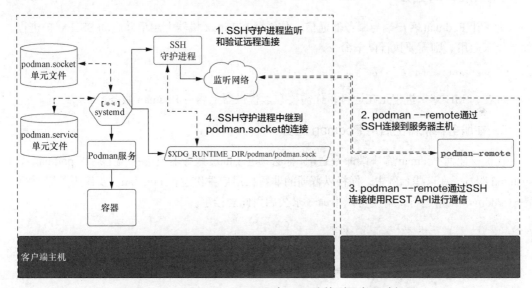

图 9-3　podman --remote 通过 SSH 连接到服务器端机器

Podman 的命令行界面在使用--remote 选项时与常规的 Podman 命令完全相同。当你运行 Podman 命令时，感觉就像在本地运行容器一样，但是容器进程实际上是在远程机器上运行的。在远程模式下不支持的一些选项列在了表 9-5 中。

表 9-5                             podman --remote 命令不支持的选项

| 选项 | 解释 |
|---|---|
| --env-host | 在两台不同计算机上的环境没有共享的意义；在某些情况下，这可能是两个不同的操作系统（如 Windows 和 macOS），用于与 Linux Podman 服务进行通信 |
| --group-add=keep-groups | --group-add 选项在--remote 模式下工作，但 keep-groups 特殊标志在--remote 模式下不工作。keep-groups 标志告诉 Podman 将当前进程具有访问权限的组泄露到容器中。由于这是一个客户端-服务器过程，泄露是不可能的 |
| --http-proxy | --http-proxy 选项告诉 Podman 使用客户端计算机的 HTTP 代理环境变量并将其泄露到服务器。由于代理通常是在服务器上设置的，所以--http-proxy 选项不允许与--remote 选项一起使用 |
| --preserve-fds | --preserve-fds 选项会将调用进程的文件描述符泄露到容器中；由于这是一个远程连接，所以无法泄露文件描述符 |
| --volume | 此选项受支持，但以下情况除外：源卷来自远程机器而不一定是运行 Podman 命令的机器（除非它们在同一台机器上）。如果使用虚拟机，则需要先将主机机器上的目录挂载到虚拟机上；虚拟机内部的 Podman 可以看到该挂载并将其挂载到容器中 |
| --latest, -l | 由于可能有多个不同的用户同时连接到同一台服务器，--latest 的概念过于冒险，因此不受支持 |

Podman 命令在服务器上执行。从客户端角度来看，似乎 Podman 在本地运行。现在，你需要完成远程服务器上 Podman 服务的配置。

### 1. 启用 SSH 连接

为了让 Podman 客户端与服务器通信，你需要在 Linux 机器上启用并启动 SSH 守护进程。如果尚未启用，则需要执行以下命令。

```
$ sudo systemctl enable --now -s sshd
```

现在，SSH 守护进程正在运行，你需要在远程机器上启用 Podman 服务。

### 2. 在服务器机器上启用 Podman 服务

在执行任何 Podman 客户端命令之前，你必须在 Linux 服务器或虚拟机上启用 podman.sock systemd 服务。在这些示例中，你将以普通的非特权用户身份运行 Podman。要使服务器上的非特权 Podman 正常运行，请使用以下命令永久启用此套接字。

```
$ systemctl --user enable --now podman.socket
```

通常情况下，当你退出系统时，systemd 会停止系统上的所有进程。你需要告诉 systemd 允许远程用户进程在非特权模式下持久化。

```
$ sudo loginctl enable-linger $USER
```

这还将告诉 systemd 在启动时开始监听此套接字。一旦你在一个系统上运行了该服务，你就可以使用 Podman 命令来验证该套接字是否正在监听。

```
$ podman --remote info
Host:
```

```
arch: amd64
buildahVersion: 1.16.0-dev
...
```

> **提示** 你可以使用以下命令启用特权模式下的 Podman 服务。
> ```
> $ sudo systemctl enable --now podman.socket
> ```

先前的 enable-linger 命令仅适用于非特权模式。现在你已经启用和运行了远程服务和 SSHD 守护进程，可以回到客户端机器了。

## 9.5.3　设置客户端机器上的 SSH

当客户端和服务器位于不同的机器上时，远程 Podman 使用 SSH 进行通信。默认情况下，SSH 会要求你在每个命令中提供用户名和密码，除非你设置了 SSH 密钥。要设置 SSH 连接，你需要从客户端机器生成一个 SSH 密钥对。如果你有现有的 SSH 密钥，则可以直接使用它们；如果你已经与服务器共享密钥，那就更好了。在我的 Linux 系统上，可以使用以下命令生成 SSH 密钥。

```
$ ssh-keygen -t ed25519
Generating public/private ed25519 key pair.
Enter file in which to save the key (/home/myuser/.ssh/id_ed25519):
```

密钥生成后，你可以使用 ssh-copy-id 命令或某个类似的命令在客户端和服务器之间建立信任。默认情况下，公钥将位于 $HOME/.ssh/id_ed25519.pub 下的主目录中。你需要将 id_ed25519.pub 的内容复制并追加到 Linux 服务器上的 ~/.ssh/authorized_keys 中。有关配置 SSH 环境的更多信息，请参见 https://red.ht/3HuxPT6。

```
$ ssh-copy-id myuser@192.168.122.1
passwd:
```

如果你不想使用 SSH 密钥，则每次运行 Podman 命令时都会提示你输入登录密码。现在你已经将 SSH 密钥与服务器共享，下一步是配置与 Podman 的连接了。

## 9.5.4　配置连接

podman system connection 命令允许你管理用于 podman --remote 命令的 SSH 连接。你可以使用 podman system connection add 命令添加连接；将连接命名为 server1。默认身份文件将被选择，或者你可以使用 --identity 选项指定要使用的 SSH 密钥。最后，你需要指定 Podman 套接字的完整 SSH URL，包括 myuser 和 IP 地址以及用户账户的 Podman 套接字的路径。

```
$ podman system connection add server1 --identity ~/.ssh/id_ed25519
➥ ssh://myuser@192.168.122.1/run/user/1000/podman/podman.sock
```

此 Podman 命令将一个远程连接添加到 Podman。由于这是添加的第一个连接，Podman 将该连接标记为默认连接。

使用 podman system connection list 命令列出可用的连接。请注意，连接名称后面的 "*" 表示它是默认连接。

```
$ podman system connection list
Name      Identity      URI
system1*    id_ed25519
➡ ssh://myuser@192.168.122.1/run/user/1000/podman/podman.sock
```

现在，你可以使用 podman info 来测试连接。

```
$ podman --remote info
host:
  arch: amd64
  buildahVersion: 1.23.1
  cgroupControllers:
…
```

> **提示**　如果有多个连接并且要为所有可能的选项选择非默认的 man podman-system-connection，则可以使用--connection(-c)选项。

你可以使用 podman 选项或 podman-remote 客户端来管理在 Linux 服务器或虚拟机上运行的容器。客户端和服务器之间的通信严重依赖 SSH 连接，建议使用 SSH 密钥。一旦你在远程服务器上安装了 Podman，就需要使用 podman system connection add 来设置连接，从而可以被后续的 Podman 命令使用。表 9-6 列出了可用的 Podman 系统命令。

表 9-6　　　　　　　　　　　　　Podman 系统命令

| 命令 | 手册页 | 描述 |
| --- | --- | --- |
| connection | podman-system-connection(1) | 管理远程 SSH 目的地 |
| df | podman-system-df(1) | 显示 Podman 的磁盘使用情况 |
| info | podman-system-info(1) | 显示 Podman 系统信息 |
| migrate | podman-system-migrate(1) | 将容器迁移到新的用户命名空间 |
| prune | podman-system-prune(1) | 删除未使用的 pod、容器、卷和镜像数据 |
| renumber | podman-system-renumber(1) | 迁移锁编号 |
| reset | podman-system-reset(1) | 重置 Podman 存储 |
| service | podman-system-service(1) | 运行 API 服务 |

# 9.6　总结

■　Podman 可以作为 REST API 服务运行。

- Podman 支持两个 REST API 端点。
- Podman 套接字支持两个 API。
- 兼容性模式或 Docker 模式允许 Docker 客户端工具与 Podman 一起工作。
- Podman 模式允许远程客户端使用 Podman 高级功能。
- podman-py 是一个 Python 绑定库，用于与 Podman 服务通信。
- docker-py 是一个 Python 绑定库，用于与 Podman 兼容性服务通信。
- Podman 支持使用兼容性服务运行 docker-compose，以在单个节点上编排组合容器。
- podman --remote 命令通过 SSH 与 Podman 服务通信，以管理容器。
- podman system connect 命令管理远程 Podman 服务的 SSH 连接，使环境中的容器管理更加容易。

# 第 4 部分

# 容器安全

本书的最后一部分阐述了我所了解的关于容器安全的一切内容。这部分内容的技术含量很高，你会学到一些关键概念，它们会帮助你理解容器在何时会被拒绝授予权限。这部分还从安全的角度解释了在容器中运行应用程序的好处，将应用程序容器化可以极大地保护主机系统免受潜在的黑客攻击。

在第 10 章中，我解释了 Podman 中用于容器隔离及容器与主机系统隔离的所有内核功能，包括 SELinux、seccomp、Linux 能力、只读挂载点和许多其他功能。

第 11 章深入探讨了安全注意事项。你将学习在生产环境中运行容器的最佳安全实践、如何设计你的应用程序，以及如何在生产环境中运行容器化应用程序。

# 第 10 章　安全容器隔离

**本章内容：**

- 所有使容器相互隔离的 Linux 安全功能
- 容器内部进程需要只读访问内核文件系统，但必须阻止写访问内核文件系统
- 隐藏主机系统的信息的内核文件系统屏蔽
- 限制 root 权限的 Linux Capabilities（能力集）
- 对容器内的进程隐藏大多数操作系统内容的 PID、IPC 和网络命名空间
- 挂载命名空间，与 SELinux 一起限制容器进程仅能访问指定的镜像和卷
- 用户命名空间，允许编写容器内的 root 进程，此 root 进程并非容器外的 root 进程

在本章和第 11 章中，我回顾并演示了一些在使用 Podman 运行容器时的其他安全考虑因素。其中一些内容在其他章节中已经涉及，但我认为从安全角度集中关注这些功能是有用的。

关于运行容器，我经常看到的最常见问题之一是，当容器进程被拒绝授予某些访问权限时，用户的第一反应是以--privileged 模式运行容器，这会关闭容器的所有安全隔离功能。理解并学会如何处理本章讨论的安全功能可以帮助你避免这样的做法。

当我从安全角度看容器时，我会检查如何保护主机内核和文件系统免受容器内部进程的影响。我写了一本名为 *The Container Coloring Book*（https://red.ht/3gfVlHF）的涂色书，插图由 Máirín Duffy（@marin）绘制，描述了基于三只小猪的容器安全功能（见图 10-1）。

我在书中使用的类比是，三只小猪都是应用程序。然后，我讨论了它们所居住的地方以及与计算机系统类比的住房选择。

独栋别墅等同于在单个隔离节点上运行一个应用程序。双拼别墅等同于在单独的虚拟机中运行每个应用程序。酒店或公寓楼类似于容器，你有自己的公寓，但你依赖前台的安全性来控制对你的居住空间的访问。如果前台被攻陷，那么你的公寓也会被攻陷。容器类似于此，因为它们依赖内核的安全性。如果一个容器可以接管主机内核，那么它就可以接管系统上运行的所

有容器化应用程序。此外，如果它们逃脱到底层文件系统，就可能读取和写入系统上的所有容器数据。

图 10-1　*The Container Coloring Book*

从这个角度来看，我认为最重要的目标是保护主机内核和文件系统免受容器进程的影响。本章的其余部分描述了用于保护主机内核和文件系统免受容器进程影响的工具。

保护内核免受潜在敌对容器的攻击是容器安全的主要目标。如果内核存在漏洞，那么系统的其余部分和所有容器都易受到攻击。在许多情况下，容器与主机系统之间唯一的接触点就是主机内核本身。

容器内的进程可以以许多不同的方式与内核交互。本章将探讨这些通信方式以及保护容器进程的操作系统功能。

Linux 内核提供了文件系统，允许进程间通信和配置内核，保护这些文件系统免受受限容器进程的影响是你研究的第一个安全功能。

## 10.1　只读的 Linux 内核伪文件系统

这些 Linux 内核伪文件系统通常挂载在/proc 和/sys 下。表 10-1 列出了我的机器上挂载的 Linux 内核伪文件系统。

表 10-1　　　　　　　　　　　　　以只读方式挂载的文件系统

| 文件系统挂载点 | 伪文件系统描述 |
| --- | --- |
| /sys | sysfs 文件系统允许从用户空间查看和操作由内核空间创建和销毁的对象 |
| /sys/kernel/security | security 伪文件系统用于读取和配置通用安全模块。一个示例是完整性测量体系结构（IMA）模型 |
| /sys/fs/cgroup | cgroup 文件系统用于管理控制组 |
| /sys/fs/pstore | pstore 文件系统存储有助于诊断系统崩溃原因的非易失性信息 |
| /sys/fs/bpf | Berkeley 数据包过滤器（BPF）文件系统是一种机制，用于在 Linux 内核中执行用户定义的程序，以揭示内核信息并控制系统上进程运行的方式 |
| /sys/fs/selinux | SELinux 文件系统用于在内核中配置 SELinux |
| /sys/kernel/config | configfs 文件系统用于从用户空间创建、管理和销毁内核对象 |

大多数进程需要读取这些伪内核文件系统以便成功运行，但只有管理员进程需要写访问权限。通常，内核依赖 root 用户与非 root 用户的分离或拥有 CAP_SYS_ADMIN 能力（参见 10.2.2 节）来修改这些文件系统。

通常情况下，容器需要以 root 权限运行，这就需要使用其他方法来防止 root 进程对这些内核文件系统进行写操作。Podman 并不挂载大多数这些高级内核伪文件系统。它只以只读方式挂载了/sys、/sys/fs/cgroup 和/sys/fs/selinux。当你处于 PID 命名空间时，/proc 文件系统会发生变化，这意味着容器内部的/proc 不是主机的/proc。容器内部的进程只能影响容器内的其他进程。

/sys 文件系统和命名空间中的/proc 文件系统有时会将主机信息泄露到容器中。因此，Podman 会将/dev/null 挂载到文件上，并在目录上挂载只读的 tmpfs 文件系统以防止容器访问。Podman 还会将某些子目录绑定为只读，以防止容器进程对其进行写操作。Podman 为了安全目的而屏蔽的文件和目录的完整列表见表 10-2。

表 10-2　　　　　　　　　　　　　Podman 屏蔽的文件系统字段

| 屏蔽的类型 | 路径 |
| --- | --- |
| 在目录上挂载只读 tmpfs | /proc/acpi、/proc/kcore、/proc/keys、/proc/latency_stats、/proc/timer_list、/proc/timer_stats、/proc/sched_debug、/proc/scsi、/sys/firmware、/sys/fs/selinux、/sys/dev/block |
| 目录上的只读绑定挂载 | /proc/asound、/proc/bus、/proc/fs、/proc/irq、/proc/sys、/proc/sysrq-trigger |

我发现几乎所有的容器镜像都可以在这样的额外安全性下正常运行。有时，容器化应用程序可能需要额外访问其中一个被屏蔽的目录。

## 10.1.1　取消屏蔽的文件路径

与其强制容器运行--privileged 模式，不如告诉 Podman 取消屏蔽某个目录。在下面的示例中，你将运行一个容器并会发现在/proc/scsi 下没有任何文件或目录，因为在它上面挂载了 tmpfs。

```
$ podman run --rm ubi8 ls /proc/scsi
```

你可以使用--security-opt unmask=/proc/scsi 标志来删除挂载点并公开底层的文件和目录。

```
$ podman run --rm --security-opt unmask=/proc/scsi ubi8 ls /proc/scsi
device_info
scsi
sg
```

你甚至可以使用"*"来卸载某个路径下的所有目录。

```
$ podman run --rm --security-opt unmask=/proc/* ubi8 ls /proc/scsi
device_info
scsi
sg
```

取消屏蔽会使你的容器稍微不那么安全，但它比完全转向--privileged 并关闭所有安全性要好得多。在某些情况下，你可能希望通过屏蔽伪文件系统的某些部分来使系统更安全。Podman run 的手册页列出了被屏蔽的文件系统。

```
$ man podman run
…
    • unmask=ALL or /path/1:/path/2, or shell expanded paths (/proc/*):
Paths to unmask separated by a colon. If set to ALL, it will unmask all the
paths that are masked or made read only by default. The default masked
    paths are /proc/acpi, /proc/kcore, /proc/keys, /proc/latency_stats,
/proc/sched_debug, /proc/scsi, /proc/timer_list, /proc/timer_stats,
/sys/firmware, and /sys/fs/selinux.
    The default paths that are read only are /proc/asound, /proc/bus,
/proc/fs, /proc/irq, /proc/sys, /proc/sysrq-trigger, /sys/fs/cgroup.
```

## 10.1.2　屏蔽其他路径

如果你非常注重安全性，或者你不希望向容器提供某些访问权限，就可以使用--security-opt mask 标志添加额外的屏蔽路径。例如，如果你想防止容器进程看到/proc/sys/dev 中的设备，则运行以下命令。

```
$ podman run --rm ubi8 ls /proc/sys/dev
cdrom
hpet
i915
mac_hid
raid
scsi
tty
```

你可以使用--security-opt mask=/proc/sys/dev 标志将其屏蔽。

```
$ podman run --rm --security-opt mask=/proc/sys/dev ubi8 ls /proc/sys/dev。
```

至此你看到了 Podman 如何防止 root 进程读取，更重要的是防止写入伪文件系统。容器进程可以通过查看/proc/self/mountinfo 看到容器内部实际挂载了什么。

清单 10-1　Podman 容器中的挂载表

```
$ podman run -rm ubi8 cat /proc/self/mountinfo
…
1628 1610 0:5 /null /proc/kcore rw,nosuid -
⮕ devtmpfs devtmpfs rw,seclabel,size=4096k,          展示了/dev/null 挂载在
⮕ nr_inodes=1048576,mode=755,inode64                 /proc/kcore 上
…
1620 1595 0:86 / /sys/firmware ro,relatime - tmpfs tmpfs
rw,context="system_u:object_r:container_file_t:s0:c406,c915",size=0k,uid=32
⮕ 67,gid=3267,inode64
…                                                    展示了一个只读的 tmpfs 挂载
                                                     在/sys/firmware 上
```

你可能会问自己："如果容器知道已经挂载了什么，那么如何防止容器内的 root 用户删除这些挂载点或重新挂载文件系统以进行读/写并攻击主机内核呢？"

## 10.2　Linux 能力

大多数 Linux 用户都知道 Linux 有两种类型的用户：root（特权进程）和其他用户（非特权进程）。root 权限很强大，而非 root 的权限则很有限，特别是在配置和修改内核时。有时，非特权进程需要获得特权才能执行某个命令行，如 ping 或 sudo。Linux 支持一种将这些文件标记为 setuid 的方法，当非特权进程执行它们时，新进程会获得特权。

特权和非特权进程之间的二进制差异已于 2000 年左右在 Linux 中就完成了定义。内核工程师将 root 的权力分解为一组有着不同特权的能力的集合。目前，在我的系统上，Linux 内核支持 41 种能力。你可以使用 capsh 程序来查看完整的能力列表。执行 capsh 程序以查看系统上的能力列表，你将看到你的进程的 Current 能力集为空。Bounding 能力集是你的进程可以通过执行 setuid 程序获得的能力集合。

清单 10-2　使用 capsh--print 查看当前用户进程可用的能力

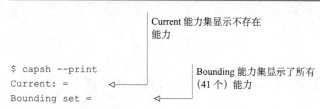

```
                          Current 能力集显示不存在
                          能力

$ capsh --print            Bounding 能力集显示了所有
Current: =                 (41 个) 能力
Bounding set =
```

```
cap_chown,cap_dac_override,cap_dac_read_search,cap_fowner,cap_fsetid,cap_kill,
➥ cap_setgid,cap_setuid,cap_setpcap,cap_linux_immutable,cap_net_bind_service,
➥ cap_net_broadcast,cap_net_admin,cap_net_raw,cap_ipc_lock,cap_ipc_owner,
➥ cap_sys_module,cap_sys_rawio,cap_sys_chroot,cap_sys_ptrace,cap_sys_pacct,
➥ cap_sys_admin,cap_sys_boot,cap_sys_nice,cap_sys_resource,cap_sys_time,
➥ cap_sys_tty_config,cap_mknod,cap_lease,cap_audit_write,cap_audit_control,
➥ cap_setfcap,cap_mac_override,cap_mac_admin,cap_syslog,cap_wake_alarm,
➥ cap_block_suspend,cap_audit_read,cap_perfmon,cap_bpf,cap_checkpoint_restore
Ambient set =
…
uid=3267(dwalsh) euid=3267(dwalsh)        ◁──  由于你是以普通用户身份运行capsh命
gid=3267(dwalsh)                               令的，所以你看到列出了你自己的 UID
                                               和 GID
```

这意味着你的用户进程可以执行 sudo 命令，并像 root 一样获得完整的能力集。你可以通过执行 man capabilities 命令阅读有关每个能力的信息。多年来，社区已经发现几乎所有容器都不需要完整的能力列表，因为这些容器很少修改内核。

## 10.2.1　被删除的 Linux 能力

由于受容器限制的进程不应该操控操作系统，特别是内核，Podman 可以在其容器内以更少的能力来运行 root。你可以通过执行相同的 capsh 程序来检查 Podman 容器内可用的默认能力列表。

清单 10-3　Podman 容器内可用的默认能力列表

Current 能力集只显示了 11 个能力，
因为容器进程正在以 root 用户身份
运行

```
                                              Bounding 能力集显示了相同
   $ podman run --rm ubi8 capsh --print      的 11 个能力
┌▷ Current: =
cap_chown,cap_dac_override,cap_fowner,cap_fsetid,cap_kill,cap_setg:
   ➥ cap_setuid,cap_setpcap,cap_net_bind_service,cap_sys_chroot,
   ➥ cap_setfcap+eip
Bounding set =
cap_chown,cap_dac_override,cap_fowner,cap_fsetid,cap_kill,cap_setgid,
   ➥ cap_setuid,cap_setpcap,cap_net_bind_service,cap_sys_chroot,cap_setfcap
…
uid=0(root)   ◁──
gid=0(root)         由于容器默认以 root 用户身份运行，所以
groups=            看到的 UID 和 GID 是 root 身份
```

正如你所观察到的那样，在运行容器时，Podman 默认情况下会删除 30 个能力，从 41 个

减少到 11 个，即使容器具有 root 特权，它也比系统上的 root 权限要弱得多。

> 提示　Docker 也会删除能力，但会保留 14 个能力。Podman 通过删除其他能力（CAP_MKNOD、
> CAP_AUDIT_WRITE 和 CAP_NET_RAW）以实现更严格的安全性运行。

在容器内仍然允许使用的能力列表主要涉及多个进程的控制。例如，CAP_SETUID 和 CAP_SETGID 允许容器内的进程切换到不同的 UID。其中一个重要的例子是将你的 Web 应用程序作为 UID 60 运行，但当容器进程启动时，它需要以 root 身份运行短暂的时间，然后再将其 UID 更改为 60。如果 Podman 删除了 CAP_SETUID，则容器内的 root 进程不允许切换到 Web 服务 UID。

Podman 允许的另一个有趣的能力是 CAP_NET_BIND_SERVICE，它使进程能够绑定到端口号小于 1024 的网络端口（例如端口 80）。回想一下第 2 章内容，你无法将主机的端口 80 绑定到容器内的端口 80。用户进程没有 CAP_NET_BIND_SERVICE 能力，因此它们无法绑定到端口 80。表 10-3 列出了使用 Podman 在容器内运行 root 进程时默认可用的能力。可以在 containers.conf 文件中使用容器表下的 default_capabilities 字段修改此列表。

表 10-3　　　　　　　　　　容器中允许 root 进程使用的默认能力列表

| 选项 | 描述 |
| --- | --- |
| CAP_CHOWN | 允许对文件 UID 和 GID 进行任意更改 |
| CAP_DAC_OVERRIDE | 允许绕过文件读取、写入和执行权限检查 |
| CAP_FOWNER | 允许绕过文件系统 UID 操作的权限检查 |
| CAP_SETFSID | 允许在修改文件时不清除 set-user-ID 和 set-group-ID 模式位 |
| CAP_KILL | 允许发送信号时绕过权限检查 |
| CAP_NET_BIND_SERVICE | 允许将套接字绑定到 Internet 域特权端口（端口号小于 1024） |
| CAP_SETFCAP | 允许对文件设置任意能力 |
| CAP_SETGID | 允许更改进程组 ID（GID）或附加 GID 列表 |
| SET_SETPCAP | 允许向调用线程的 Bounding 能力集添加和删除任何能力 |
| CAP_SETUID | 允许对进程用户 ID（UID）进行任意操作 |
| CAP_SYS_CHROOT | 允许 chroot，并允许更改挂载命名空间 |

我在 10.2 节开始之前提出了一个问题：如何防止 root 进程卸载或重新挂载只读文件系统？答案是删除 CAP_SYS_ADMIN 能力。

## 10.2.2　删除 CAP_SYS_ADMIN

最强大的 Linux 能力是 CAP_SYS_ADMIN。我用以下方式描述这个能力：想象一下，你是一个内核工程师，正在向内核添加一个新功能，而此功能需要特权访问。你查看能力列表，但没有找到一个可以很好地匹配访问权限的能力。内核工程师可以考虑费尽周折地创建一个新的

能力，或者说这是系统管理员需要做的事情，而 CAP_SYS_ADMIN 就是这样的一种能力。我可能也需要这种能力。如果你查看能力的手册页信息，就会看到 CAP_SYS_ADMIN 能力阻止的功能多达好几页。

　　CAP_SYS_ADMIN 控制的一个功能是挂载和卸载文件系统。因为这个能力默认被从容器中删除，所以 Podman 容器中的 root 进程不能卸载或重新挂载只读挂载点。

　　正如你之前了解的，容器内仍然允许使用 11 种能力。在大多数情况下，你的容器化进程甚至不需要这些能力，这意味着你可以删除其他能力。

## 10.2.3　删除 Linux 能力

　　其实我建议用户尽可能以最少的特权运行应用程序。提高系统安全性的一种方式就是删除容器不必要的 Linux 能力。

　　可以想象一下，如果你的容器化进程不需要绑定到端口号小于 1024 的端口，那么你可以使用--cap-drop=CAP_NET_BIND_SERVICE 标志来执行 Podman 命令，并从容器中删除该能力。

**清单 10-4　删除 CAP_NET_BIND_SERVICE 后容器内的能力**

```
可以看到 Current 能力列表不再包括
CAP_NET_BIND_SERVICE
  $ podman run --cap-drop CAP_NET_BIND_SERVICE ubi8 capsh --print
▷ Current: =
  cap_chown,cap_dac_override,cap_fowner,cap_fsetid,cap_kill,cap_setgid,
  ➡ cap_setuid,cap_setpcap,cap_sys_chroot,cap_setfcap+eip
▷ Bounding set =
  cap_chown,cap_dac_override,cap_fowner,cap_fsetid,cap_kill,cap_setgid,
  ➡ cap_setuid,cap_setpcap,cap_sys_chroot,cap_setfcap
  ...
可以看到 Bounding 能力列表也不再包括
CAP_NET_BIND_SERVICE
```

　　你甚至可以使用--cap-drop=all 标志来删除容器的所有能力。

```
$ podman run --cap-drop all ubi8 capsh --print
Current: =
Bounding set =
```

　　这时即使你的容器以 root 身份运行，它也没有能力修改内核。有时你的容器在使用 Podman 提供的有限能力下无法正常运行；在这种情况下，你可以根据实际需要选择添加所需的 Linux 能力。

## 10.2.4　添加 Linux 能力

　　在某些情况下，你的容器可能会因为没有某个能力而无法正常运行。在这种情况下，你可以简单地添加--privileged 运行参数来保证其可运行，但同时这也关闭了所有的安全性隔离功能，所以以更好的方案是学会为容器添加所需的 Linux 能力。

请想象一下，现在你有一个容器希望在其命名空间的网络上创建原始 IP 数据包，这需要 CAP_NET_RAW 权限。默认情况下 Podman 不允许这样做。你可以使用--cap-add CAP_NET_RAW 标志，而不是简单的以--privileged 身份直接运行容器。

```
$ podman run --cap-add CAP_NET_RAW ubi8 capsh --print
Current: = cap_chown,cap_dac_override,cap_fowner,cap_fsetid,cap_kill,
➡ cap_setgid,cap_setuid,cap_setpcap,cap_net_bind_service,cap_net_raw,cap_
➡ sys_chroot,cap_setfcap+eip
Bounding set =cap_chown,cap_dac_override,cap_fowner,cap_fsetid,cap_kill,
➡ cap_setgid,cap_setuid,cap_setpcap,cap_net_bind_service,cap_net_raw,cap_
➡ sys_chroot,cap_setfcap
…
```

如果这是你的容器所需的唯一能力，那么你可以在运行容器时同时使用--cap-drop 和 --cap-add 标志来删除所有能力，并仅将 CAP_NET_RAW 能力添加到容器中。

```
$ podman run --cap-drop=all --cap-add CAP_NET_RAW ubi8 capsh --print
Current: = cap_net_raw+eip
Bounding set =cap_net_raw
…
```

## 10.2.5　无新特权

Podman 有一个选项--security-opt no-new-privileges，用来禁用容器进程获取附加特权的能力。基本上，它将进程锁定在它们启动时拥有的 Linux 能力组中。即使它们可以执行 setuid 程序，内核也会拒绝它获取额外的能力。no-new-privileges 选项还会影响 SELinux 并防止 SELinux 标签转换。即使 SELinux 在其规则数据库中存在错误，容器进程也不会被允许更改其标签。

## 10.2.6　没有任何能力的 root 仍然危险

删除不必要的容器能力意味着你的容器运行会比较安全，但在没有任何 Linux 能力的情况下运行容器则会更加安全。

即使你删除了容器中的所有能力，当以 root 身份运行容器时，你仍需要考虑的另一个问题是进程仍在以 root 身份运行。root 进程允许修改系统上所有属于 root 的文件。root 进程可以修改系统文件并欺骗有特权的管理员执行它。此外，一些客户端-服务器应用程序可能只是因为客户端以 root 身份运行而信任连接的客户端（例如 Docker）。Podman 可以通过使用用户命名空间来解决这两个问题。

## 10.3　UID 隔离：用户命名空间

在 6.1 节中，我曾介绍了用户命名空间的概念。回想一下，对于非特权用户，UID 是通过 /etc/subuid 和/etc/subgid 文件分配的。在我的主机上，100000 到 165535 范围的 UID 被分配给了 UID 3265，并在 Podman 启动容器时使用。有关用户命名空间映射的描述，参见图 10-2。

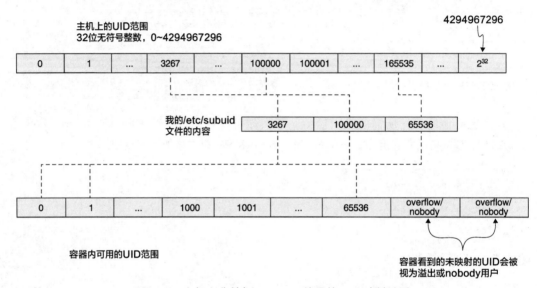

图 10-2　主机上非特权 Podman 使用的 UID 映射关系

这个用户命名空间允许我的账户在容器中拥有 root 访问权限，但在主机上不是 root 访问权限。在用户命名空间中运行容器解决了将进程以 root 用户身份运行的问题，并且把某些守护进程设为了可信任的。

非特权用户的一个问题是，默认情况下，所有容器都在同一个用户命名空间中运行。从用户命名空间的角度看，理论上一个容器可以攻击另一个容器，因为它们使用相同的 UID。此外，如果容器进程突破了限制，它们可以读写主目录中的内容，因为容器内的 root 进程是以你的 UID 运行的。

### 10.3.1　使用--userns=auto 标志隔离容器

Podman 有一个功能，即为其启动的每个容器分配唯一的 UID 范围。由于每个用户账户分配的 UID 有限，因此使用该功能时最好由 root 用户启动。

在自己的用户命名空间中启动多个容器，你需要首先分配用于这些容器的 UID 和 GID。在 Linux 系统上，有 40 亿个可用 UID。Podman 建议你为容器分配最高 20 亿个 UID。你可以通过将以下的 containers 行添加到/etc/subuid 和/etc/subgid 文件中来实现此目的。

清单 10-5　/etc/subuid 和/etc/subgid 文件的内容

```
# cat /etc/subuid
dwalsh:100000:65536
containers:2147483647:2147483648   ◁—— 将最高 20 亿个 UID 分配给 Podman 的容器
# cat /etc/subgid                        用户。添加此行会告诉系统上的其他工具
dwalsh:100000:65536                      （例如 useradd）避免在此范围内分配 UID
containers:2147483647:2147483648   ◁—— 和 GID
```

你可以使用--userns=auto 选项在唯一的用户命名空间内启动容器。Podman 从 2147483647 开始为容器分配 UID，这是你在/etc/subuid 文件中指定的。然后，Podman 检查容器镜像中定义的所有 UID，以及镜像中可能存在的/etc/passwd 文件，则使用此 UID 来分配运行容器所需的 UID 数量，并默认分配至少 1024 个 UID。

```
# podman run --userns=auto ubi8 cat /proc/self/uid_map
    0 2147483647 1024
```

如果我使用特定 UID 2000 来运行第二个容器，则 UID 的分配将反映这一点。你会看到分配的 UID 数量为 2001，即 UID 2000 加上一个 root 用户。

```
# podman run --user=2000 --userns=auto ubi8 cat /proc/self/uid_map
    0 2147484671    2001
```

还要注意，第一个容器的起始 UID 为 2147483647，而第二个容器的起始 UID 为 2147484671。将第一个 UID 2147483647 从第二个 UID 2147484671 中减去，你将得到 1024，这是为第一个容器分配的 UID 数量。第一个容器中的任何 UID 都不会与第二个容器重叠。这意味着第一个容器中的任何进程都无法攻击第二个容器中的进程，反之亦然。

如果 Podman 没有为你的容器分配足够的 UID 或 GID，则可以使用 size 选项来覆盖容器内使用的用户命名空间的默认大小。在下面的示例中，通过指定 size 选项告诉 Podman 为该容器分配 5000 个 UID。这里我们使用了--userns=auto:size=5000。

```
# podman run --userns=auto:size=5000 ubi8 cat /proc/self/uid_map
    0 2147486672 5000
```

当容器被删除时，Podman 将回收已删除容器占用的所有 UID，并将这些 UID 用于下一个使用--userns=auto 标志创建的容器。当你使用--rm 选项连续启动容器时，你会看到这一点。请注意，它们都以相同的 UID 开始。在下面示例中，两个容器都以 UID 2147491672 开始。

```
# podman run --rm --userns=auto ubi8 cat /proc/self/uid_map
    0 2147491672    1024
# podman run --rm --userns=auto ubi8 cat /proc/self/uid_map
    0 2147491672    1024
```

表 10-4 中描述的 storage.conf 文件定义了/etc/subuid 中使用的名称以及用户命名空间使用

的最小和最大 UID 数量。

表 10-4　　　　　　　　　storage.conf 文件中使用的用于覆盖用户命名空间自动配置的字段

| 选项 | 描述 |
| --- | --- |
| root-auto-userns-user | 该字段定义了用于在/etc/subuid 和/etc/subgid 文件中查找一个或多个 UID/GID 范围的用户名。这些范围被分配给配置为自动创建用户命名空间的容器。配置为自动创建用户命名空间的容器仍然可能与具有显式映射集的容器重叠。对于非特权用户，root-auto-userns-user 设置将被忽略。默认情况下该字段设置为 containers |
| auto-usernsmin-size | 该字段定义自动创建的用户命名空间的最小大小，默认值为 1024 |
| auto-usernsmax-size | 该字段定义自动创建的用户命名空间的最大大小，默认值为 65536 |

## 10.3.2　用户命名空间的 Linux 能力

在 10.2 节中，你了解了 Linux 能力及如何将其用于削弱 root 的权限。当在用户命名空间启动容器时，它可以具有 Linux 能力。这些能力只能影响映射到用户命名空间中的 UID 和 GID。不涉及 UID 和 GID 的能力会受到限制。通常，它们只会影响映射到用户命名空间的其他命名空间。

例如，CAP_NET_ADMIN 允许你操作网络堆栈。它允许进程设置防火墙规则和网络路由表。具有命名空间的 CAP_NET_ADMIN 能力的进程只允许修改分配给用户命名空间的网络命名空间，而不是主机的网络命名空间。

在下面的示例中，用户命名空间容器中的能力列表与未使用用户命名空间启动容器时相同。在使用--userns=auto 标志的第二个命令中，这些能力是命名空间的能力。

```
# podman run --rm ubi8 capsh --print | grep Current
Current: = cap_chown,cap_dac_override,cap_fowner,cap_fsetid,cap_kill,
➥ cap_setgid,cap_setuid,cap_setpcap,cap_net_bind_service,cap_sys_chroot,
➥ cap_setfcap+eip
# podman run --rm --userns=auto ubi8 capsh --print | grep Current
Current: = cap_chown,cap_dac_override,cap_fowner,cap_fsetid,cap_kill,
➥ cap_setgid,cap_setuid,cap_setpcap,cap_net_bind_service,cap_sys_chroot,
➥ cap_setfcap+eip
```

为了证明这一点，尝试将容器内的文件“chown”到一个不存在的 UID。它会失败，因为 CAP_CHOWN 能力只允许容器内的 root 进程将文件的所有权更改为任何已映射到用户命名空间的 UID。

```
# podman run --rm --userns=auto:size=5000 ubi8 chown 6000 /etc/motd
chown: changing ownership of '/etc/motd': Invalid argument
```

如果你将所有系统容器都使用--userns=auto 标志启动，则可以成功地将所有权更改为用户命名空间内映射的 UID。

```
# podman run --rm --userns=auto:size=5000 ubi8 chown 4000 /etc/motd
```

假设你使用--userns=auto 标志启动所有系统容器，在这种情况下，你将获得在唯一的用户命名空间内运行容器的好处，即该用户命名空间与主机系统上的所有其他容器和 UID 隔离。你还将获得带有受限能力的 root 特权，并且容器外的这些进程无主机系统上的能力。

### 10.3.3　使用--userns=auto 标志的非特权 Podman

当--userns=auto 与非特权容器一起使用时，其 UID 数量基于用户可用的 UID 数量。但这个数字非常有限。你可以运行先前的示例且会看到该用户命名空间从 UID 1 开始。UID 1 是相对于非特权用户的用户命名空间的。

```
$ podman run --userns=auto ubi8 cat /proc/self/uid_map
   0    1     1024
$ podman run --userns=auto ubi8 cat /proc/self/uid_map
   0   1025   1024
```

如果你检查用户命名空间，你会发现你的用户命名空间中的 UID 1 是 100000。

```
$ podman run --rm ubi8 cat /proc/self/uid_map
   0   3267    1
   1  100000  65536
```

这意味着第一个非特权用户命名空间容器正在以映射到非特权用户命名空间中的 UID 1 的 UID 0 运行。UID 1 是主机系统上的非特权 UID 100000。使用--userns=auto 的非特权用户的几个问题是，由于默认用户只能获得 65536 个 UID，因此你最多可以启动 64 个容器，并且无法运行需要超过 65536 个 UID 的容器。

> **提示**　如果你启动一个未使用--userns=auto 标志的容器，则映射到用户命名空间的 UID 可能与用户命名空间隔离容器中的 UID 重叠。所以需要特别小心，确保这些容器都不使用这些 UID，因为从 UID 的角度来看这是容易受到攻击的。为了避免重叠，建议使用大范围的 UID。

### 10.3.4　使用--userns=auto 标志的用户卷

使用用户命名空间时，很难确定哪个用户的 UID 需要拥有你要挂载到容器中以允许访问的卷。在以下示例中，你首先创建一个目录，然后将其以卷挂载的方式挂载到容器中，并尝试在其中创建一个文件。

**清单 10-6　在用户命名空间中使用卷的缺点**

```
# mkdir /mnt/test
# ls -ld /mnt/test                                      ← 该目录由主机上的 root
drwxr-xr-x. 2 root root 6 Feb 8 16:23 /mnt/test              用户拥有
# podman run --rm -v /mnt/test:/mnt/test --userns=auto ubi8 ls -ld /mnt/test
```

```
drwxr-xr-x. 2 nobody nobody 6 Feb 8 21:23 /mnt/test
# podman run --rm -v /mnt/test:/mnt/test:Z --userns=auto ubi8 touch /mnt/test
touch: setting times of '/mnt/test':
➥ Permission denied
```

该目录被列为 nobody 用户，因为 root UID=0 未映射到
用户命名空间。所有由未映射到容器的 UID 拥有的文
件和目录都被视为 nobody 用户。:Z 指示 Podman 重新
标记 SELinux

即使是 root 用户，也不允许
写入未映射用户的目录，除
非该目录是全局可写的

　　Podman 支持在 --volume 标志上的一个特殊选项 U，它告诉 Podman 将源目录中的所有文件
或目录的所有权更改为与容器主进程的 UID 匹配。

```
# ls -ld /mnt/test
drwxr-xr-x. 2 root root 6 Feb 8 16:38 /mnt/test
# podman run --rm -v /mnt/test:/mnt/test:Z,U
➥ --userns=auto ubi8 touch /mnt/test/test1
# ls -ld /mnt/test
drwxr-xr-x. 2 2147503960 2147503960
➥ 19 Feb 8 16:38 /mnt/test
```

添加了 U 选项后，容器内的
进程可以写入该卷

Podman 将源卷的所有者更改为 2147503960，以与
容器中的 root 用户映射匹配

　　Linux 内核的一个新的高级功能称为 idmapped mounts。它允许用户重新映射源卷内的 UID，
以与用户命名空间相匹配，而无须在磁盘上实际更改文件所有权。在下一个示例中，你将重新
创建 /mnt/test 目录，并且使用 idmap 选项将其挂载。当 ID 映射的卷显示在容器内时，文件似乎
是由用户命名空间的 root 所拥有，并且基于标准权限，你被允许读取和写入这些文件。当你完
成文件写入后，它们将被正确映射回用户命名空间，而不像使用 U 选项，后者基于容器进程的
实际 UID 写回。

```
# chown -R root:root /mnt/test
# podman run --rm -v /mnt/test:/mnt/test:idmap,Z
➥ --userns=auto ubi8 ls -ld /mnt/test
drwxr-xr-x. 2 root root 31 Feb 9 11:56 /mnt/test
# podman run --rm -v /mnt/test:/mnt/test:idmap,Z
➥ --userns=auto ubi8 touch /mnt/test/test
# ls -l /mnt/test
total 0
-rw-r--r--. 1 root root 0 Feb 9 06:57 test
-rw-r--r--. 1 root root 0 Feb 8 17:02 test1
```

将源卷的所有权重置
为 root

使用 idmap 选项将源卷 /mnt/test 挂载到容器
中。请注意容器内的路径归 root 所有

在源目录中创建一个文件以证明容器可以
写入该目录

请注意在主机系统上，新
创建的文件归真实的 root
所拥有

> **提示**　截至撰写本书时 idmap 功能是最新的，但它不适用于所有文件系统。目前它仅在特权模式下受
> 支持，但希望很快会有所改变。目前支持此功能的 OCI 运行时是 crun。

　　理解使用用户命名空间运行容器的安全性好处非常重要。接下来，我将向你展示其他命名
空间中的一些安全性好处。

## 10.4 进程隔离：PID 命名空间

我经常说，命名空间并不是作为安全机制而设计的，但实际上，它们通过隔离和信息掩蔽确实提供了额外的安全性。PID 命名空间隐藏了系统上运行其他进程的事实。意识到特定应用程序正在系统上运行对入侵容器的黑客来说可能很有价值。当你在自己的 PID 命名空间中运行容器时，它只能看到容器内运行的其他进程。默认情况下，Podman 在自己的 PID 命名空间中运行容器。

一些作为容器镜像提供的应用程序需要对系统进行额外的访问。如果你有这样一个需要监视主机上进程的应用程序，你需要关闭 PID 命名空间以公开系统上的所有进程。使用 Podman 关闭 PID 命名空间非常简单，只需添加--pid=host 标志即可。

在接下来的几个示例中，你可以看到，在 PID 命名空间中，你只能看到容器内的容器进程。第二个命令将系统中的所有进程暴露给容器。

**清单 10-7　使用和禁用 PID 命名空间之间的区别**

```
$ podman run --rm ubi8 find /proc -maxdepth 1
➥ -type d -regex ".*/[0-9]*"          ◄──── 运行 find 命令来查找容器内的所有
/proc/1                                      进程，你只能看到一个进程
$ podman run --rm --pid=host ubi8 find
➥ /proc -maxdepth 1 -type d -regex ".*/[0-9]*"  ◄────
/proc/1                                      在--pid=host 容器中运行 find 命令，你可以
/proc/2                                      看到系统上的所有进程
/proc/3
/proc/4
…
```

> **提示**　在 SELinux 系统上，通过--pid=host 选项公开主机进程还有一个副作用，即禁用 SELinux 分离。SELinux 会阻止访问主机进程，并在容器内部进程与这些进程交互时引发问题。其他安全机制（如被删除的能力和用户命名空间）不会被删除，并且可以阻止对进程的访问。

## 10.5 网络隔离：网络命名空间

网络命名空间设置了与主机网络的隔离。它允许 Podman 设置虚拟专用网络，以控制哪些容器可以与其他容器通信。Podman 具有创建多个网络并将容器分配到这些网络的能力。默认情况下，所有容器都在主机网络中运行。但使用 podman network create 命令很容易设置其他网络。在下一个示例中，你将创建两个网络：net1 和 net2。

```
$ podman network create net1
net1
```

```
$ podman network create net2
net2
```

当你创建新容器时，可以使用--network net1 选项将它们分配到特定的网络中。

```
$ podman run -d --network net1 --name          在网络 net1 中启动一个
➡ cnet1 ubi8 sleep 1000        ◄───────        后台容器
74ce5b2396f77fce8c499b121aeb8731f1e1b22e363a6a72d243487cf93a5897
$ podman run --network net1 alpine
➡ ping -c 1 cnet1                   ◄───────    确保该容器可以从网络中的另一个
PING cnet1 (10.89.0.4): 56 data bytes           容器中访问
64 bytes from 10.89.0.4: seq=0 ttl=42 time=0.077 ms
```

如果你尝试通过容器名称或 IP 地址从默认网络命名空间"ping"网络，则会失败。

```
$ podman run --rm alpine ping -c 1 cnet1
ping: bad address 'cnet1'
$ podman run alpine ping -c 1 10.89.0.4      ◄───   确保仍然可以通过 IP 地址访问
PING 10.89.0.4 (10.89.0.4): 56 data bytes          cnet1 容器
64 bytes from 10.89.0.4: seq=0 ttl=42 time=0.073 ms
```

同样，如果你尝试从不同的网络（--network net2）来"ping"它，也会失败。

```
$ podman run --rm --network net2 alpine ping -c 1 cnet1
ping: bad address 'cnet1'
```

通过为容器创建私有网络，你可以使用网络命名空间将它们彼此隔离，在网络层面也是如此。

> **提示**　为这些示例使用 alpine 镜像是因为它已安装 ping 软件包，而 ubi8 镜像没有。你可以通过 Containerfile 和 podman build 轻松地将 ping 可执行文件添加到 ubi8 中。

你可以使用--net=host 选项将主机网络公开给容器，允许容器绑定到主机上的端口。在某些情况下，当你消除网络命名空间时，你可以获得更好的性能。

## 10.6　IPC 隔离：IPC 命名空间

进程间通信（IPC）命名空间隔离了某些 IPC 资源，即 System V IPC 对象和 POSIX 消息队列。它还将/dev/shm tmpfs 与主机和其他容器隔离开来。IPC 命名空间允许容器创建具有与同一系统上其他容器相同名称的命名 IPC，而不会引起冲突。

因此，IPC 隔离可以防止一个容器通过 IPC 或/dev/shm 攻击另一个容器。你可以使用--ipc=container:NAME 将两个 IPC 命名空间的容器连接在一起，或在一个 pod 内运行它们。它们共享相同的 IPC 命名空间。它们可以一起使用 IPC，但仍然与主机隔离。

清单 10-8   IPC 命名空间使每个容器的/dev/shm 保持私有

```
$ podman run -d --rm --name ipc1 ubi8 bash        创建名为 ipc1 的容器 (touch /dev/shm/ipc1),
  -c "touch /dev/shm/ipc1; sleep 1000"            然后进入睡眠状态
93df44264dd4b87d24f59dfffb92a6a0b6359bc5bcf94213d5e38499a10d3f3e
$ podman run --rm ubi8 ls /dev/shm
$ podman run --rm --ipc=container:ipc1 ubi8 ls /dev/shm    运行一个具有共享 IPC 命名空间的
ipc1                                                       容器，你将看到/dev/shm 是共享的
                                                           且 IPC 文件存在
```

运行第二个容器会看到/dev/shm/ipc
不存在，因为该容器运行在单独的
IPC 命名空间中

你可以通过执行--ipc=host 选项将主机的 IPC 命名空间与容器共享。

> 提示　在 SELinux 系统上，Podman 会修改所有共享同一 IPC 命名空间的容器以共享相同的 SELinux
> 标签。否则，当标签不匹配时，SELinux 会阻止容器之间的 IPC 通信。使用--ipc=host 选项会导
> 致禁用 SELinux 分离；否则，SELinux 会阻止对主机 IPC 的访问。

# 10.7　文件系统隔离：挂载命名空间

也许最重要的命名空间隔离是挂载命名空间，挂载命名空间将对容器进程隐藏整个主机文件系统。容器进程只能看到在挂载命名空间中定义的文件系统内容。Podman 创建文件系统挂载点 rootfs 并将所有卷绑定挂载到上面。然后，Podman 执行 OCI 运行时，该运行时执行 pivot_root 系统调用，进而在调用进程的挂载命名空间中将根挂载移动到 rootfs 目录。因此，主机操作系统的所有内容都消失了，容器进程只能看到提供的内容。通过删除 CAP_SYS_ADMIN 能力，容器内的进程无法影响 rootfs 的挂载，从而暴露底层文件系统。

> 提示　阅读 pivot_root(2)手册页以了解有关 pivot_root 系统调用的更多信息：man 2pivot_root。

尽管挂载命名空间和删除 CAP_SYS_ADMIN 提供了出色的隔离，但是仍存在一些容器逃逸到底层文件系统的漏洞，这就是 SELinux 介入的地方。其中一个例子是 OCI 运行时 runc 的漏洞（CVE-2019-5736），它允许容器进程覆盖特权容器中的 runc 可执行文件。此漏洞允许容器逃脱其限制并接管用户的系统。此漏洞影响所有容器引擎，包括 Podman、Docker、CRI-O 和 containerd。好消息是，配置良好的 SELinux 可以阻止它。Podman 主要以非特权模式运行，而非特权的 Podman 受到两层保护：SELinux 和不以 root 身份运行。我在《最新容器漏洞（runc）可以被 SELinux 阻止》这篇博客文章中写到了这个漏洞，该文章可在 Red Hat 网站上找到。

## 10.8 文件系统隔离：SELinux

SELinux 是一个标记系统，每个进程和文件系统对象都有标签。然后，规则被编写到内核中，规定了进程标签与文件系统标签以及其他进程标签的交互方式。SELinux 支持多种不同的安全机制，容器利用了其中两种。第一种称为类型强制执行，SELinux 根据进程的类型来控制进程可以执行的操作。第二种称为 MCS 强制执行，它还使用分配给进程的类别。

并非所有发行版都支持 SELinux。Fedora、RHEL 和其他 Red Hat 发行版支持 SELinux，而基于 Debian 的发行版，如 Ubuntu，通常不支持 SELinux。如果你的 Linux 发行版不支持 SELinux，则你可能希望跳过本节。

### 10.8.1 SELinux 类型强制执行

SELinux 标签有四个组件：SELinux 用户、角色、类型和 MCS 级别（见表 10-5）。

表 10-5 SELinux 标签类型示例

| 对象 | 用户 | 角色 | 类型 | MCS 级别 |
|---|---|---|---|---|
| 容器进程 | system_u | system_r | container_t | s0:c1,c2 |
| 容器进程 | system_u | system_r | container_t | s0:c361,c871 |
| 容器文件 | system_u | object_r | container_file_t | s0:c1,c2 |
| 容器文件 | system_u | object_r | container_file_t | s0:s361,c871 |
| /etc/shadow 标签 | system_u | object_r | shadow_t | s0 |
| 容器进程 | system_u | system_r | spc_t | s0 |
| 用户进程 | unconfined_u | unconfined_r | unconfined_t | s0-s0:c0.c1023 |

在本小节中，你将集中关注 SELinux 类型。我编写了 *The SELinux Coloring Book* 一书来解释标记，其中使用了猫和狗的比喻（见图 10-3）。

正如该书所解释的那样，想象你有一组被标记为猫类型的进程和另一组被标记为狗类型的进程。想象你还在文件系统上标记了狗粮类型和猫粮类型的对象。最后，想象你向内核编写规则，告诉内核猫类型可以吃猫粮类型，而狗类型可以吃狗粮类型。使用 SELinux，除了明确允许的内容，其他所有内容都被拒绝。猫进程可以吃猫粮，狗进程可以吃狗粮，但如果狗类型尝试吃猫粮，Linux 内核会介入并阻止访问。

容器的工作方式相同。Podman 使用 container_t 类型标记每个容器进程。容器中的所有文件都标记为 container_file_t 类型。规则被编写到内核中，规定允许 container_t 进程读取、写入和执行标记为 container_file_t 类型的文件。

图 10-3　*The SELinux Coloring Book* 的封面

> 提示　SELinux 不关心所有权和权限，因此你可以定义一个进程类型。该类型可以访问所有文件系统
> 类型，并且不受 SELinux 限制，通常称为未限制类型。你可以在 Linux 系统上看到一些未限制
> 类型正在运行。id -Z 命令显示你的用户进程正在使用 unconfined_t 类型运行，而特权容器则以
> spc_t 类型运行。

　　当 Podman 构建容器的 rootfs 时，它将 rootfs 中的所有文件标记为 container_file_t。这意味
着容器进程可以读取、写入和执行容器 rootfs 中的所有文件，但如果它们逃逸到主机文件系统，
SELinux 内核将阻止它们对主机文件系统对象的访问。在接下来的几个示例中，你可以检查使
用 SELinux 运行容器时发生了什么。在第一个示例中，你可以看到容器化进程的标签，请注意
类型为 container_t。但是当你使用--privileged 标志运行时，Podman 将标签更改为 spc_t，一个
未受限制的域。

```
$ podman run --rm ubi8 cat /proc/self/attr/current
system_u:system_r:container_t:s0:c694,c944
$ podman run --rm --privileged ubi8 cat /proc/self/attr/current
unconfined_u:system_r:spc_t:s0
```

使用 ls -Z 命令检查容器中的文件。你会看到所有文件都标记为 container_file_t。

```
$ podman run --rm ubi8 ls -Z /
system_u:object_r:container_file_t:s0:c88,c191 bin
system_u:object_r:container_file_t:s0:c88,c191 boot
system_u:object_r:container_file_t:s0:c88,c191 dev
system_u:object_r:container_file_t:s0:c88,c191 etc
system_u:object_r:container_file_t:s0:c88,c191 home
system_u:object_r:container_file_t:s0:c88,c191 lib
…
```

因为 Podman 正确配置了 SELinux 环境，容器进程可以完全访问容器 rootfs 中的所有对象，而 SELinux 基本上不会干扰，除非出现其他故障并且容器进程以某种方式逃脱了 rootfs 并进入主机操作系统。此时，SELinux 开始阻止访问。想象一下，你在系统上运行的容器进程突破了容器，并尝试读取主目录中的 SSH 密钥。让我们看看这些文件的标签，你会看到这些文件标记为 ssh_home_t 类型。

```
$ ls -1Z $HOME/.ssh/
unconfined_u:object_r:ssh_home_t:s0 authorized_keys
unconfined_u:object_r:ssh_home_t:s0 authorized_keys2
unconfined_u:object_r:ssh_home_t:s0 config
…
```

由于 SELinux 策略中没有允许 container_t 进程读取 ssh_home_t 文件的规则，SELinux 内核会阻止访问。你可以通过将.ssh 目录以卷挂载的方式挂载到容器中来演示此操作。当你尝试列出该目录时，容器进程会收到"Permission denied"错误。

```
$ podman run -v $HOME/.ssh:/.ssh ubi8 ls /.ssh
ls: cannot open directory '/.ssh': Permission denied
```

正如你在 3.1.2 节中学到的，Podman 具有 SELinux 卷选项 z 和 Z，它们告诉 SELinux 重新标记源卷中的内容，以使其可在容器内使用。但是在.ssh 目录上这样做并不是一个好主意。

相反，让我们创建一个临时文件并展示 SELinux 标签的功能。首先，在你的主目录中创建一个名为 foo 的临时文件，将其标记为 user_home_t。然后，通过卷挂载的方式将其挂载到容器中，可以看到容器进程被拒绝访问。

**清单 10-9　SELinux 如何与 Podman 容器内的卷协作**

```
                         在你的主目录中创建的
                         文件默认为 user_home_t
$ mkdir foo              类型
$ ls -Zd foo    ◄───────┘
unconfined_u:object_r:user_home_t:s0 foo
$ podman run -v ./foo:/foo ubi8 touch /foo/bar  ◄──── 默认情况下，容器进程不允许写入用户主目录
touch: cannot touch '/foo/bar': Permission denied       中的内容。Podman 默认不更改卷的标签
$ podman run --privileged -v ./foo:/foo ubi8 touch
```

```
➡ /foo/bar
$ ls -Z foo
unconfined_u:object_r:user_home_t:s0 bar
$ rm foo/bar
$ podman run -v ./foo:/foo:Z ubi8 touch /foo/bar
$ ls -Z ./foo
system_u:object_r:container_file_t:s0:c454,c510 bar
```

特权容器创建的文件具有用户主目录
的标签（user_home_t）

新创建的文件的标签与容器内
的标签匹配

卷挂载的:Z 选项告诉 Podman 重新标记目录的内容，以
匹配 rootfs 中文件的标签（container_file_t）

--privileged 标志会禁用 SELinux 隔离，使用未限
制类型（spc_t）来运行容器。该命令模拟容器
逃逸，显示在没有 SELinux 的情况下，逃逸的容
器被允许写入文件系统

当其他机制无法使用时，SELinux 类型强制执行在阻止容器逃逸方面显示出非常大的价值。表 10-6 列出了由 SELinux 阻止的一些容器逃逸。

SELinux 类型强制执行能够非常有效地保护主机操作系统免受容器进程的攻击，但问题在于类型强制执行无法保护你免受一个容器对另一个容器的攻击。

| 表 10-6 | SELinux 阻止的主要容器漏洞利用 |
|---|---|
| 常见漏洞和曝光 | 描述 |
| CVE-2019-5736 | 执行恶意容器，允许容器逃逸并访问主机文件系统 |
| CVE-2015-3627 | 不安全地打开文件描述符 1，导致权限提升 |
| CVE-2015-3630 | 读写 proc 路径，允许修改主机和导致信息泄露 |
| CVE-2015-3631 | 卷挂载允许 Linux 安全模块（LSM）配置文件升级 |
| CVE-2016-9962 | runc exec 漏洞 |

## 10.8.2 SELinux 多类别安全分离

SELinux 不会阻止一种类型的进程攻击同一类型的其他进程。思考这个问题的一种方式是回到猫和狗的比喻。类型强制执行可以防止狗吃猫粮，但它无法防止猫 A 吃猫 B 的猫粮。

回顾我在本节中所说的，Podman 利用了两种类型的 SELinux 安全性。SELinux 有一种基于多类别安全性（MCS）级别字段实施进程分离的机制。SELinux 定义了 1024 个类别，可以将它们组合在一起为每个容器提供一个级别。Podman 为每个容器分配了两个类别，并确保进程标签级别与文件系统标签级别匹配。然后 SELinux 内核执行匹配的 MCS 级别，或者拒绝访问。

> 提示　MCS 分离实际上是关于支配的。每个类别必须支配 MCS 级别。s0:c1,c2 级别可以写入 s0:c1,c2、
> s0:c1、s0:c2 和 s0 级别的对象。但是 s0:c1,c2 不允许写入 s0:c1,c3，因为原始标签不包括 c3。在
> 实践中，Podman 只使用两个类别或没有类别。当你在卷上使用:z 选项时，Podman 会重新标记
> 源目录，级别为 s0，即没有类别。s0 允许来自任何容器的进程从 SELinux 的角度读取和写入具
> 有此级别的文件系统对象。

再次查看表 10-4，但这次集中于 MCS 级别字段（见表 10-7）。

表 10-7　　　　　　　　　　　　容器进程标签，突出显示 MCS 级别

| 对象 | 用户 | 角色 | 类型 | MCS 级别 |
| --- | --- | --- | --- | --- |
| 容器进程 | system_u | system_r | container_t | s0:c1,c2 |
| 容器进程 | system_u | system_r | container_t | s0:c361,c871 |
| 容器文件 | system_u | object_r | container_file_t | s0:c1,c2 |
| 容器文件 | system_u | object_r | container_file_t | s0:s361,c871 |
| /etc/shadow 标签 | system_u | object_r | shadow_t | s0 |
| 容器进程 | system_u | system_r | spc_t | s0 |
| 用户进程 | unconfined_u | unconfined_r | unconfined_t | s0-s0:c0.c1023 |

现在来看看 Podman 如何使用 MCS 级别。如果你连续运行容器并检查 SELinux 标签，你
会注意到每个容器的 MCS 级别是唯一的。

```
$ podman run --rm ubi8 cat /proc/self/attr/current
System_u:system_r:container_t:s0:c648,c1009
$ podman run --rm ubi8 cat /proc/self/attr/current
system_u:system_r:container_t:s0:c393,c834
```

这个 MCS 级别防止进程互相攻击。在前文，你使用容器私有标签创建了 foo/bar 文件。
如果你将此文件挂载到另一个容器中，然后尝试写入该文件，你将得到权限获取被拒绝的
错误。

清单 10-10　SELinux 防止不同的容器共享一个卷

文件 foo/bar 具有私有的 MCS
级别，Podman 不会将该级别
分配给另一个容器

```
$ ls -Z ./foo
system_u:object_r:container_file_t:s0:c454,c510 bar
$ podman run -v ./foo:/foo ubi8 touch /foo/bar
touch: cannot touch '/foo/bar': Permission denied
$ podman run --security-opt label=level:s0:c454,c510
➥ -v ./foo:/foo ubi8 touch /foo/bar
```

其他容器基于不同的 MCS 级别而
不被允许访问 foo/bar 文件

如果你强制容器的 MCS 级别与先前容器的
标签匹配，则 SELinux 允许访问

回想一下，Z 选项告诉 Podman 将容器标记为仅限于该容器，而 z 选项告诉 Podman 将容器标记为所有容器共享。如果你有一个希望多个容器可以共享的目录，可以使用此选项。

**清单 10-11　选项 z 导致使用共享标签重新标记卷**

```
$ podman run -v ./foo:/foo:z ubi8 touch /foo/bar
$ ls -Z foo/
system_u:object_r:container_file_t:s0 bar
$ podman run --rm -v ./foo:/foo ubi8 touch /foo/bar
```

-v ./foo:/foo:z 告诉 Podman 将该卷标记为共享

具有不同 MCS 级别的其他容器可以成功地修改其内容

Podman 使用:s0 MCS 级别，因为所有容器都被允许对其进行写入

> **提示**　SELinux 有 1024 个类别，Podman 为每个容器选择两个类别。级别 s0:c1,c1 是不允许的。这些类别不能相同，顺序并不重要。级别 s0:c1,c2 等同于 s0:c2,c1。共有 $1024 \times 1024 \div 2 - 1024 \approx 500{,}000$ 种唯一的组合可用，这意味着你可以在系统上创建 50 万个唯一的容器。

有时需要为你的容器禁用 SELinux 容器隔离。例如，你可能想在容器中共享你的主目录。重新标记你的主目录时使用 Z 或 z 选项是一个坏主意。请记住，当重新标记卷时，它们需要对容器私有。重新标记主目录可能会导致其他受限域的 SELinux 问题。你可以使用--privileged 标志运行容器，但你可能希望仍然执行其他安全机制。为了实现这一点，你可以使用--security-opt label=disable 标志。

```
$ podman run --rm --security-opt label=disable ubi8 cat
➥ /proc/self/attr/current
unconfined_u:system_r:spc_t:s0
$ podman run --rm -v $HOME/.ssh:/ssh --security-opt label=disable ubi8 ls /ssh
authorized_keys
authorized_keys2
config
fedora_rsa
fedora_rsa.pub
…
```

> **提示**　udica 项目（https://github.com/containers/udica）的目标是为容器生成 SELinux 策略。基本上，udica 通过 podman inspect 检查你创建的容器，然后编写一个策略类型，允许访问你想要挂载到容器中的卷。

SELinux 是保护主机操作系统免受容器攻击的非常强大的工具。只要你了解了如何处理卷，就很容易处理容器。了解了如何保护文件系统之后，现在是时候针对可能存在漏洞的系统调用来保护 Linux 内核了。

## 10.9　系统调用隔离 seccomp

系统调用（通常称为 syscall）是计算机程序请求操作系统内核提供服务的方法，常见的系统调用包括 open、read、write、fork 和 exec。在 Linux 中，有超过 700 个系统调用。

回顾本章开头的内容，Linux 内核是恶意容器可能攻击以逃脱限制的单点故障。如果 Linux 内核存在一个可以通过系统调用攻击的漏洞，容器进程可能会逃逸。Linux 内核功能 seccomp 允许进程自愿限制它们及其子进程可以进行的系统调用数量。Podman 默认使用此功能来消除数百个系统调用。假设 Linux 内核在它的一个系统调用中存在一个漏洞，容器进程可以利用它来逃脱，但是 Podman 可将其从容器可用的系统调用列表中删除，在这种情况下，则容器无法利用它。

Podman 的 seccomp 过滤器以 JSON 文件的形式存储在/usr/share/containers/seccomp.json 文件中。Podman 还根据你允许容器使用的能力来修改 seccomp 过滤器列表。当你添加一个能力时，Podman 会添加该能力所需的系统调用。能力和 seccomp 都是分别执行的，Podman 只是试图让用户更容易使用。如果用户提供自己的 seccomp JSON 文件，它需要与默认文件类似，以使能力修改生效。

你可以通过编辑此文件来修改 seccomp 过滤器。在下面的示例中，你将从 seccomp.json 中删除 mkdir 系统调用，然后运行一个容器，在其中尝试创建一个目录。seccomp 过滤器会阻止该系统调用，导致容器失败。

**清单 10-12　seccomp 过滤器如何在 Podman 容器中阻止系统调用**

```
$ sed '/mkdir/d' /usr/share/containers
  /seccomp.json > /tmp/seccomp.json          ◀── 使用 sed 命令删除所有 mkdir 行并创建
$ diff /usr/share/containers/seccomp.json/      /tmp/seccomp.json
  tmp/seccomp.json ◀──
249,250d248                        使用 diff 命令显示已删
<        "mkdir",                  除的 mkdir 条目
<        "mkdirat",
$ podman run --rm --security-opt seccomp=/        添加--security-opt seccomp=/tmp/seccomp.json 标
  tmp/seccomp.json ubi8 mkdir /foo    ◀──      志以使用替代的 seccomp 过滤器；mkdir 命令执
mkdir: cannot create directory '/foo': Function not implemented    行失败，这是因为 mkdir 系统调用不可用
$ podman run --rm ubi8 mkdir /foo ◀──
                                   再次使用默认过滤器运行相同
                                   的命令以显示 mkdir 成功
```

> **提示**　很少有人修改 seccomp 过滤器，因为很难确定容器所需的系统调用数量。有一些工具可以使用 Berkeley Packet Filter（BPF）生成系统调用列表。以下网页中的软件包是一个钩子，它监视容器并自动生成 seccomp.json 文件，以便以后用于锁定容器: https://github.com/containers/oci-seccomp-bpf-hook/。

有时默认的容器 seccomp.json 文件过于严格。此时你的容器可能无法工作，因为它需要一个不可用的系统调用。在这种情况下，你可以使用--security-opt seccomp=unconfined 标志来禁用 seccomp 过滤。

正如你所看到的，系统调用过滤功能非常强大，可以真正限制容器进程对主机内核的访问。下一级则是使用 KVM 隔离。

# 10.10　虚拟机隔离

在本章开头，我基于三只小猪选择的生活地点对进程隔离进行了类比。它们可以住在独栋别墅中，也可以住在双拼别墅或公寓中。

每种选择的安全性会逐渐降低。默认情况下，容器安全就像是住在公寓中。但是，你可以使用虚拟机隔离，即将容器放入虚拟机中，以获得更好的隔离。

在附录 B 中，我介绍了不同的 OCI 运行时。它们利用基于内核的虚拟机（KVM）在轻量级虚拟机中运行其容器。这些虚拟机运行自己的内核和初始化工具来启动容器。这样，几乎所有主机内核的系统调用都被消除了，这使得逃脱限制变得更加困难。

这种隔离的问题在于它的成本。就像住在双拼别墅一样，你最终发现在容器之间共享的服务更少了。内存管理、CPU 和其他资源更难以共享。将卷共享到容器中，性能也会变差。

现在，你已经完成了用于容器隔离的 Podman 安全功能的检查。接下来，让我们看看其他安全功能。

# 10.11　总结

- 容器安全的关键在于保护 Linux 内核和主机文件系统免受恶意容器进程的攻击。
- 纵深防御意味着你的容器工具利用了尽可能多的安全机制。如果一个安全机制失败了，其他机制可能仍然可以保护你的系统。

# 第 11 章 其他安全注意事项

本章内容：

- 在不同独立服务器、不同虚拟机和容器中保护正在运行的应用程序
- 通过服务运行容器与通过 fork 和 exec 作为容器引擎的子进程运行容器之间的区别
- 使用 Linux 安全功能以使容器彼此隔离
- 设置容器镜像信任
- 对镜像进行签名并信任它们

在本章中，我将回顾并演示使用 Podman 运行容器时的一些其他安全注意事项。其中一些内容在其他章节中已经涵盖，但我认为从安全角度聚焦这些功能是有用的。

我看到人们在运行容器时最频繁的问题之一是，当容器进程被拒绝某些访问时，用户的第一反应是以--privileged 模式运行容器，这将关闭容器的所有安全隔离功能。了解如何处理本章讨论的安全功能可以帮助你避免这种情况。

## 11.1 守护进程与 fork/exec 模型

在之前的章节中，你已经学习了关于守护进程（如 Docker）与 Podman 采用的 fork/exec 模型之间的问题。

### 11.1.1 访问 docker.sock

回顾一下，Docker 默认运行一个由 root 用户拥有的守护进程。这意味着任何有权限访问此守护进程的用户都可以在系统上以完整的 root 访问权限启动进程。Docker 建议一些用户将其账户放入/etc/group 的 docker 组中。在某些发行版上，这可以让你在没有 root 权限的情况下访问

/run/docker.sock。

```
# ls -l /run/docker.sock
srw-rw----. 1 root docker 0 Jun 13 14:54 /run/docker.sock
```

你可以通过类似于运行 Podman 容器的方式运行 Docker 容器。

```
$ docker run registry.access.redhat.com/ubi8-micro echo hi
Unable to find image 'registry.access.redhat.com/ubi8-micro:latest' locally|
latest: Pulling from ubi8-micro
4f4fb700ef54: Pull complete
b6d5e0581b2f: Pull complete
Digest: sha256:a519ab06c0287085c352af0d2b84f2a2b257d2afb2e554b8d38a076cd6205b48
Status: Downloaded newer image for registry.access.redhat.com/
ubi8-micro:latest
hi
```

这令许多用户兴奋不已，直到他们知道也可以用一个简单的 Docker 命令在其系统上启动 root shell。

```
$ docker run -ti --name hack -v /:/host --privileged
➥ registry.access.redhat.com/ubi8-micro chroot /host
cat /etc/shadow
…
```

此时，你在主机系统上拥有完全特权的 root shell，你可以进行任意入侵。不仅如此，Docker 默认所有日志记录都是基于文件的。当你完成系统入侵时，可以删除日志文件和你的所有活动记录。

```
$ docker rm hack
hack
```

使用非特权模式下的 Podman 时，你无法这样做，因为当你运行容器时，容器进程以你的用户 UID 运行，并且只能访问你的账户中任何进程都可以访问的相同文件。管理员判断是否已被黑客入侵的一种方法是检查日志系统，包括审计日志。

## 11.1.2　审计和日志

Linux 系统的一个关键功能是跟踪进程在系统中运行时所做的操作。当你登录 Linux 系统时，内核会将你的 UID 记录到/proc/self/loginuid 中的进程数据中。你可以通过执行以下命令来查看此数据。

```
$ cat /proc/self/loginuid
3267
```

在登录后，所有由此第　个进程创建的进程都将维护此字段。即使你使用像 su 或 sudo 这样的 setuid 程序，你的 loginuid 仍然保持不变。

```
$ sudo cat /proc/self/loginuid
3267
```

即使启动容器，loginuid 也保持不变。在下一个示例中，你在守护进程模式下运行一个简单的 sleep 容器，然后使用 podman inspect 获取 sleep 进程的 PID，最后检查容器化进程的 loginuid。

```
$ podman run -d ubi8-micro sleep 20
1c55b9cfa0cd20c36da4b606415e190a6c20cc868d3486981c7713d41ee9ea6a
$ podman inspect -l --format '{{ .State.Pid }}'
119394
$ cat /proc/119394/loginuid
3267
```

请注意，容器化进程仍在使用你的 loginuid 运行。这表明内核可以通过此字段跟踪在系统上启动容器进程的用户，只要容器引擎使用 fork/exec 模型。如果你在 Docker 中运行相同的测试，你会得到非常不同的结果。

```
$ docker run -d registry.access.redhat.com/ubi8-micro sleep 20
df2302cf8c6385df2b86ccd3429166e0d8dd0c9f0d0139e98e6354809a04080e
$ docker inspect df2302cf8c6 --format '{{ .State.Pid }}'
120022
$ cat /proc/120022/loginuid
4294967295
```

你看到的不是自己的 loginuid，而是 4294967295，即 $2^{32}-1$。这是 Linux 内核表示-1 的方式，即系统启动而不是用户登录时启动的所有进程的默认 loginuid。原因是 Docker 使用客户端-服务器模型，容器进程是 Docker 守护进程的子进程，而不是 Docker 客户端。由于 Docker 守护进程是由 systemd 在系统启动时启动的，因此其所有子进程都具有-1 的 loginuid。

内核的审计子系统在完成可审计事件时会记录系统上每个进程的 loginuid。例如，当用户登录和退出系统时，这些事件会被记录。修改/etc/passwd 和/etc/shadow 也是可记录事件。

以下是我今天登录系统时的 USER_START 审计日志条目，我的 UID 3267 与我的用户名一起被记录下来。

```
# ausearch -m USER_START
type=USER_START msg=audit(1651064687.963:315): pid=2579 uid=0 auid=3267
➡ ses=3 subj=system_u:system_r:xdm_t:s0-s0:c0.c1023 msg='op=PAM:session_open
➡ grantors=pam_selinux,pam_loginuid,pam_selinux,pam_keyinit,pam_namespace,
➡ pam_keyinit,pam_limits,pam_systemd,pam_unix,pam_gnome_keyring,pam_umask acct=
➡ "dwalsh" exe="/usr/libexec/gdm-session-worker" hostname=fedora addr=?
➡ terminal=/dev/tty2 res=success'UID="root" AUID="dwalsh"
```

如果你使用 Podman 命令启动容器，则审计子系统会在审计日志中记录你的 UID。如果容器是通过 Docker 启动的，则记录-1 作为 loginuid。想象一下，如果你的系统被黑客通过容器攻击了，你需要通过 audit.log 来检查是哪个用户启动了入侵系统的容器。让我们展示一个例子。

首先，变为 root 用户，并使用 auditctl 在/etc/passwd 文件上设置一个 watch。

```
# auditctl -w /etc/passwd -p wa -k passwd
```

现在使用 Docker 运行一个--privileged 容器，这会触碰主机的/etc/passwd 文件。

```
# docker run --privileged -v /:/host registry.access.redhat.com/ubi8-
➥ micro:latest touch /host/etc/passwd
```

这模拟了如果一个 Docker 容器逃脱了限制并能够修改主机的/etc/passwd 文件会发生什么。现在检查 audit.log，应该会记录/etc/passwd 的修改。请注意，审计日志显示 auid=unset。这是审计日志表示修改/etc/passwd 文件的用户的 loginuid 的方式。正如你所看到的，由于没有用户直接启动 Docker 守护进程，审计日志没有记录启动容器的用户。

```
# ausearch -k passwd -i
…
type=SYSCALL msg=audit(05/03/2022 08:24:52.885:464) : arch=x86_64
➥ syscall=openat success=yes exit=3 a0=AT_FDCWD a1=0x7ffef7a9ef75
➥ a2=O_WRONLY|O_CREAT|O_NOCTTY|O_NONBLOCK a3=0x1b6 items=2 ppid=6723
➥ pid=6743 auid=unset uid=root gid=root euid=root suid=root fsuid=root
➥ egid=root sgid=root fsgid=root tty=(none) ses=unset comm=touch
➥ exe=/usr/bin/coreutils
```

现在使用 Podman 运行相同的命令。

```
# podman run --privileged -v /:/host registry.access.redhat.com/
➥ ubi8-micro:latest touch /host/etc/passwd
```

检查修改/etc/passwd 文件的 Podman 容器的 audit.log，你会发现 auid=dwalsh。因为 Podman 遵循 fork/exec 模型，并由登录到系统并具有 loginuid 记录的用户启动，audit.log 可以记录哪个用户启动了入侵系统的容器。

```
# ausearch -k passwd -i
…
type=SYSCALL msg=audit(05/03/2022 08:25:42.466:480) : arch=x86_64
➥ syscall=openat success=no exit=EACCES(Permission denied) a0=AT_FDCWD
➥ a1=0x7fff3d5aef59 a2=O_WRONLY|O_CREAT|O_NOCTTY|O_NONBLOCK a3=0x1b6
➥ items=2 ppid=6978 pid=6986 auid=dwalsh uid=root gid=root euid=root
➥ suid=root fsuid=root egid=root sgid=root fsgid=root tty=(none) ses=1
➥ comm=touch exe=/usr/bin/coreutils
➥ subj=system_u:system_r:container_t:s0:c484,c845 key=passwd
```

> 提示 在当前的 Fedora 系统中，审计子系统已被禁用。你可以通过删除/etc/audit/rules.d/audit.rules 文件并使用 augenrules --load 命令重新生成审计规则来启用它。

这也是 2014 年我说通过非 root 进程访问 docker.sock 比提供 root 进程或 sudo 访问权限更危险的原因之一，因为两者都记录了 loginuid，这意味着你可以追踪用户在系统上的操作。当你授予运行 docker.sock 的 root 访问权限时，你将没有追踪数据。让我们在下一节中看看如何保护内核和文件系统免受容器内运行的进程的影响。

## 11.2　Podman 机密处理

通常，在运行容器时，你需要为容器内运行的服务提供一个 secret（机密）。其中一个例子是需要管理员和密码来控制访问的数据库工具。另一个例子是需要密码才能访问另一个服务的服务。

这些应用程序的开发人员不希望将机密信息硬编码到镜像中，而容器应用程序的用户必须提供 secret。你可以通过环境变量将 secret 直接提供给应用程序，但这意味着如果你提交镜像，则机密信息也会被提交到镜像中。

Podman 提供了一种机密机制：podman secret，允许你向容器添加文件或环境变量，而不会在将容器提交到镜像时保存这些 secret。首先，让我们看一下如何创建一个 secret。

**清单 11-1　在 Podman 容器内使用 secret**

将你的机密数据添加到
文件中

```
$ echo "This is my secret" > /tmp/secret
$ podman secret create my_secret /tmp/secret
b5f27b90e9b3486fb5a78d1eb
$ podman run --rm --secret my_secret ubi8 cat
/run/secrets/my_secret
This is my secret
```

使用 podman secret create 命令基于文件对一
个 secret 进行命名

使用--secret 选项将 secret 注入容
器中

你还可以通过添加--secret my_secret,type=env 标志，将 secret 作为环境变量注入容器中。

```
$ podman run --secret my_secret,type=env --name secret_ctr ubi8 bash
➡ -c 'echo $my_secret'
This is my secret
```

如果将此容器提交为镜像，则 secret 不会保存在镜像内。

**清单 11-2　当将容器提交为镜像时，secret 不会被保存**

```
$ podman commit secret_ctr secret_img
Getting image source signatures
Copying blob a9820c2af00a skipped: already exists
Copying blob 3d5ecee9360e skipped: already exists
Copying blob dc409efbefc4 done
Copying config 501812299f done
Writing manifest to image destination
Storing signatures
501812299f0c0cfbb032d144e6d2c2a41c5eadf229e7b76f6264ab74d9f6c069
$ podman image inspect secret_img --format
```

将 secret_ctr 提交到 secret_img
镜像中

```
'{{ .Config.Env }}'
[TERM=xterm container=oci PATH=/usr/local/sbin:/usr/local/
bin:/usr/sbin:/usr/bin:/sbin:/bin]
```

检查镜像以查看已提交的环境变量,
并注意 my_secret 环境变量未被提交

表 11-1 列出了所有 podman secret 的命令。

表 11-1                                 podman secret 命令

| 命令 | 手册页 | 描述 |
| --- | --- | --- |
| create | podman-secret-create(1) | 创建一个 secret |
| inspect | podman-secret-inspect(1) | 显示一个或多个 secret 的详细信息 |
| ls | podman-secret-ls(1) | 列出所有可用的 secret |
| rm | podman-secret-rm(1) | 删除一个或多个 secret |

# 11.3  Podman 镜像信任

在许多情况下,容器镜像的用户希望指定他们信任哪些容器镜像注册服务器和镜像。
podman image trust 命令允许你指定信任的容器镜像注册服务器,还允许你指定要阻止的容器镜像注册服务器。

可信容器镜像注册服务器的位置由镜像的传输方式和容器镜像注册服务器主机确定。以容器镜像注册服务器 docker://quay.io/podman/stable 为例,Docker 是传输方式,quay.io 是容器镜像注册服务器主机。

> 提示    在远程模式下,例如在 macOS 或 Windows 机器中,Podman 镜像信任不可用。你必须在 Linux
> 机器中执行此处记录的命令。如果你使用的是 Podman 机器,请使用 podman machine ssh 命令进
> 入虚拟机。要了解更多信息,请参见附录 E 和 F。

信任策略在/etc/containers/policy.json 中定义,它描述了可信任的容器镜像注册服务器的范围 (注册服务器或镜像仓库)。信任策略可以使用签名镜像的公钥。必须以 root 身份运行 podman image trust 命令。

信任的范围从最具体到最不具体进行评估。换句话说,可以为整个容器镜像注册服务器定义策略,也可以为该容器镜像注册服务器中的特定仓库定义策略,或者具体到容器镜像注册服务器中的特定签名镜像。在以下示例中,你拒绝从 docker.io 拉取镜像,然后稍后指定仅允许从 docker.io/library 中拉取镜像。

以下列表包括可以在 policy.json 中使用的有效范围值,从最具体到最不具体。

```
docker.io/library/busybox:notlatest
docker.io/library/busybox
```

```
docker.io/library
docker.io
```

如果对于这些范围中的任何一个范围都未找到配置，则使用默认值（使用 default 而不是 REGISTRY[/REPOSITORY]指定），如清单 11-3 所示。表 11-2 描述了用于容器镜像注册服务器的有效信任值。

**清单 11-3　告诉 Podman 不要从特定的容器镜像注册服务器拉取镜像**

使用 podman image trust 为 docker.io/library 设置更具体的容器镜像注册服务器的镜像/仓库

使用 podman image trust 拒绝所有来自 docker.io 容器镜像注册服务器的镜像

在容器镜像注册服务器的镜像中尝试拉取 alpine 镜像，并可以看到 Podman 拒绝该镜像

```
$ sudo podman image trust set -t reject docker.io
$ podman pull alpine
Trying to pull docker.io/library/alpine:latest…
Error: Source image rejected: Running image docker://alpine:latest
➥ is rejected by policy.
$ sudo podman image trust set -t accept
➥ docker.io/library
$ podman pull alpine
Trying to pull docker.io/library/alpine:latest…
Getting image source signatures
Copying blob 59bf1c3509f3 skipped: already exists
Copying config c059bfaa84 done
Writing manifest to image destination
Storing signatures
C059bfaa849c4d8e4aecaeb3a10c2d9b3d85f5165c66ad3a4d937758128c4d18
$ podman pull bitnami/nginx
Resolving "bitnami/nginx" using unqualified-search registries
➥ (/etc/containers/registries.conf.d/999-podman-machine.conf)
Trying to pull docker.io/bitnami/nginx:latest…
Error: Source image rejected: Running image docker://bitnami/nginx:latest
➥ is rejected by policy.
```

Podman 可以拉取 docker.io/library/alpine 镜像

从 docker.io 的其他仓库拉取镜像会被拒绝

**表 11-2　信任类型告诉像 Podman 这样的容器引擎应该信任哪些容器镜像注册服务器的镜像**

| 类型 | 描述 |
|---|---|
| accept | 允许从指定的容器镜像注册服务器中拉取镜像 |
| reject | 不允许从指定的容器镜像注册服务器的镜像中拉取镜像 |
| signBy | 指定的容器镜像注册服务器的镜像中的镜像必须由指定的名称签名 |

如果你检查 policy.json 文件，你将看到通过 podman image trust 命令添加的条目。

```
$ cat /etc/containers/policy.json
{
```

```
    "default": [
        {
            "type": "insecureAcceptAnything"
        }
    ],
    "transports": {
        "docker": {
            "docker.io": [
                {
                    "type": "reject"
                }
            ],
            "docker.io/library": [
                {
                    "type": "insecureAcceptAnything"
                }
            ]
...
```

你可以使用 podman image trust show 命令以更易于查看的形式显示当前设置。

```
$ podman image trust show
all            default                    accept
repository     docker.io                  reject
repository     docker.io/library          accept

repository     registry.access.redhat.com signed security@redhat.com
https://access.redhat.com/webassets/docker/content/sigstore
repository     registry.redhat.io         signed
➡ security@redhat.com https://registry.redhat.io/containers/sigstore
docker-daemon                             accept
```

通过 accept 和 reject 标志，你可以设置信任和拒绝哪些容器镜像注册服务器。如果你想限制生产系统中的镜像来源，可以将系统的默认策略更改为拒绝来自任何容器镜像注册服务器的镜像。你想允许的所有镜像都需要来自特定的容器镜像注册服务器。

```
$ sudo podman image trust set --type=reject default
$ podman image trust show
all            default                    reject

repository     docker.io                  reject

repository     docker.io/library          accept

repository     registry.access.redhat.com signed security@redhat.com
https://access.redhat.com/webassets/docker/content/sigstore
repository     registry.redhat.io         signed
➡ security@redhat.com https://registry.redhat.io/containers/sigstore
docker-daemon                             accept
```

通过这些系统设置，Podman 接受来自 docker.io/library 的镜像和来自 registry.redhat.io 的签名镜像。来自其他容器镜像注册服务器的所有镜像都将被拒绝。Podman 还允许直接从 docker-daemon 拉取镜像。

不要忘记恢复默认的 policy.json。

```
$ sudo cp /tmp/policy.json /etc/containers/policy.json
```

Podman 支持使用容器镜像注册服务器中的签名镜像。Red Hat 对其镜像进行签名和发布。接下来，我们将看看你是如何对镜像进行签名的。

## Podman 镜像签名

一种签名镜像的方法是使用 GNU Privacy Guard 密钥。在将镜像推送到远程容器镜像注册服务器之前，Podman 可以对其进行签名，称为简单签名。你可以配置 Podman 和其他容器引擎，要求使用特定签名来签名镜像。所有未签名的镜像都将被拒绝。

首先，你需要创建 GPG 密钥对或选择预先制作的密钥对。你可以通过运行 gpg --full-gen-key 并按照交互式对话来创建新的 GPG 密钥。有关创建密钥的说明，请参阅网页：http://mng.bz/JV9V。

以下是创建默认参数的简单密钥的示例。请务必使用你自己的电子邮件地址。

```
$ gpg --batch --passphrase '' --quick-gen-key dwalsh@redhat.com default
➥ default
```

大多数容器镜像注册服务器都不了解镜像签名，它们只提供容器镜像的远程存储。如果你想对镜像进行签名，需要自己分发签名，通常使用 Web 服务器。你可以配置 Podman 和其他容器引擎以从这个 Web 服务检索签名。

在以下示例中，你将创建一个在你的本地机器上运行的 Web 服务，以演示镜像签名。Podman 能够在单个命令中推送和签名镜像。Podman 在容器镜像注册服务器配置文件/etc/containers/registries.d/ default.yaml 中读取签名位置。

检查 default.yaml 文件，找到 sigstore-staging 标志，并查看 Podman 存储签名的默认位置。

```
sigstore-staging: file:///var/lib/containers/sigstore
```

sigstore-staging 标志告诉 Podman 将签名存储在/var/lib/containers/sigstore 目录中。当你希望其他用户使用这些签名来验证你的镜像时，你需要将这些镜像放在 Web 服务器上。现在你可以开始测试了，首先签名 ubi8 镜像，然后设置 Podman 使用签名来验证要拉取的镜像。

### 1. 签名并推送镜像

在开始本节之前，你应该备份几个安全文件，以便稍后可以还原它们。

```
$ sudo cp /etc/containers/registries.d/default.yaml
➥ /etc/containers/policy.json /tmp
```

让我们从容器镜像注册服务器中拉取一个镜像并添加一个签名，然后将其推送回容器镜像注册服务器。确保使用你自己的容器镜像注册服务器账户、镜像和先前创建的 GPG 密钥。

```
$ sudo podman pull quay.io/rhatdan/myimage
Trying to pull quay.io/rhatdan/myimage:latest…
…
2c7e43d880382561ebae3fa06c7a1442d0da2912786d09ea9baaef87f73c29ae
$ podman login quay.io/rhatdan
Username: rhatdan
Password:
Login Succeeded!
$ sudo -E GNUPGHOME=$HOME/.gnupg \
    podman push --tls-verify=false --sign-by dwalsh@redhat.com
➥ quay.io/rhatdan/myimage
…
Storing signatures
```

在 sigstore-staging 目录/var/lib/containers/sigstore 中查找仓库名称 rhatdan。你将看到有一个新的签名可用，该签名由 podman push 命令创建。确保使用你自己的容器镜像注册服务器账户名称。

```
$ sudo ls /var/lib/containers/sigstore/rhatdan/
'myimage@sha256=0460a9d13a806e124639b23e9d6ffa1e5773f7bef91469bee6ac88
➥ a4be213427'
```

现在，你已经对镜像进行了签名，需要设置一个 Web 服务器来提供签名，并配置 Podman 和其他容器引擎使用签名和已签名的镜像。

### 2. 配置 Podman 以拉取已签名的镜像

当配置 Podman 使用签名来验证镜像时，你需要配置系统以检索签名。通常，你会在 Web 服务上共享签名。你可以通过在/etc/containers/registries.d/default.yaml 文件中配置 sigstore 标志来识别存储签名的网站。Podman 会从此网站下载这些签名。

例如，在本地主机端口 8000 上运行一个 Web 服务。将"sigstore：http：//localhost：8000" Web 服务器添加到 default.yaml 文件中。这将告诉 Podman 在拉取镜像时从此 Web 服务器检索签名。Podman 基于镜像名称及其摘要来查找签名。

```
$ echo "sigstore: http://localhost:8000" | sudo tee --append
➥ /etc/containers/registries.d/default.yaml
```

在此示例中，使用位于本地暂存签名存储/var/lib/containers/sigstore 内的 python3 启动一个新服务器。

```
$ cd /var/lib/containers/sigstore && python3 -m http.server
Serving HTTP on 0.0.0.0 port 8000 (http://0.0.0.0:8000/) ...
```

在另一个窗口中，从本地存储中删除 quay.io/rhatdan/myimage，因为你想要使用签名进行拉取。

```
$ podman rmi quay.io/rhatdan/myimage
Untagged: quay.io/rhatdan/myimage:latest
Deleted: 2c7e43d880382561ebae3fa06c7a1442d0da2912786d09ea9baaef87f73c29ae
```

你需要为 quay.io/rhatdan 镜像仓库设置镜像信任，并分配 publickey.gpg 公钥以在验证由 dwalsh@redhat.com 签名的镜像时使用。

```
$ sudo podman image trust set -f /tmp/publickey.gpg quay.io/rhatdan
```

上述 Podman 命令将以下内容添加到/etc/containers/policy.json 文件中。

```
...
"transports": {
    "docker": {
        "quay.io/rhatdan": [
            {
                "type": "signedBy",
                "keyType": "GPGKeys",
                "keyPath": "/tmp/publickey.gpg"
            }
        ],
...
```

你还没有创建 keyPath 文件/tmp/publickey.gpg。使用以下 GPG 命令创建它。

```
$ gpg --output /tmp/publickey.gpg --armor --export dwalsh@redhat.com
```

现在，你可以拉取已签名的镜像。

```
$ podman pull quay.io/rhatdan/myimage
Trying to pull quay.io/rhatdan/myimage:latest…
…
Writing manifest to image destination
Storing signatures
2c7e43d880382561ebae3fa06c7a1442d0da2912786d09ea9baaef87f73c29ae
```

成功了！但是，你仍然不确定它是否使用了签名。尝试从仓库中拉取另一个没有签名的镜像，它将会失败。

```
$ podman pull quay.io/rhatdan/podman
Trying to pull quay.io/rhatdan/podman:latest…
Error: Source image rejected: A signature was required,
➥ but no signature exists
```

确保将所有设置恢复为默认值。

```
$ sudo cp /tmp/default.yaml /etc/containers/registries.d/default.yaml
$ sudo cp /tmp/policy.json /etc/containers/policy.json
```

此外，停止在另一个终端启动的本地主机的 Web 服务器。表 11-3 描述了你需要设置的基础设施，以允许在你的环境中使用简单签名。

表 11-3 简单签名所需的基础设施

| 要求 | 描述 |
| --- | --- |
| GPG 私钥 | 你需要一个 GPG 密钥对，其中私钥用于签名镜像的服务 |
| 签名 Web 服务器 | 一个 Web 服务器必须在某个可以访问签名存储的地方运行 |

一旦你设置了基础设施来使用简单签名，你需要了解使用和验证签名的每个客户端的要求。表 11-4 列出了这些要求。

表 11-4 简单签名所需的客户端配置

| 要求 | 描述 |
| --- | --- |
| GPG 公钥(/tmp/publickey.gpg) | 用于签名的公共 GPG 密钥必须存在于拉取已签名镜像的任何计算机上 |
| 客户端的 sigstore 已配置 | 需要在所有需要拉取签名镜像的系统上，在/etc/containers/registries.d/*.yaml 文件中将签名 Web 服务器配置为 sigstore |
| 客户端的镜像信任已配置 | 每个使用镜像的容器引擎系统都需要配置镜像信任 |

## 11.4 Podman 镜像扫描

Podman 不是一个镜像扫描工具，它将这个任务留给了其他工具。但是，Podman 有一个很好的功能，使得扫描程序更容易扫描一个镜像。Podman 可以直接挂载一个可以扫描的镜像。扫描程序查看镜像的挂载内容，而不必执行镜像中的任何代码。请记住，你不能在非特权模式下挂载容器或镜像，除非首先进入用户命名空间。执行 podman image mount 命令会显示错误。

```
$ podman image mount ubi8
Error: cannot run command "podman image mount" in rootless mode, must
  execute 'podman unshare' first
```

在下面的例子中，你首先使用 podman unshare 进入用户命名空间，然后挂载 ubi8 镜像。最后，将目录更改到挂载目录，并运行一个 find 命令来定位镜像中的所有 setuid 二进制文件。请注意，你使用主机操作系统中的工具来扫描镜像。

```
$ podman unshare
podman image mount
mnt=$(podman image mount ubi8)
echo $mnt
/home/dwalsh/.local/share/containers/storage/overlay/05ddfb76c5eb2146646c70
  e20db21a35dfec2215f130ce8bd04fce530142cfbd/merged
cd $mnt
/usr/bin/find . -user root -perm -4000
./usr/libexec/dbus-1/dbus-daemon-launch-helper
```

```
./usr/bin/chage
./usr/bin/mount
./usr/bin/umount
./usr/bin/newgrp
./usr/bin/gpasswd
./usr/bin/passwd
./usr/bin/su
./usr/sbin/userhelper
./usr/sbin/unix_chkpwd
./usr/sbin/pam_timestamp_check
```

　　使用镜像中的工具扫描镜像并不安全，因为镜像的黑客可以修改扫描工具。Podman 使扫描程序更容易完成工作。

## 只读容器

　　我经常谈论生产中的容器和开发中的容器。当容器化应用程序处于开发阶段时，能将内容写入容器镜像并在之后提交该镜像是很有用的。虽然这在某种程度上很常见，但当涉及实际构建镜像时，大多数人都会转而使用 Containerfile。总之，一旦开发人员将其软件交给质量工程师，他们希望内容被视为只读内容。

　　在生产中运行容器时，你认为以只读模式运行镜像是有意义的。想象一下，你正在运行一个被黑客攻击的应用程序。黑客想要做的第一件事就是将后门写入应用程序，下一次启动容器或应用程序时，容器就会保留该漏洞。如果镜像是只读的，则会防止黑客留下后门，并迫使其从头开始启动该过程。

　　--read-only 选项防止应用程序向镜像中写入内容，并强制应用程序仅将内容写入 tmpfs 文件系统或添加到容器中的卷。有时你可能希望阻止容器在系统上的任何位置写入内容，并仅在容器内读取或执行代码。以只读模式运行容器的另一个好处是你可以捕捉到你不知道的、容器正在向镜像中写入的错误。最后，写入基于写时复制的文件系统（例如 overlayfs），几乎总是比写入卷或 tmpfs 慢。

```
$ podman run --read-only ubi8 touch /foo
touch: cannot touch '/foo': Read-only file system
```

　　在非特权模式下运行的一个问题是，应用程序通常希望写入/run、/tmp 和/var/tmp。Podman 通过在这些位置自动挂载 tmpfs 文件系统来管理此操作。

```
$ podman run --read-only ubi8 touch /run/foo
```

　　因为一些用户认为允许容器化应用程序写入任何位置，甚至在 tmpfs 挂载上，太不安全了，所以 Podman 添加了--read-only-tmpfs 选项。当以--read-only 模式运行时，--read-only-tmpfs 选项将添加/run、/tmp 和/var/tmp tmpfs。如果你想禁用此选项，可以使用--read-only-tmpfs=false 标志。

```
$ podman run --read-only-tmpfs=false --read-only ubi8 touch /run/foo
touch: cannot touch '/run/foo': Read-only file system
```

# 11.5 纵深安全

在安全领域，有一个常见的纵深安全（security in depth）思想。基于这个思想，我们应该使用多个层次或工具来保护资产。一个经典的比喻是古代城堡的安全性。通常城堡会建在高山上，有多道城墙，有护城河，甚至还有更多的安全功能，攻击者需要突破所有这些防护才能接近统治者。

容器安全的工作方式与此类似。Podman 利用 Linux 提供的所有安全机制，为你提供纵深安全保障。

## 11.5.1 Podman 同时使用所有安全机制

Podman 容器可以运行本章提到的所有安全机制。这意味着一个被黑客攻击的容器需要找到一种方法来逃脱只读文件系统、命名空间、删除的能力、SELinux、seccomp 等机制，才能访问你的系统。

在某些情况下，你可能需要放松一些安全机制，以允许容器运行。了解本章中讨论的安全功能是如何处理的总是比仅使用--privileged 标志运行容器更好，因为该标志关闭了所有防御措施。

Podman 为容器提供了合理的安全性保护，但它需要允许通用容器成功运行。了解你的容器应用程序的安全要求和 Podman 的安全功能，可以提高容器的安全性保护。如果你知道自己的容器不需要以 root 身份运行，请不要以 root 身份启动它。如果你的容器不需要任何 Linux 能力，则可以删除这些能力。非特权容器比特权容器更好。还可以考虑以只读模式或在分离的用户命名空间内运行容器。通过简单地采取这些措施，你就可以使自己的容器应用程序的"城墙"变得更厚实。

## 11.5.2 应该在哪里运行你的容器

最后，我想给大家留一个思考题。本章开始时，我谈到了住在不同类型住所——独栋别墅、双拼别墅和公寓楼——的三只小猪，每一种住所比前一种略微不安全。容器安全性可以做得比"居住在独栋别墅"更好，因为可以将容器堆叠在一起。

想象一下，你有两个不同的容器：一个 Web 前端和一个带有信用卡数据的数据库。如果你想确保它们是分开的，可以将它们放在同一系统内的容器中，或者最好将它们放在容器中，但将它们置于不同的虚拟机，最后将虚拟机放在不同的机器上。你叮以将 Web 前端放置运行容器的虚拟机所在的机器上，该机器在暴露于 Internet 的 DMZ 中。再将数据库放入你的私有网络中，而不限制对 Web 前端的访问。这样的配置有无限可能。

## 11.6　总结

- 容器安全包含许多不同的方面，如运行容器的分离、信任镜像和容器镜像注册服务器、扫描镜像等。
- 纵深防御意味着容器工具利用尽可能多的安全机制。如果一个安全机制失败，其他机制可能仍然能保护你的系统。
- 容器安全的核心在于保护 Linux 内核和主机文件系统免受恶意容器进程的攻击。
- 设置和控制你在系统上运行的容器镜像至关重要。不要让你的用户从互联网上运行随机应用程序。

# 附录 A　Podman 相关容器工具

这个附录描述了三种使用 containers/storage 和 containers/image 库的工具。这些工具具有以下功能。

- 在不同的容器镜像注册服务器和存储之间移动容器镜像。
- 构建容器镜像。
- 在单个节点上测试、开发和运行生产环境中的容器。
- 在生产环境中大规模运行容器。

作为 Podman 项目的最早发起者，我认识到需要专门的工具，每个工具执行特定的功能，而不是一个"一刀切"的一体化解决方案。

从安全角度来看，上面四个类别的功能需要不同的安全约束。在生产中运行的容器需要在比开发和测试中运行的容器更安全的环境中运行。在容器镜像注册服务器之间移动容器镜像不需要获得宿主机的特权访问权限，只需要远程访问镜像注册服务器。使用一体化守护进程会得到最不安全的系统。如果我的容器在构建过程中需要更多的访问权限，则在生产中它们获得与构建过程中相同的访问权限。

一体化守护进程的另一个关键问题是它阻止对工具进行实验，并且不允许它们走自己的路。一个例子是我们提出了一个更改 Docker 守护进程的建议，允许用户从容器镜像注册服务器中拉取不同类型的 OCI 内容。这个更改被拒绝了，因为它与 Docker 容器的关系很小。同样，当一体化守护进程为一个产品进行修改时，它可能会对使用该守护进程的另一个产品的功能产生负面影响。这个问题在 Kubernetes 开发时出现了，因为它依赖 Docker 守护进程作为容器引擎，但由于 Docker 是一体化的，它为许多其他项目进行的更改影响了 Kubernetes，导致稳定问题。显然，Kubernetes 需要一个专用的容器引擎来处理其工作负载，因此在 2020 年 12 月，Kubernetes 宣布最终使用新开发的标准——容器运行时接口（CRI）来改善编排器和不同容器运行时之间的交互。我写了一本名为《容器指挥官》的画册（见图 A-1），插图由 Máirín Duffy

（@marin）绘制，描述了本附录中讨论的容器工具，并使用了"超级英雄"的角色来描述。

图 A-1　画册封面

最后，有时存在利益或发布时间表冲突。拥有独立的工具可以独立部署所有发布版本，以自己的速度保证向客户提供新功能。为了满足表 A-1 中描述的不同功能，我们创建了四个项目。

由于你已经学习了很多关于 Podman 的知识，现在知道为什么它被包括在这个列表中了。Podman 是一个非常好的工具，用于理解和开发容器、pod 和镜像。它封装了 DockerCLI 做的一切，但没有将一切锁定在一个中央守护进程下。由于 Podman 不使用守护进程并使用操作系统共享数据，因此其他工具可以使用相同的数据存储和库。本附录的其余部分描述了其他工具，从 Skopeo（见图 A-2）开始。

表 A-1　　　　　　　　基于 containers/storage 和 containers/image 的主要容器工具

| 工具 | 描述 |
| --- | --- |
| Skopeo | 执行容器镜像和镜像仓库相关的各种操作 |
| Buildah | 方便执行容器镜像上相关的各种操作 |
| Podman | 一体化的 pod、容器和镜像管理工具 |
| CRI-O | 基于 OCI 的 Kubernetes 容器运行时接口的实现 |

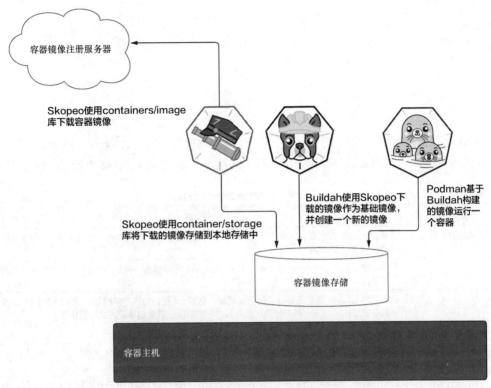

图 A-2　Skopeo、Buildah 和 Podman 通过共享相同的 containers/storage 镜像和
containers/image 库协同工作以拉取和推送镜像

## A.1　Skopeo

　　在使用 Docker 或 Podman 等容器引擎时，如果你想要查看存储在容器镜像注册服务器中的镜像，你首先需要将该镜像从容器镜像注册服务器中拉取到本地存储中。问题在于，这个镜像可能非常大，而在检查它之后，你可能会意识到它并不是你想要的，这样就浪费了拉取镜像的时间。因为拉取并检查镜像所使用的协议只是一个 Web 协议，所以我们创建了一个简单的工具 Skopeo，用来拉取镜像的详细信息并在屏幕上显示。Skopeo 是希腊语中"远程查看"的意思。

　　可以执行以下 skopeo inspect 命令以 JSON 格式查看镜像的详细信息。

```
$ skopeo inspect docker://quay.io/rhatdan/myimage
{
```

```
   "Name": "quay.io/rhatdan/myimage",
   "Digest":
"sha256:fe798c1576dc7b70d7de3b3ab7c72cd22300b061921f052279d88729708092d8",
   "RepoTags": [
       "Latest",
       "1.0"
   ],
…
```

Skopeo 还被扩展为可以从容器镜像注册服务器复制镜像。最终，Skopeo 成为在不同类型的存储（传输方式）之间复制容器镜像的工具。这些类型的存储即表 A-2 中定义的传输方式。

表 A-2　　　　　　　　　　　　Podman 支持的传输方式

| 传输方式 | 描述 |
| --- | --- |
| 容器镜像注册服务器（docker） | 这是默认的传输方式。它引用远端容器镜像注册服务器网站上存储和共享的容器镜像（例如 docker.io 和 quay.io） |
| oci | 引用符合 Open Container Initiative Format 规范的容器镜像。清单和层的 TAR 包作为单独的文件存储在本地目录中 |
| dir | 引用符合 Docker 镜像布局规范的容器镜像。它与 oci 传输方式非常相似，但使用遗留的 Docker 格式存储文件。作为一种非标准化的格式，它主要用于调试或非侵入式容器检查 |
| docker-archive | 引用打包成 TAR 归档文件且符合 Docker 镜像布局的容器镜像 |
| oci-archive | 引用符合 Open Container Initiative Format 规范的打包成 TAR 归档文件的镜像。它与 docker-archive 传输方式非常相似，但存储的镜像是 OCI 格式 |
| docker-daemon | 引用存储在 Docker 守护进程内部存储中的镜像。由于 Docker 守护进程需要 root 特权，因此 Podman 必须由 root 用户运行 |
| container-storage | 引用位于本地容器存储中的镜像。它不是一种传输方式，而是一种存储镜像的机制。它可以用于将其他传输方式转换为 container-storage。Podman 默认使用 container-storage 来存储本地镜像 |

因为其他容器引擎和工具也希望使用 Skopeo 开发的复制镜像的功能，所以 Skopeo 被设计成两个部分：命令行工具 Skopeo 和底层库 containers/image。将功能拆分为单独的库使得构建其他容器工具成为可能，包括 Podman。

skopeo copy 命令非常流行，可用于在不同类型的容器存储之间复制镜像。与 Podman 和 Buildah 相比，Skopeo 强制用户为源和目标指定传输方式（参见 A.2 节）。Podman 和 Buildah 根据上下文和命令默认使用 docker 或 containers-storage 传输方式。在下面的示例中，你将使用 docker 传输方式从容器镜像注册服务器中复制镜像，并使用 container-storage 传输方式将镜像存储到本地。

```
$ skopeo copy docker://quay.io/rhatdan/myimage containers-storage:quay.io/
    rhatdan/myimage
Getting image source signatures
Copying blob dfd8c625d022 done
Copying blob 68e8857e6dcb done
Copying blob e21480a19686 done
Copying blob fbfcc23454c6 done
```

```
Copying blob 3f412c5136dd done
Copying config 2c7e43d880 done
Writing manifest to image destination
Storing signatures
```

许多 Skopeo 用户使用的另一个命令是 skopeo sync，它允许你在容器镜像注册服务器和本地存储之间同步镜像。

Skopeo 主要用于基础设施项目，以帮助提供多个容器镜像注册服务器，例如将镜像从公共镜像注册服务器复制到私有镜像注册服务器。表 A-3 描述了 Skopeo 中使用最广泛的命令。最早利用 containers/image 库的工具之一便是 Buildah。

表 A-3 主要的 Skopeo 命令及其描述

| 命令 | 描述 |
| --- | --- |
| skopeo copy | 将一个位置的镜像（清单、文件系统层或签名）复制到另一个位置 |
| skopeo delete | 将镜像名称标记为稍后由容器镜像注册服务器的垃圾收集器删除 |
| skopeo inspect | 返回容器镜像注册服务器中保存的指定镜像对应的低级别信息 |
| skopeo list-tag | 列出特定传输方式的镜像仓库中的标签 |
| skopeo login | 登录容器镜像注册服务器（与 podman login 相同） |
| skopeo logout | 退出容器镜像注册服务器（与 podman logout 相同） |
| skopeo manifest digest | 为 manifest 文件计算清单摘要，并将其写入标准输出 |
| skopeo sync | 在容器镜像注册服务器和本地目录之间同步镜像 |

## A.2 Buildah

正如你在前文学到的那样，创建容器镜像意味着在磁盘上创建一个目录并向其中添加内容，使其看起来像 Linux 机器上的根目录 "/"，称为 rootfs。最初，唯一的方法是使用 Dockerfile 和 docker build。尽管 Dockerfile 和 Containerfile 是创建容器镜像的优秀方式，但需要一种低级别的构建工具，从而允许以其他方式构建容器镜像。这种工具允许将镜像构建过程分解为单个命令，让你能够使用比 Containerfile 更强大的脚本工具和语言来构建镜像。我们创建了一个名为 Buildah（https://buildah.io）的工具来实现此目的。

Buildah 被设计为用于构建容器镜像的简单工具。它是基于 container/storage 和 container/image 库构建的，就像 Podman 和 Skopeo 一样。它具有与 Podman 相似的许多功能。你可以使用它来拉取镜像、推送镜像、提交镜像，甚至在镜像上运行容器。Podman 和 Buildah 的主要区分体现在容器的基本概念上。Podman 容器是长期运行的容器，而 Buildah 容器只是临时的工作容器，

将用于创建 OCI 镜像。

> **提示**　Buildah 是仅适用于 Linux 的工具，不可在 macOS 或 Windows 上使用。但是，Podman 在 podman build 命令中嵌入了 Buildah。macOS 和 Windows 上的 Podman 使用服务器端的 Buildah 代码，这些平台使用 Containerfile 和 Dockerfile 进行构建。要了解更多的相关信息，请参见附录 E 和 F。

Buildah 的设计目标是将 Dockerfile 中定义的步骤提供给命令行。Buildah 希望通过使用操作系统中所有可用的工具来填充镜像，从而简化容器镜像构建。你可以通过标准的 Linux 工具（如 cp、make、yum install 等）向此目录添加数据。然后将 rootfs 提交到 TAR 包中，添加一些 JSON 来描述创建者希望镜像执行的内容，最后将其推送到容器镜像注册服务器。基本上，Buildah 将你在 Containerfile 中学到的步骤分解为可以从 shell 执行的单个命令。

> **提示**　Buildah 这个名称源于我对 buider 的发音。如果你听过我的演讲，你会注意到我有很强的波士顿口音。当核心团队问我想要如何称呼这个工具时，我说："我不在乎，只要称之为 Builder 就行。"他们听成了 Buildah。

构建新容器镜像的第一步是拉取基础镜像。在 Containerfile 中，是使用 FROM 指令来完成此操作的。

## A.2.1　从基础镜像创建工作容器

首先要看的命令是 buildah from。它相当于 Containerfile 中的 FROM 指令。当执行 buildah from IMAGE 时，它会从容器镜像注册服务器中拉取指定的镜像，将其保存在本地容器存储中，并基于此镜像创建一个工作容器。如前所述，此容器类似于 Podman 容器，只不过它只是暂时存在，用于转变成容器镜像。以下示例基于 ubi8-init 镜像创建了一个工作容器。

**清单 A-1　Buildah 拉取镜像和创建 Buildah 容器**

```
$ buildah from ubi8-init
Resolved "ubi8-init" as an alias (/etc/containers/registries.conf.d/
➥ 000-shortnames.conf)
Trying to pull registry.access.redhat.com/
➥ ubi8-init:latest…                          ◄── 从容器镜像注册服务器
Getting image source signatures                   拉取镜像
Checking if image destination supports signatures
Copying blob adffa6963146 done
Copying blob 29250971c1d2 done
Copying blob 26f1167feaf7 done
Copying config 4b85030f92 done
Writing manifest to image destination
Storing signatures                           输出的是新容器的
ubi8-init-working-container              ◄──  名称
```

请注意，buildah from 的输出与 podman pull 的输出相同，除了最后一行，它输出容器名称：ubi8-init-working-container。如果再次运行 buildah from 命令，你会获得第二个容器名称。

```
$ buildah from ubi8-init
ubi8-init-working-container-1
```

Buildah 跟踪容器并通过递增计数器生成每个容器。当然，你可以使用--name 选项来覆盖容器名称。接下来，你将向此容器镜像添加内容。

## A.2.2  向工作容器添加数据

Buildah 有两个命令：buildah copy 和 buildah add，用于将文件、URL 或目录的内容复制到容器的工作目录中。它们与 Containerfile 的 COPY 和 ADD 指令具有相同的功能。

> 提示　两个几乎执行相同操作的命令有点令人困惑。在大多数情况下，我建议你只使用 buildah copy 和 Containerfile 中的 COPY。两者之间的主要区别在于 COPY 仅将主机上的本地文件和目录复制到容器镜像中。ADD 命令支持使用 URL 拉取远程内容并将其插入容器中。ADD 命令还支持在将 TAR 和 ZIP 文件复制到容器镜像时对其进行扩展。

buildah copy 命令要求你指定之前由 buildah from 命令创建的容器名称，然后是源和可选的目标。如果未提供目标，则源数据将被复制到容器的工作目录中。如果目标目录尚不存在，则会创建它。

以下示例将本地的 html/index.html 文件（已在前面的 3.1 节中创建）复制到容器的 /var/lib/www/html 目录中。

```
$ buildah copy ubi8-init-working-container html/index.html
  /var/lib/www/html/
```

如果你想使用更高级的工具（如软件包管理器）来向你的容器添加内容，Buildah 支持在容器内运行命令。

## A.2.3  在工作容器中运行命令

要在工作容器内运行命令，你需要执行 buildah run。在幕后，此命令的工作与 RUN 指令完全相同；它在当前容器的基础上启动新容器，执行指定的命令，然后将结果提交给工作容器。buildah run 要求你指定工作容器的名称，然后是命令。在以下示例中，你在容器内安装了 httpd 服务。

```
$ buildah run ubi8-init-working-container dnf -y install httpd
Updating Subscription Management repositories.
Unable to read consumer identity
This system is not registered with an entitlement server. You can use
```

➧ subscription-manager to register.
…
Complete!

　　为了确保创建运行容器后会有一个运行的 Web 服务器，下一个命令启用 Apache HTTP Server 服务。

```
$ buildah run ubi8-init-working-container systemctl enable httpd.service
Created symlink /etc/systemd/system/multi-user.target.wants/httpd.service ?
➧ /usr/lib/systemd/system/httpd.service.
```

　　表 A-4 显示了 Containerfile 指令与 Buildah 命令之间的对应关系。

表 A-4　　　　　　　　　　Containerfile 指令与 Buildah 命令之间的对应关系

| 指令 | 命令 | 描述 |
| --- | --- | --- |
| ADD | buildah add | 将文件、URL 或目录的内容添加到容器中 |
| COPY | buildah copy | 将文件、URL 或目录的内容复制到容器的工作目录中 |
| FROM | buildah from | 创建一个新的工作容器，可以从头开始创建，也可以使用指定的镜像作为起点 |
| RUN | buildah run | 在容器内运行一个命令 |

## A.2.4　直接从主机向工作容器添加内容

　　到目前为止，你已经了解了 Buildah 如何执行你在 Containerfile 中执行的相同命令，但 Buildah 的目标之一是直接将容器镜像的 rootfs 暴露给主机。这使得你可以使用主机上可用的命令将内容添加到容器镜像中，而无须在容器镜像中存在这些命令。

　　buildah mount 命令允许你直接在系统上挂载工作容器的根文件系统，然后使用诸如 cp、make、dnf 甚至编辑器等工具来操作容器根文件系统的内容。

　　如果你以 root 用户身份运行 Buildah，则可以简单地执行 buildah mount 命令。但在非特权模式下，这是不允许的。请回想一下 2.2.10 节中所学习的 podman mount 命令，你必须首先进入用户命名空间。同样，buildah unshare 命令会创建在用户命名空间中运行的 shell。一旦进入用户命名空间，你就可以挂载容器。在以下示例中，你利用到目前为止学习的知识，使用主机操作系统的 grep 命令向容器添加内容。

```
$ buildah unshare
# mnt=$(buildah mount ubi8-init-working-container)
# echo $mnt
/home/dwalsh/.local/share/containers/storage/overlay/133e1728eac26589b07984
➧ e3bdf31b5e318159940c866d9e0493a1d08e1d2f6a/merged
# grep dwalsh /etc/passwd >> $mnt/etc/passwd
# exit
```

　　现在，可以检查一下你的修改是否实际应用到了工作容器中。

```
$ buildah run ubi8-init-working-container grep dwalsh /etc/passwd
dwalsh:x:3267:3267:Daniel J Walsh:/home/dwalsh:/bin/bash
```

在填充工作容器的内容后，是时候指定 Containerfile 中的其他指令了。这些指令将描述你作为容器镜像创建者的意图。

## A.2.5 配置工作容器

你可能已经注意到表 A-3 中有很多缺失的 Containerfile 指令，像 LABEL、EXPOSE、WORKDIR、CMD 和 ENTRYPOINT 这样的 Containerfile 指令可用于填充 OCI 镜像规范。

现在使用 buildah config 命令，你可以添加要公开的端口（EXPOSE），并将容器 rootfs 中的位置标记为卷（VOLUME），该卷将用作网站根目录。

```
$ buildah config --port=80 --volume=/var/lib/www/html
➡ ubi8-init-working-container
```

你可以使用 buildah inspect 命令检查相应的 OCI 镜像规范字段。

```
$ buildah inspect --format '{{ .OCIv1.Config.ExposedPorts }} {{
➡ .OCIv1.Config.Volumes }}' ubi8-init-working-container
map[80:{}] map[/var/lib/www/html:{}]
```

表 A-5 显示了 Containerfile 指令与 Buildah 配置选项之间的对应关系。你还可以参考表 A-5 获取有关这些指令的其他信息。

表 A-5　　　　　　　　　Containerfile 指令与 Buildah 配置选项之间的对应关系

| 指令 | 配置选项 | 描述 |
| --- | --- | --- |
| MAINTAINER | --author | 设置镜像作者的联系信息 |
| CMD | --cmd | 设置容器内要运行的默认命令 |
| ENTRYPOINT | --entrypoint | 设置容器的命令作为可执行文件运行 |
| ENV | --env | 为所有后续的指令设置环境变量 |
| HEALTHCHECK | --healthcheck | 设置一个命令以检查容器是否仍在运行 |
| LABEL | --label | 添加键值元数据 |
| ONBUILD | --onbuild | 设置在将镜像用作另一个镜像的基础时要运行的命令 |
| EXPOSE | --port | 指定容器在运行时将监听的端口 |
| STOPSIGNAL | --stop-signal | 设置在停止容器时要发送的停止信号 |
| USER | --user | 设置运行容器时要使用的用户和所有后续的 RUN、CMD 和 ENTRYPOINT 指令 |
| VOLUME | --volume | 添加挂载点并将其标记为外部数据的卷 |
| WORKDIR | --workingdir | 为所有后续的 RUN、CMD、ENTRYPOINT、COPY 和 ADD 指令设置工作目录 |

一旦你完成了向 Buildah 容器镜像添加内容并向 OCI 镜像规范添加配置，你就需要从该工作容器创建镜像。

## A.2.6　从工作容器创建镜像

到目前为止，可基于你构建的工作容器，使用 buildah commit 命令来创建符合 OCI 标准的镜像。这个命令的工作方式与你在 2.1.9 节中学习的 podman commit 命令相同。此命令的输入是工作容器名称和可选的镜像标签；如果未指定标签，该镜像将没有名称。

```
$ buildah commit ubi8-init-working-container quay.io/rhatdan/myimage2
Getting image source signatures
Copying blob 352ba846236b skipped: already exists
Copying blob 3ba8c926eef9 skipped: already exists
Copying blob 421971707f97 skipped: already exists
Copying blob 9ff25f020d5a done
Copying config 5e47dbd9b7 done
Writing manifest to image destination
Storing signatures
5e47dbd9b7b7a43dd29f3e8a477cce355e42c019bb63626c0a8feffae56fcbf9
```

你可以使用 buildah images 来查看镜像。

```
$ buildah images
REPOSITORY                    TAG       IMAGE ID       CREATED        SIZE
quay.io/rhatdan/myimage2      latest    5e47dbd9b7b7   2 minutes ago  293 MB
registry.access.redhat
➥ .com/ubi8-init             latest    4b85030f924b   5 weeks ago    253 MB
```

因为 Podman 和 Buildah 共享相同的容器镜像存储，你可以使用 podman images 来查看相同的镜像。

```
$ podman images
REPOSITORY                    TAG       IMAGE ID       CREATED        SIZE
quay.io/rhatdan/myimage2      latest    5e47dbd9b7b7   4 minutes ago  293 MB
registry.access.redhat
➥ .com/ubi8-init             latest    4b85030f924b   5 weeks ago    253 MB
```

你甚至可以在该镜像上运行一个 Podman 容器。

```
$ podman run quay.io/rhatdan/myimage2 grep dwalsh /etc/passwd
dwalsh:x:3267:3267:Daniel J Walsh:/home/dwalsh:/bin/bash
```

## A.2.7　将镜像推送到容器镜像注册服务器

与 Podman 类似，Buildah 具有 buildah login 和 buildah push 命令，允许你将镜像推送到容器镜像注册服务器，如下例所示。

```
$ buildah login quay.io
Username: rhatdan
Password:
Login Succeeded!
$ buildah push quay.io/rhatdan/myimage2
Getting image source signatures
Copying blob 3ba8c926eef9 done
Copying blob 421971707f97 done
Copying blob 9ff25f020d5a done
Copying blob 352ba846236b done
Copying config 5e47dbd9b7 done
Writing manifest to image destination
Copying config 5e47dbd9b7 done
Writing manifest to image destination
Storing signatures
```

> **提示** 你也可以使用 podman login 和 podman push，甚至使用 skopeo login 和 skopeo copy 完成同样的任务。

恭喜! 你已经成功地通过使用简单的 shell 命令而不是使用 Containerfile 来手动构建了一个符合 OCI 标准的容器镜像。此外，如果你想使用现有的 Containerfile 或 Dockerfile 来创建镜像，可以使用 buildah build 命令。

## A.2.8　从 Containerfile 构建容器镜像

你可以使用 buildah build 命令从 Containerfile 或 Dockerfile 构建符合 OCI 标准的镜像。Buildah 包括一个解析器，可以理解 Containerfile 格式，并可以使用之前描述的命令自动执行所有任务。在下一个示例中，我们使用 2.3.2 节中的 Containerfile。

```
$ cat myapp/Containerfile
FROM ubi8/httpd-24
COPY index.html /var/www/html/index.html
```

你可以通过执行以下命令，使用此 Containerfile 构建容器镜像。

```
$ buildah build ./myapp
STEP 1/2: FROM ubi8/httpd-24
Resolved "ubi8/httpd-24" as an alias (/home/dwalsh/.cache/containers/
➡ short-name-aliases.conf)
Trying to pull registry.access.redhat.com/ubi8/httpd-24:latest
…
Getting image source signatures
Checking if image destination supports signatures
Copying blob adffa6963146 skipped: already exists
…
STEP 2/2: COPY html/index.html /var/www/html/index.html
```

```
COMMIT
Getting image source signatures
Copying blob 352ba846236b skipped: already exists
…
bbfcf76c994c738f8496c1f274bd009ddbc960334b59a74953691fff00442417
```

你可能已经注意到，此输出与 podman build 命令的输出完全匹配。这是因为 podman build 命令也在使用 Buildah。

### A.2.9　Buildah 作为工具库

Buildah 不仅被设计为一个命令行工具，还被设计为一个基于 Golang 的工具库。Buildah 在一些不同的工具如 Podman 和 OpenShift 镜像构建器中使用。Buildah 允许在这些工具内部构建 OCI 镜像。每次执行 podman build 命令时，都会执行 Buildah 库代码。在学习了如何使用 Buildah 构建容器镜像、使用 Skopeo 在容器存储之间复制镜像以及使用 Podman 管理和运行主机上的容器之后，让我们谈谈如何在 Kubernetes 生态系统中使用所有这些工具。

## A.3　CRI-O：OCI 容器的容器运行时接口

在 Kubernetes 开发期，它在内部使用 Docker API 来运行容器。Kubernetes 依赖 Docker 的一些功能。但这些功能随着发布版本的更改而改变，有时会破坏 Kubernetes 的功能。同时，CoreOS 希望他们的备选容器引擎 RKT 能够与 Kubernetes 协同工作。因此，Kubernetes 开发人员决定将 Docker 功能拆分出来并使用称为容器运行时接口（CRI）的新 API。该接口允许 Kubernetes 使用除 Docker 以外的其他容器引擎。

当 Kubernetes 想要拉取容器镜像时，它通过 CRI 调用远程套接字，并请求侦听器为其拉取 OCI 镜像。当它想要启动 pod 或容器时，它会调用套接字并请求其启动容器。

> 提示　CoreOS 最终被 Red Hat 收购，RKT 项目已经结束。Kubernetes 也已淘汰 Docker 作为容器运行时。

Red Hat 将 CRI 视为开发新的容器引擎的机会，他们最终将其称为 OCI 容器的容器运行时接口（CRI-O）。CRI-O 基于与 Skopeo、Buildah 和 Podman 相同的 containers/storage 和 containers/image 库，并可以与这些工具配合使用。CRI-O 的主要目标是替换 Docker 服务，成为 Kubernetes 的容器引擎。

CRI-O 与 Kubernetes 发布版本相关联。当发布新版本的 Kubernetes 时，版本号会同步更新。CRI-O 针对 Kubernetes 工作负载进行了优化；致力于 CRI-O 的工程师了解 Kubernetes 正在尝试做什么，并确保 CRI-O 以最有效的方式完成工作。由于 CRI-O 没有其他用户，因此 Kubernetes 不必担心 CRI-O 的破坏性变化。

> **提示** CRI-O 是在基于 Red Hat 的 Kubernetes OpenShift 的产品中使用的核心技术。在 Kubernetes 开始运行之前，OpenShift 使用 Podman 来安装和配置 CRI-O。OpenShift 镜像构建器嵌入 Buildah 功能，以允许用户在其 OpenShift 集群中构建镜像。

# 附录 B　OCI 运行时

本附录介绍用于像 Podman 这样的容器引擎的主要 OCI 运行时。如第 1 章所讨论的那样，OCI 运行时（https://opencontainers.org）是由容器引擎（包括 Podman）启动的可执行文件，用于配置 Linux 内核和子系统以运行内核；它的最后一步是启动容器。OCI 运行时读取 OCI 运行时规范 JSON 文件，然后配置命名空间、安全控制和 cgroups，最终启动容器进程（见图 B-1）。

在本附录中，你将学习四个主要 OCI 运行时。--runtime 选项允许你在不同的 OCI 运行时之间切换。在下一个示例中，你将两次运行相同的容器命令，每次都使用不同的运行时。在第一个命令中，你将使用在 containers.conf 中定义的运行时 crun 运行容器，因此不需要指定运行时的路径。

清单 B-1　Podman 使用备用 OCI 运行时 crun 运行

```
$ podman --runtime crun run --rm ubi8 echo hi  ◁
hi
```
--runtime 选项告诉 Podman 使用 crun OCI 运行时，而不是默认的运行时

在 Linux 机器上，默认的运行时在 containers.conf 文件的[containers]表中定义。

清单 B-2　修改默认的 OCI 运行时

```
$ grep -iA 3 "Default OCI Runtime" /usr/share/containers/containers.conf
# Default OCI runtime
#
#runtime = "crun"  ◁
```
在大多数系统上，Podman 默认使用 crun；在一些旧的发行版上，比如 Red Hat Enterprise Linux，Podman 默认使用 runc

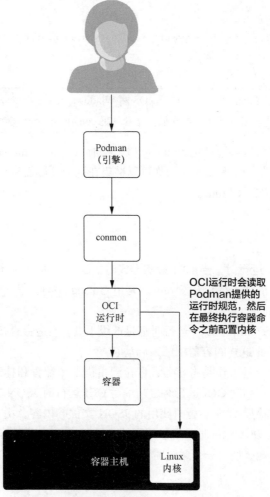

图 B-1　Podman 执行 OCI 运行时以启动容器

　　在第二个例子中，你使用了完整的 OCI 运行时路径，即/usr/bin/runc。

```
$ podman --runtime /usr/bin/runc run -rm ubi8 echo hi
hi
```

　　如果你想永久更改默认的 OCI 运行时，可以在你的主目录下的 containers.conf 文件的[engine]表中设置 runtime 选项。

```
$ cat > ~/.config/containers/containers.conf << EOF
[engine]
```

```
runtime="runc"
EOF
$ podman --help | grep -- runc
  --runtime stringPath to the OCI-compatible binary used to run containers.
    (default "runc")`
```

> 提示　--runtime 选项仅在 Linux 上可用。在 macOS 和 Windows 上，podman --remote（以及 Podman）
> 不支持--runtime 选项，因此你需要在服务器端设置 containers.conf 文件。

要了解更多的相关信息，请参见 podman（1）手册页：man podman。

OCI 运行时仍在不断开发和试验中，你可以期望在这个领域发生创新。第一个开发的容器运行时也是事实上的标准，即 runc。

# B.1　runc

runc 是最早的 OCI 运行时。当 OCI 最初形成时，Docker 将 runc 捐赠给 OCI 作为 OCI 运行时的默认实现。OCI 继续支持和开发 runc。它用 Golang 编写，还包括 libcontainer 库，用于许多容器引擎和 Kubernetes。

runc 官网指出，runc 和所有 OCI 运行时都是低级工具，不适合直接由最终用户使用。建议使用像 Podman 或 Docker 这样的容器引擎来启动它。

回想一下，容器引擎的工作是将容器镜像拉到主机上、配置和挂载根文件系统（rootfs）以将其用于容器，最后在启动 OCI 运行时之前编写 OCI 运行时 JSON 文件。

OCI 运行时规范仅描述 OCI 运行时使用的 JSON 文件的内容。由于每个 OCI 引擎都支持 runc 命令行，因此其他 OCI 运行时采用了相同的 CLI 命令和选项。这使得在容器引擎启动时一个运行时可以更容易地替换另一个运行时。表 B-1 显示了 runc 支持的命令，所有 OCI 运行时也支持它们。

表 B-1　　　　　　　　　　　　　　　　　　runc 命令

| 命令 | 描述 |
| --- | --- |
| checkpoint | 检查运行中的容器 |
| create | 创建一个容器 |
| delete | 删除由容器占用的任何资源，通常与已分离的容器一起使用 |
| events | 显示容器事件，如 OOM 通知，CPU、内存和 IO 使用情况统计 |
| init | 初始化命名空间并启动进程 |
| kill | 将指定信号（默认为 SIGTERM）发送到容器的 init 进程 |
| list | 显示由 runc 启动的具有指定 root 权限的容器列表 |

续表

| 命令 | 描述 |
|------|------|
| pause | 暂停容器内的所有进程 |
| ps | 显示运行在容器内的进程 |
| restore | 从先前的检查点恢复容器 |
| resume | 恢复所有之前暂停的进程 |
| run | 创建并运行一个容器 |
| spec | 创建一个新的规范文件 |
| start | 在创建的容器中执行用户定义的进程 |
| state | 输出容器的状态 |
| update | 更新容器资源约束 |

runc 仍在不断发展，并拥有一个非常活跃的社区。runc 的问题在于它是用 Golang 编写的。Golang 不是设计成需要快速启动、执行 fork/exec 命令并快速退出的小型频繁执行的应用程序。fork/exec 在 Golang 中是一项繁重的操作。尽管 runc 试图解决这个问题，但最终还是会牺牲一点点性能。这"一点点"性能损失会随着时间的推移累积，因此在规模方面，crun 表现得更好。

## B.2 crun

runc 是使用 Golang 编写的，它是一个非常重的可执行文件，大小为 12MB。Golang 是一种很好的语言，但它并不利用共享库。基于这个原因，Golang 可执行文件占用的内存要多得多。runc 的大小使得它在容器启动期间加载较慢。另一个问题是，Golang 并不能很好地支持 fork/exec 模型，相比其他语言（例如 C 语言），它的 fork/exec 操作慢。当你启动和停止数百或数千个容器时，这种速度缺陷就更为严重，例如在 Kubernetes 集群上。像 Podman 这样的容器引擎（也是用 Go 语言写的）通常运行更长的时间，因此启动时间并不那么重要。像 runc 这样的 OCI 运行时只会执行很短的时间，然后快速退出。

runc 和 Podman 的贡献者 Giuseppe Scrivano 了解了 runc 的这些缺陷，并希望用 C 语言编写一个兼容的 OCI 运行时。他创建了一个非常轻量级的 OCI 运行时，名为 crun。crun 自称是"快速和轻量级的 OCI 运行时"，支持所有与 runc 相同的命令和选项，而且 crun 可执行文件比 runc 小得多。可以使用 du -s 命令比较它们的大小。

```
$ du -s /usr/bin/runc /usr/bin/crun
14640 /usr/bin/runc
392 /usr/bin/crun
```

　　crun 是一个用 C 语言编写的 OCI 运行时，相较于使用 Golang 编写的 runc，crun 能更好地支持 fork 和 exec，因此在启动容器时速度更快。

　　crun 的这些特点使其易于插入系统的其他库中，因此人们正在尝试将 crun 用作处理 OCI 运行时 JSON 文件并启动不同类型容器（例如在 Linux 上的 WASM 和 Windows 容器）的库。基于 libkrun，crun 还有可能用于启动 KVM 隔离的容器。

　　在 Fedora 和 Red Hat Enterprise Linux 9 中，crun 现在是 Podman 使用的默认 OCI 运行时。在 Red Hat Enterprise Linux 8 中，runc 仍然得到支持，并是默认的 OCI 运行时。

　　crun 和 runc 是管理使用命名空间分离的传统容器的两个主要 OCI 运行时。这两个项目紧密合作，当发现任何一个 OCI 运行时中的错误或问题时，都会很快地在两者中修复。有关 crun 的更多信息，请参阅 crun（1）手册页：man crun。

## B.3　Kata

　　OCI 运行时还编写成使用虚拟机进行分离，其中主要的例子是 Kata 容器。Kata 容器项目将自己宣传为"容器的速度，虚拟机的安全性。一个开源容器运行时，构建轻量级虚拟机，无缝插入容器生态系统"。

　　Kata 容器使用虚拟机技术来启动每个容器。这与启动虚拟机并在其中运行 Podman 非常不同。标准虚拟机具有初始化系统，它启动各种服务，如日志系统、cron 等。另外，Kata 容器启动微型操作系统，仅运行容器及其支持服务（见图 B-2）。由于它的唯一目的是启动容器，当容器退出时，此虚拟机会消失。

　　我认为在虚拟机/hypervisor（虚拟机监视器）分离中运行容器可以提供比传统容器分离更好的安全性能。后者中的容器直接与主机内核通信。虚拟机分离的容器必须首先打破虚拟机内的限制，然后找到一种方法打破虚拟机监视器，只有突破这两层限制才有可能面临主机内核攻击。

　　虽然虚拟机分离的容器更安全，但这也带来了一些缺点。启动 Kata 容器时有相当多的开销，需要配置虚拟机监视器，在虚拟机内部启动内核和其他进程，最后才启动容器；必须预先分配虚拟机的内存、CPU 等，并且难以更改。在云中的虚拟机中运行 Kata 通常不被允许，或者至少更昂贵，因为大多数云供应商不支持嵌套虚拟化。

　　最后，最重要的是，虚拟机分离的容器本质上很难与其他容器和主机操作系统共享内容。最大的问题在于卷。

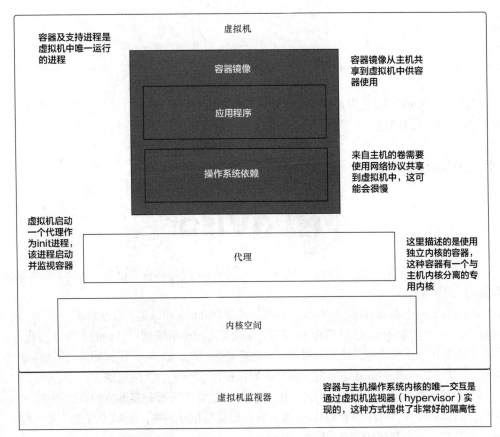

图 B-2　Kata 容器启动一个轻量级虚拟机，仅运行容器

在传统容器中与主机机器共享的内容只有绑定挂载，但在虚拟机分离的容器中，绑定挂载无法正常工作。由于主机和容器上的进程运行使用的是两个不同的内核，因此需要一种网络协议来共享内容。Kata 容器最初使用 NFS 和 Plan 9 网络文件系统。通过这些网络文件系统读/写数据比绑定挂载获得的本机文件系统读/写要慢得多。

Virtiofs 是一种新的文件系统，具有网络文件系统的特性，但允许虚拟机访问主机上的文件。它能够比基于网络的文件系统显示出更快的速度提升，同时仍在积极开发中。

Kata 容器有两种启动方式。传统的方法是使用 OCI 命令行 kata-runtime。它基于 Podman 支持的 runc 命令。你可以在 Linux 机器上通过搜索 "#kata" 来查看在 containers.conf 中定义的路径。

```
$ grep -A 9 '^#kata' /usr/share/containers/containers.conf
#kata = [
# "/usr/bin/kata-runtime",
# "/usr/sbin/kata-runtime",
# "/usr/local/bin/kata-runtime",
# "/usr/local/sbin/kata-runtime",
```

```
# "/sbin/kata-runtime",
# "/bin/kata-runtime",
# "/usr/bin/kata-qemu",
# "/usr/bin/kata-fc",
#]
```

　　总体而言，Kata 容器提供更好的安全性，但需要承受性能开销。你可以根据工作负载的需要选择这些 OCI 运行时。

## B.4　gVisor

　　本附录介绍的最后一个 OCI 运行时是 gVisor。gVisor 网站宣传自己是"为容器提供高效纵深防御的应用内核"。

　　gVisor 包括一个名为 runsc 的 OCI 运行时，可与 Podman 和其他容器引擎配合使用。gVisor 项目自称为一个应用内核，使用 Golang 编写，实现了 Linux 系统调用接口的大部分功能。它在运行的应用程序和主机操作系统之间提供了一层额外的隔离。Google 工程师编写了最初版本的 gVisor，并声称 Google Cloud 运行的大部分容器都使用 gVisor OCI 运行时。

　　gVisor 有点类似于虚拟机隔离容器，因为 gVisor 拦截几乎所有容器内的系统调用，然后处理它们。gVisor 将自己描述为用 Golang 编写的容器应用程序内核，限制了对主机内核的访问。同时，它没有 Kata 的嵌套虚拟化问题。

　　然而，gVisor 付出了性能代价，需要额外的 CPU 周期和更高的内存使用量，这可能会导致增加延迟、降低吞吐量或两者兼有。gVisor 还是系统调用接口的独立实现，这意味着许多子系统或特定调用没有像更成熟的实现那样被优化。

# 附录 C　获取 Podman

Podman 是一个用于操作容器的绝佳工具，但是如何在你的系统上安装它呢？需要哪些软件包才能使其正常工作？本附录介绍如何在你的系统上安装或构建 Podman。

## C.1　安装 Podman

通过 Linux 软件包管理器，几乎所有 Linux 发行版都可以获得 Podman。也可以在 macOS、Windows 和 FreeBSD 平台上获得 Podman。podman.io 官方网站定期更新有关如何为不同发行版安装 Podman 的新说明。本附录中的大部分内容均源自 podman.io 网站，如图 C-1 所示。

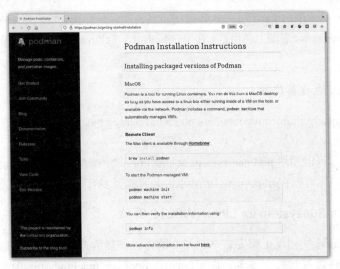

图 C-1　Podman 安装说明网站

## C.1.1　macOS

因为 Podman 是一个运行 Linux 容器的工具，所以只有在你可以访问本地或远程的 Linux 主机时，才能在 macOS 桌面上使用它。为了使这个过程更加容易，Podman 包括一个命令 podman machine，用于自动管理虚拟机。

macOS 客户端可通过 Homebrew（https://brew.sh/）获得。

```
$ brew install podman
```

通过使用 podman machine 命令，Podman 具有安装虚拟机并在你的计算机上运行 Linux 实例的能力。在 macOS 上，你必须执行以下命令才能安装并启动 Linux 虚拟机以在本地成功运行容器。

```
$ podman machine init
$ podman machine start
```

作为可选项，你可以使用 podman system connection 命令来设置运行 Podman 服务的远程 Linux 主机的 SSH 连接。

然后你可以使用以下命令验证安装信息。

```
$ podman info
```

这个 Podman 命令在 macOS 本地运行，但是与在虚拟机内运行的 Podman 实例进行通信。

## C.1.2　Windows

因为 Podman 是一个用于运行 Linux 容器的工具，所以只有在你可以访问本地或远程的 Linux 主机时，才能在 Windows 桌面上使用它。在 Windows 上，Podman 还可以利用 Windows Subsystem for Linux 系统。

### 1．Windows 远程客户端

你可以在 https://github.com/containers/podman/releases 网站上获取最新的 Windows 远程客户端。

安装完成后你可以使用 podman system connection 命令来配置 Windows 远程客户端以连接到 Linux 服务器。你可以在 http://mng.bz/M0Kn 上了解更多有关该过程的信息。

### 2．Windows Subsystem for Linux (WSL) 2.0

请查看 Windows 文档以了解安装 WSL 2.0 的方法，然后选择一个包含 Podman 的发行版，包括下面介绍的许多发行版。或者，你可以使用 podman machine init 命令自动安装和配置 WSL，下载 Fedora Core VM 并将其配置到该 WSL 上，然后为 Podman 远程客户端创建相应的

SSH 连接。

提示　不支持 WSL 1.0。

## C.1.3　Arch Linux 和 Manjaro Linux

Arch Linux 和 Manjaro Linux 使用 pacman 工具来安装软件。

```
$ sudo pacman -S podman
```

## C.1.4　CentOS

Podman 可以在 CentOS 7 的默认 Extras 软件仓库中获得，也可以通过 CentOS 8 和 Stream 的 AppStream 软件仓库获得。

```
$ sudo yum -y install podman
```

## C.1.5　Debian

Podman 软件包可以在 Debian 11（bullseye）及以后的版本的软件仓库中获得。

```
$ sudo apt-get -y install podman
```

## C.1.6　Fedora

```
$ sudo dnf -y install podman
```

## C.1.7　Fedora-CoreOS、Fedora Silverblue

这些发行版中已经预先安装了 Podman，无须再次安装。

## C.1.8　Gentoo

```
$ sudo emerge app-emulation/podman
```

## C.1.9　OpenEmbedded

Podman 及其依赖项的 BitBake 配置可在 meta-virtualization 层（http://mng.bz/aPzB）中获得。

将该层添加到你的 OpenEmbedded 构建环境中，并使用以下命令构建 Podman。

```
$ bitbake podman
```

## C.1.10 openSUSE

```
sudo zypper install podman
```

## C.1.11 openSUSE Kubic

openSUSE Kubic 发行版中已经内置了 Podman，无须再次安装。

## C.1.12 Raspberry Pi OS arm64

Raspberry Pi OS 使用标准的 Debian 软件仓库，因此它与 Debian 的 arm64 软件仓库完全兼容。

```
$ sudo apt-get -y install podman
```

## C.1.13 Red Hat Enterprise Linux

### 1. RHEL7

确保你订阅了 RHEL7，然后启用 extras channel 并安装 Podman。

```
$ sudo subscription-manager repos --enable=rhel-7-server-extras-rpms
$ sudo yum -y install podman
```

> **提示** 除安全补丁之外，RHEL7 不再接收 Podman 软件包的更新。

### 2. RHEL8

Podman 软件包与 Buildah 和 Skopeo 一起包含在 container-tools 模块中。

```
$ sudo yum module enable -y container-tools:rhel8
$ sudo yum module install -y container-tools:rhel8
```

### 3. RHEL9 及更高版本

```
$ sudo yum install podman
```

## C.1.14　Ubuntu

在 Ubuntu 20.10 及更高版本中，Podman 软件包可在官方软件仓库中获得：

```
$ sudo apt-get -y update
$ sudo apt-get -y install podman
```

## C.2　从源代码构建

通常，我建议人们获取打包的 Podman 版本，因为在 Linux 上成功运行 Podman 需要安装其他工具，例如 conmon（容器监视器）、containernetworking-plugins（网络配置）和 containers-common（常规配置）。尽管从源代码构建 Podman 的过程并不是很复杂，但依赖项列表在不同的 Linux 发行版之间有所不同。你可以随时查看以下 Podman 页面上的最新说明：http://mng.bz/gRDE。

## C.3　Podman Desktop

还有一个名为 Podman Desktop 的 GUI 工具，用于浏览、管理和检查来自不同容器引擎的容器和镜像，可在 https://github.com/containers/podman-desktop 上获得。Podman Desktop 提供同时连接多个引擎的功能，并提供统一的界面。这是一个正在积极开发的相对较新的项目，因此可能会有一些不完善之处。

为了提供一些背景信息，在 2021 年 9 月，Docker 公司宣布他们将对用于 macOS 的先前免费的 Docker Desktop 版本开始收费。Docker 的公告已经让许多人转而寻找其他替代品。

## C.4　总结

- Podman 是一个用于运行 Linux 容器的工具，因此仅在 Linux 上运行。
- Podman 可以在大多数主要 Linux 发行版的默认软件仓库中获得。
- Podman 可以作为远程客户端在 macOS 和 Windows 上使用，可以连接到本地或远程的 Linux 主机。
- Podman 提供了一个专门用于在 macOS 和 Windows 上管理 Linux 虚拟机的命令。
- Podman 可以从源代码构建，但必须安装其他许多工具才能成功运行。
- Podman Desktop 是流行的 Docker Desktop 的替代品。

# 附录 D   为 Podman 做贡献

我喜欢开源的原因是人们可为社区的发展而共同努力。能够为一个项目做出贡献，更好的是让人们为你的项目做出贡献，这是非常棒的。我喜欢用格林童话故事《小精灵》来做比喻。

一个鞋匠因为善举而变得非常贫困，只有仅供制作一双鞋的皮革了。他在一个晚上将它们裁好，然后上床睡觉，准备第二天完成。由于良心无愧，他安心地入睡，向上帝祈祷。第二天早上，在他祷告之后准备回去工作时，却发现鞋子完全做好了，并放在工作台上。

故事接着描述了几个小精灵每晚制作鞋子的事情。我认为这就是开源的工作方式。基本上，做出小的贡献、报告错误、修复错误、修复文档、功能请求和宣传项目的人都是小精灵。有时候第二天醒来就会发现有人已经解决了我昨晚尝试处理的问题！同时有的小精灵长大成为维护者。随着时间的推移，一些小的贡献会增长，这些开发人员最终成为 Podman 团队的核心成员，我们甚至雇佣了其中的一些人。

## D.1   加入社区

每次小改变都有助于使项目变得更好。当与大学生谈论开源时，我告诉他们这是个独特的机会，而这些机会在我当学生时还没有出现。他们可以对软件项目或产品做出贡献，然后将其列在简历上。在大学生为实习或工作面试时，简历上有几个 github.com 的贡献会令人印象深刻的。

Podman 及其底层技术始终在寻求新的贡献（见图 D-1）。没有贡献太小的说法——贡献涉及从手册页中的拼写错误到全面的功能。你不必成为软件开发人员才能做出贡献。我们始终在寻求有关文档、podman.io 的 Web 设计以及软件帮助方面的帮助。许多优秀的想法来自产品的用户。仅仅报告错误或报告你不喜欢的内容就可以引发新的想法，从而改善项目。我经常要求使用 Podman 搭建复杂环境的人撰写博客，以便其他人可以学习。

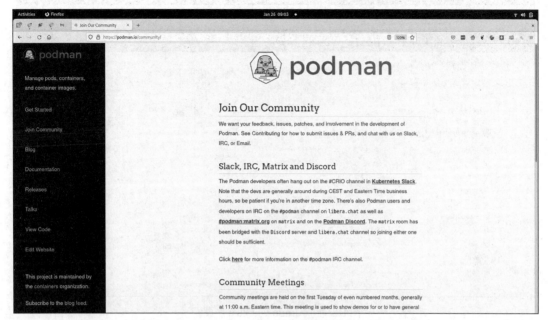

图 D-1　Podman 社区主页

Podman 是一个包容性的社区，所有的 github.com/containers 项目也是如此。位于 http://mng.bz/5mEB 的容器项目的行为准则声明如下。

作为 https://github.com/containers 存储库下项目的贡献者和维护者，为了培养一个开放和受人欢迎的社区，我们承诺尊重所有通过报告问题、发布功能请求、更新文档、提交拉取请求或补丁以及其他活动为容器项目做出贡献的人。

## D.2　github.com 上的 Podman

在 GitHub 上，Podman 的问题、讨论和拉取请求存储在 github.com/containers/podman 软件仓库中（如图 D-2 所示）。截至本文编写时，该项目已有超过 1200 个派生存储库和 12000 个 Star，可以说是一个非常活跃的项目。

你也可以直接在 IRC 上与核心维护者交流，参见 libera.chat 上的#podman 频道。IRC 频道也链接到了 Matrix 上的#podman:matrix.org（https://matrix.to/#/#podman:matrix.org）和 Podman Discord（https://discord.com/invite/x5GzFF6QH4），以通过 Web 访问。

此外，你还可以通过向 podman-join@lists.podman.io 发送电子邮件，加入一个邮件列表。最后，你可以关注 Twitter 上的@podman_io 或关注我（@rhatdan）。

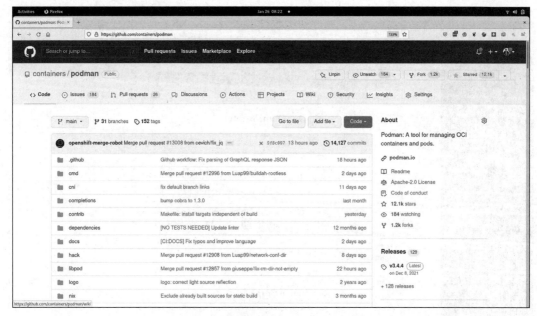

图 D-2　Podman 的 GitHub 页面

# 附录 E　在 macOS 上使用 Podman

**本附录涵盖以下内容：**
- 在 macOS 上安装 Podman
- 使用 podman machine init 命令下载安装了 Podman 服务的虚拟机
- 使用 podman 命令与运行在虚拟机中的 Podman 服务进行通信
- 使用 podman machine start/stop 命令启动或停止虚拟机

Podman 是一款用于启动 Linux 容器的工具。Linux 容器需要 Linux 内核。虽然我很希望能说服全世界的用户转向我使用的 Linux 桌面，但大多数用户使用 macOS 和 Windows 操作系统，也许包括你。如果你使用 Linux 桌面，那太好了！如果你不使用 macOS 系统，则可以跳过本附录。

因为你没有跳过本附录，我会假设你想要创建 Linux 容器，而且无须通过 SSH 连接到 Linux 机器。你可能希望使用本地软件开发工具，并将开发环境保存在本地。

实现此目标的一种方法是在 Linux 机器上运行 Podman 服务，并使用 podman --remote 命令与该服务进行通信。Podman 提供了 podman system connection 命令来配置 Podman 如何与 Linux 主机通信。但是，这种方法的问题在于它是一个繁琐的过程，需要进行许多手动步骤。请参考以下网页以获取有关此过程的最新教程：http://mng.bz/69ro。

更好的方法是使用新命令 podman machine。它封装了所有步骤，并改进了管理用于 podman-remote 的 Linux 机器的体验。在本附录中，你将学习如何在 macOS 上安装 Podman，然后使用 podman machine 命令来安装、配置和管理虚拟机，以便使用本机 Podman 客户端来启动容器。

在 macOS 上启动 Podman 的第一步是安装它。macOS 客户端可通过 Homebrew（https://brew.sh/）获得。

> **提示**　Homebrew 的自我描述为 "……安装 macOS 中未包含的 UNIX 工具的最简单和最灵活的方法"（https://docs.brew.sh/Manpage）。

Homebrew 是在 macOS 上安装开源软件的最佳方式。如果你的 macOS 上尚未安装 Homebrew，请打开终端并在提示符下使用以下命令安装。

```
$ /bin/bash -c "$(curl -fsSL
➡ https:/ /raw.githubusercontent.com/Homebrew/install/HEAD/install.sh)"
```

现在运行以下 brew 命令，将 Podman 的精简版（仅支持--remote）安装到/opt/homebrew/bin 目录中。

```
$ brew install podman
```

如果你没有访问 Linux 虚拟机或远程 Linux 服务器的权限，Podman 允许你使用 podman machine 命令创建一个本地运行的虚拟机。它通过创建和配置启用了 Podman 服务的虚拟机来实现这一点。

> **提示**　如果你有现有的 Linux 机器，则可以使用 Podman 系统连接命令来设置与这些机器的连接。

# E.1　使用 podman machine 命令

podman machine 命令允许你从互联网上拉取一个虚拟机并启动、停止或删除它。该虚拟机已预配置了 Podman 服务。此外，此命令创建 SSH 连接并将此信息添加到 Podman 系统连接数据存储中，大大简化了设置 podman-remote 环境的过程。表 E-1 列出了用于管理 Podman 虚拟机生命周期的所有 podman machine 子命令。第一步是使用 podman machine init 命令在你的系统中初始化一个新的虚拟机，下一小节将对其进行描述。

表 E-1　　　　　　　　　　　　　　　　podman machine 命令

| 命令 | 描述 |
| --- | --- |
| init | 初始化一个新的虚拟机 |
| list | 列出所有的虚拟机 |
| rm | 删除一个虚拟机 |
| ssh | 通过 SSH 进入虚拟机。这对于进入虚拟机并运行本机 Podman 命令非常有用。一些 Podman 命令不支持远程操作，你可能需要在虚拟机内部更改某些配置 |
| start | 启动一个虚拟机 |
| stop | 停止一个虚拟机。如果你没有运行容器，你可能希望关闭虚拟机以节省系统资源 |

## E.1.1 podman machine init 命令

使用 podman machine init 命令在你的 macOS 系统上下载和配置一个虚拟机（见图 E-1）。默认情况下，如果之前没有下载过，它会下载最新发布的 Fedora CoreOS 镜像（https://getfedora.org/en/coreos）。Fedora CoreOS 是一个专为运行容器设计的最小操作系统。

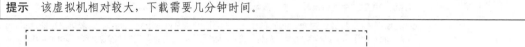

> **提示** 该虚拟机相对较大，下载需要几分钟时间。

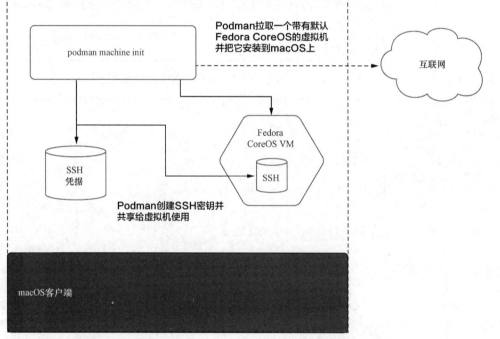

图 E-1 podman machine init 命令将拉取虚拟机并配置 SSH 连接

**清单 E-1 Podman 在 macOS 系统上下载一个虚拟机并准备执行它**

```
$ podman machine init
Downloading VM image: fedora-coreos-35.20211215.2.
  0-qemu.x86_64.qcow2.xz
[=========>----------------------------------------] 111.0MiB /
  620.7MiB
Downloading VM image: fedora-coreos-35.20211215.2.0-qemu.x86_64.qcow2.xz: done
Extracting compressed file
```

Podman 查找最新的 fedora-coreos qcow 镜像并将其下载到你的系统上

下载镜像后，Podman 将解压缩该镜像并配置 qemu 以准备执行它。它还将 SSH 连接配置到 Podman 系统连接数据存储

Podman 预配置虚拟机使用的内存、磁盘大小和 CPU 数量，可以使用 init 子命令选项来配置这些值。表 E-2 描述了这些选项。

表 E-2                              podman machine init 命令选项

| 选项 | 描述 |
| --- | --- |
| --cpu uint | 设置 CPU 的数量（默认值为 1） |
| --disk-size uint | 设置硬盘大小（以 GB 为单位，默认值为 10）。这是一个需要考虑的重要设置，因为它限制了在虚拟机中可以使用的容器和镜像的数量。如果有空间，建议增加此字段的值 |
| --image-path string | qcow 镜像的路径（默认为 testing）。Podman 有两个内置的 Fedora CoreOS 镜像可供拉取：testing 和 stable。你还可以选择其他操作系统和虚拟机进行下载，但这些虚拟机必须支持 CoreOS/Ignition 文件（https://coreos.github.io/ignition/） |
| --memory integer | 内存大小（以 MB 为单位，默认值为 2048）。虚拟机需要一定数量的内存才能运行，根据你想在虚拟机中运行的容器，你可能需要更多内存 |

一旦通过 podman machine init 下载和安装了虚拟机，你就可以使用 podman machine list 命令来查看虚拟机。注意，"*"表示要使用的默认虚拟机。podman machine 命令目前仅支持同时运行一个虚拟机。

```
$ podman machine list
NAME                    VM TYPE   CREATED      LAST UP CPUS
➥ MEMORY      DISK SIZE
podman-machine-default* qemu      2 minutes ago 2 minutes ago   1
➥ 2.147GB    10.74GB
```

在下一小节中，你将检查自动创建的 SSH 连接。

## E.1.2　SSH 配置

podman machine init 命令为操作系统提供了 Ignition 配置，其中包括 core 用户的 SSH 密钥。然后，Podman 在客户机上为非特权和特权模式添加 SSH 连接，配置用户账户，并在虚拟机中添加所需的软件包和配置。SSH 配置允许从客户端向 core 和 root 账户发送无密码的 SSH 命令。podman machine init 命令还配置了 Podman 系统连接信息（参见 9.5.4 节）。系统连接数据库为虚拟机中的特权用户和非特权用户进行了配置。如果不存在之前的连接，则 podman machine init 命令将新创建的连接设置为默认连接。

你可以使用 podman system connection list 命令查看所有连接。默认连接 podman-machine-default 是非特权连接。

```
$ podman system connection list
Name                    URI
Identity                        Default
podman-machine-default
➥ ssh://core@localhost:50107/run/user/501/podman/podman.sock
➥ /Users/danwalsh/.ssh/podman-machine-default true
```

```
podman-machine-default-root
➡ ssh:/ /root@localhost:50107/run/podman/podman.sock
➡ /Users/danwalsh/.ssh/podman-machine-default false
```

有时你希望执行的容器需要 root 特权，无法在非特权模式下运行。为此，你可以修改系统连接，使其默认使用特权服务，方法是使用 podman system connection default 命令。

```
$ podman system connection default podman-machine-default-root
```

再次查看连接，以确认现在默认连接是 podman-machine-default-root。

```
$ $ podman system connection list
Name                     URI
➡ Identity                                    Default
podman-machine-default
➡ ssh://core@localhost:50107/run/user/501/podman/podman.sock
➡ /Users/danwalsh/.ssh/podman-machine-default   false
podman-machine-default-root
➡ ssh://root@localhost:50107/run/podman/podman.sock
➡ /Users/danwalsh/.ssh/podman-machine-default   true
n-machine-default ssh://root@localhost:38243/run/podman/podman.sock
```

现在，所有 Podman 命令都直接连接到在 root 账户中运行的 Podman 服务了。再次使用 podman system connection default 命令将默认连接更改回非特权用户。

```
$ podman system connection default podman-machine-default
```

如果此时尝试运行 Podman 容器则会失败，因为虚拟机实际上没有运行，你需要启动虚拟机。

## E.1.3 启动虚拟机

在添加了一个虚拟机并将特定连接设置为默认连接后，尝试运行下面的 Podman 命令。

```
$ podman version
Cannot connect to Podman. Please verify your connection to the Linux system
using `podman system connection list`, or try `podman machine init` and
`podman machine start` to manage a new Linux VM
Error: unable to connect to Podman. failed to create sshClient: Connection
to bastion host (ssh:/ /root@localhost:38243/run/podman/podman.sock)
failed.: dial tcp [::1]:38243: connect: connection refused
```

正如输出的错误信息所指出的那样，虚拟机没有运行，必须启动。

可以使用 podman machine start 命令启动单个虚拟机。Podman 一次只支持运行一个虚拟机。默认情况下，start 命令启动默认的虚拟机。如果你有多个虚拟机并且想要启动不同的虚拟机，则可以指定可选的机器名称。

```
$ podman machine start
INFO[0000] waiting for clients...
```

```
INFO[0000] listening tcp://127.0.0.1:7777
INFO[0000] new connection from @ to /run/user/3267/podman/
➥ qemu_podman-machine-default.sock
Waiting for VM …
macOShine "podman-machine-default" started successfully
```

　　现在，你已准备好在运行 Podman 服务的 Linux 机器上运行 Podman 命令。运行 podman version 命令以确认客户端和服务器已正确配置。如果没有正确配置，Podman 命令应指导你进行系统配置。

```
$ podman version
Client:
Version:       4.1.0
API Version:   4.1.0
Go Version:    go1.18.1
Built:         Thu May 5 16:07:47 2022
OS/Arch:       darwin/arm64
Server:
Version:       4.1.0
API Version:   4.1.0
Go Version:    go1.18
Built:         Fri May 6 12:16:38 2022
OS/Arch:       linux/arm64
```

　　现在，你可以直接在 macOS 上使用之前章节中学习的 Podman 命令。当你结束在虚拟机中使用容器时，也许应该关闭它以节省主机资源。

> **提示**　Podman 支持 M1arm64 机器以及 x86 平台。podman machine init 下载相应架构的虚拟机，允许你为该架构构建镜像。在撰写本书时，我们正在努力研究对在其他架构上构建镜像的支持。

## E.1.4　停止虚拟机

　　podman machine stop 命令允许你关闭虚拟机中的所有容器以及虚拟机本身。

```
$ podman machine stop
```

　　当你需要再次使用容器时，请使用 podman machine start 命令启动虚拟机。

> **提示**　所有的 podman machine 命令均适用于 Linux，并允许你同时测试不同版本的 Podman。在 Linux 上，Podman 命令均是可用的；因此，你需要使用--remote 选项与 podman machine 启动的虚拟机中运行的 Podman 服务进行通信。而在非 Linux 平台上，则不需要--remote 选项，因为客户端已预配置为--remote 模式。

# E.2 总结

- Linux 容器需要 Linux 内核，这意味着在 macOS 上运行容器需要运行 Linux 虚拟机。
- 在 macOS 上的 Podman 并非在 macOS 本地运行容器。实际上，Podman 命令与运行在 Linux 机器上的 Podman 服务进行通信。
- podman machine init 命令拉取 Fedora CoreOS 虚拟机并将其安装到你的平台上。该虚拟机运行 Podman 服务。
- podman machine init 命令还设置了所需的 SSH 环境，允许 Podman 远程客户端与虚拟机内部的 Podman 服务器进行通信。

# 附录 F　在 Windows 上使用 Podman

**本附录涵盖以下内容:**
- 在 Windows 上安装 Podman
- 使用 podman machine init 命令创建基于 Fedora 的运行 Podman 的 WSL 2 发行版
- 在 Windows 上使用 podman 命令与运行在 WSL 2 实例中的 Podman 服务进行通信
- 使用 podman machine start/stop 命令启动或停止 WSL 2 实例

Podman 是一款用于启动 Linux 容器的工具。Linux 容器需要 Linux 内核。虽然我很希望能够说服全世界的用户像我一样转向 Linux 桌面,但大多数用户使用的是 macOS 和 Windows 操作系统,也可能包括你。如果你正在使用 Linux 桌面,那太棒了! 如果你不使用 Windows 机器,可以跳过本附录。

因为你没有跳过本附录,我会假设你想要在无须通过 SSH 进入 Linux 机器并在那里创建容器的情况下创建 Linux 容器。你可能希望使用本机软件开发工具,并将其软件保留在本地机器上。

在 Linux 上,Podman 可以作为服务运行,允许远程连接来启动容器。然后,你可以从另一个系统使用 podman --remote 命令与远程 Podman 服务进行通信,以启动容器。

此外,你可以使用 podman system connection 来配置 podman --remote,以通过 SSH 与运行 Podman 服务的远程 Linux 机器进行通信,而无须为每个命令提供 URL。但问题是,必须有人为远程机器配置正确版本的 Podman 服务,然后你还需要配置 SSH 会话。

为了让新用户在 Windows 桌面上更好地使用 Podman,Podman 添加了一个新的命令:podman machine。podman machine 命令使得创建和管理基于 WSL 2 的 Linux 环境并预先安装和配置 Podman 变得简单。在 Windows 上,Podman 命令实际上是一个精简版本的,只支持 podman --remote。在本附录中,你将学习如何将 Podman 安装到 Windows 机器上,然后使用 podman machine 命令来安装、配置和管理 WSL 2 实例。

# F.1 初步操作

Windows 上的 podman machine 命令接受 Linux 和 macOS 上使用的相同命令，并且行为非常相似。然而，由于 Windows 上的底层后端基于 Windows Subsystem for Linux，而不是像其他操作系统基于虚拟机，所以存在一些差异。

WSL 2 使用了 Windows Hyper-V 虚拟机监视器；然而，与基于标准的虚拟机的方法不同，WSL 2 在用户安装的每个 Linux 发行版实例之间共享同一台虚拟机和 Linux 内核实例。例如，如果你创建了两个 WSL 2 发行版，并在每个实例上运行 dmesg 命令，你会看到相同的输出，因为同一内核托管了两者。

> 提示　Podman 与 WSL 1 不兼容，你必须升级到支持 WSL 2 的操作系统版本。对于 x64 系统，你需要 Windows 1903 或更高版本，带有 18362 或更高构建版本。对于 arm64 系统，你需要 Windows 2004 或更高版本，带有 19041 或更高构建版本。

使用 WSL 2 运行 Podman 可以在主机和所有运行的实例之间实现高效的资源共享，但隔离级别较低。请记住，podman machine 命令与你正在运行的任何其他发行版共享同一内核，因此在操作任何内核级设置（例如网络接口和 netfilter 策略）时要谨慎，以免意外影响 Podman 运行的容器。

## F.1.1 先决条件

Podman for Windows 需要 Windows 10（19041 或更高构建版本）或 Windows 11。由于 WSL 2 使用了虚拟机监视器，你的计算机必须启用虚拟化指令（例如，Intel VT-x 或 AMD-V）。此外，虚拟机监视器需要支持二级地址转换（SLAT）。最后，你的系统必须连接互联网或包含由 podman machine 获取的所有软件的离线副本。

> 提示　如果你在任何时候遇到代码为 0x80070003 或 0x80370102 的错误（或任何指示虚拟机无法启动的错误），则很可能是因为虚拟化被禁用了。请检查你的 BIOS（或 WSL2 实例）设置以验证 VT-x/AMD-V/WSL 2 实例和 SLAT 是否已启用。

虽然不是必需，但强烈建议安装 Windows 终端（而不是标准的 CMD 命令应用程序或 PowerShell，Windows 11 系统的 feature 版本默认包含它）。除了具有现代终端功能（如透明剪切和粘贴以及平铺窗口），它还提供直接的 WSL 和 PowerShell 集成，方便在不同环境之间切换。你可以通过 Windows 商店或 winget 安装它。

```
PS C:\Users\User> winget install Microsoft.WindowsTerminal
```

## F.1.2　安装 Podman

安装 Podman 很简单。前往 Podman 网站或 Podman GitHub 仓库，在 Releases 部分下载最新的 Podman MSI Windows Installer（见图 F-1）。

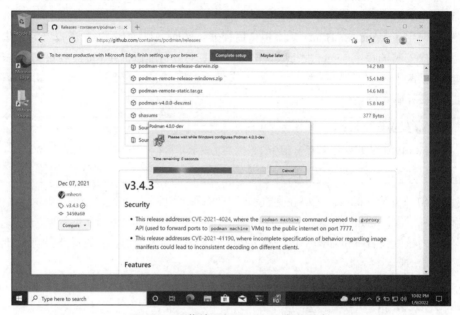

图 F-1　下载并运行 Podman 安装程序

在运行安装程序后，打开一个终端（如果你按照建议安装了 Windows 终端，则使用 wt 命令），并执行你的第一个 Podman 命令（见图 F-2）。

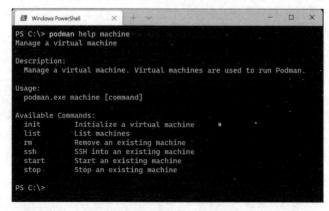

图 F-2　在 Windows 终端中运行的 Podman 命令

#### 自动安装 WSL

如果你的 Windows 系统没有安装 WSL，Podman 会为你安装它。执行 podman machine init 命令（如图 F-3 所示）来创建第一个机器实例，Podman 会提示你是否允许安装 WSL。安装 WSL 需要重新启动，但机器的创建过程会继续执行（请等待几分钟以重新启动和安装终端）。如果你更喜欢手动安装，请参考 WSL 安装指南：https://docs.microsoft.com/en-us/windows/wsl/install。

图 F-3　使用 podman machine init 启动 WSL 安装

## F.2　使用 podman machine

通过 podman machine 命令，可以轻松设置和使用 Linux 环境。在 Windows 上，这些命令会创建和管理一个 WSL 2 发行版，包括从互联网下载基础 Linux 镜像和软件包，并为你进行一切设置。WSL 2 发行版预配置了 Podman 服务，并且 SSH 连接配置会自动添加到 podman system connection 数据存储中。最终在 Windows 桌面上可轻松地运行 Podman 命令，就像在 Linux 系统上一样。表 F-1 列出了用于管理支持 WSL 2 的 Linux 环境的所有 podman machine 命令。

在安装 Podman 后，第一步是在你的系统上创建一个 WSL 2 机器实例。你将使用 podman machine init 命令，该命令在下一小节中进行了描述。

表 F-1　　　　　　　　　　　　　　　podman machine 命令

| 命令 | 描述 |
|---|---|
| init | 初始化一个新的基于 WSL 2 的机器实例 |
| list | 列出 WSL 2 机器实例 |
| rm | 删除一个 WSL 2 机器实例 |
| set | 设置可更新的 WSL 机器设置 |
| ssh | 通过 SSH 进入 WSL 2 机器实例。这对于进入 WSL 2 实例并运行原生的 Podman 命令很有用。某些 Podman 命令在远程环境下不受支持，你可能希望在 WSL 2 实例内更改一些配置 |
| start | 启动一个 WSL 2 机器实例 |
| stop | 停止一个 WSL 2 机器实例。如果你没有运行容器，你可能希望停止 WSL 2 机器实例以节省系统资源 |

## F.2.1　podman machine init

如图 F-4 所示，你可以使用 podman machine init 命令自动安装基于 WSL 2 的 Linux 环境，并在其中托管 Podman 服务以运行容器。默认情况下，podman machine init 下载一个已知兼容的 Fedora 版本来创建 WSL 2 实例（https://getfedora.org）。选择 Fedora 是因为它与 Podman 高度集成，并且是大多数 Podman 核心开发人员使用的操作系统。

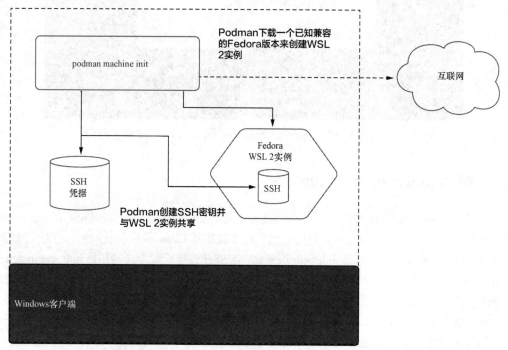

图 F-4　podman machine init 命令创建 WSL 2 发行版实例并配置 SSH 连接

> **提示**　除了基础镜像外，还需要下载和安装一些软件包，这可能需要几分钟的时间才能完成。

以下是运行 podman machine init 命令的简化输出。

```
PS C:\Users\User> podman machine init
Downloading VM image: fedora-35.20211125-x86_64.tar.xz: done
Extracting compressed file
Importing operating system into WSL (this may take 5+ minutes on a new WSL
➥ install)...
Installing packages (this will take awhile)...
Fedora 35 - x86_64                                    5.5 MB/s | 79 MB 00:14
Complete!
Configuring system…
Generating public/private ed25519 key pair.
Machine init complete
To start your machine run:
        podman machine start
```

表 F-2 解释了 init 选项。init 选项允许你自定义默认设置。

表 F-2　　　　　　　　　　　　podman machine init 命令选项

| 选项 | 描述 |
| --- | --- |
| --cpus uint | 未使用 |
| --disk-size uint | 未使用 |
| --image-path string | 在 Windows 上，此选项指定 Fedora 发行版的版本号（例如 35）。与 Linux 和 macOS 一样，你也可以指定自定义镜像的任意 URL 或文件系统位置，但 Podman 期望的是 Fedora 发行版的派生系统 |
| --memory integer | 未使用 |
| --rootful | 确定此机器实例是否应为 rootful（以 root 用户身份运行）或 rootless（以普通用户身份运行） |

> **提示**　表 F-2 中指定的物理限制（例如 CPU、内存和磁盘）在 Windows 上目前被忽略，因为 Windows Subsystem for Linux（WSL）后端会在各发行版之间动态调整和共享资源。如果你需要限制资源，可以在你的用户的.wslconfig 文件中配置这些限制。然而，配置的限制对所有 WSL 2 发行版全局适用，因为它们共享同一个底层虚拟机。

## F.2.2　SSH 配置

使用 podman machine init 命令在 WSL 2 实例中创建一个账户。默认情况下，Fedora 中的用户是 user@localhost。Podman 在客户端机器和 WSL 2 实例的新用户账户和 root 上配置了 SSH。SSH 配置允许从客户端对 user 和 root 账户执行无密码的 SSH 命令。podman machine init 命令还配置了 Podman 系统连接信息（参见 9.5.4 节）。系统连接数据库为 WSL 2 实例内的特权用户和非特权用户进行了配置。如果你没有任何现有连接，podman machine init 命令将创建一个非特权用户连接，并将其设置为默认连接到你的 WSL 2 实例。

你可以使用 podman system connection list 命令查看所有连接。默认连接 podman-machine-default 是非特权连接。

```
PS C:\Users\User> podman system connection ls
Name                             URI                            Identity
➡ Default
podman-machine-default           ssh://user@localhost:57051..   podman-machine-
➡ default true
podman-machine-default-root      ssh://root@localhost:57051..   podman-machine-
➡ default false
```

有时，你希望执行的容器需要 root 特权，并且不能在非特权模式下运行。你可以通过更改创建的机器实例的默认模式，将默认连接更改为 rootful。使用 podman machine set 命令修改默认的 rootful 服务。

```
PS C:\Users\User> podman machine set --rootful
```

再次查看连接以确认默认连接现在是 podman-machine-default-root。

```
PS C:\Users\User> podman system connection ls
Name                             URI                            Identity
➡ Default
podman-machine-default           ssh://user@localhost:57051..
➡ podman-machine-default false
podman-machine-default-root      ssh://root@localhost:57051..
➡ podman-machine-default true
```

现在，所有的 Podman 命令都直接连接到在 root 账户下运行的 Podman 服务。使用 podman machine set 命令将默认连接再次更改为非特权用户。

```
PS C:\Users\User> podman machine set --rootful=false
```

此时，尝试运行 Podman 容器会遭遇失败，因为机器实例实际上并没有运行。你需要启动机器实例。

## F.2.3 启动 WSL 2 实例

尝试执行 podman version 命令会失败，因为 WSL 2 实例未启动。

```
PS C:\Users\User> podman version
Cannot connect to Podman. Please verify your connection to the Linux system
using `podman system connection list`, or try `podman machine init` and
`podman machine start` to manage a new Linux Linux VM
Error: unable to connect to Podman. failed to create sshClient: Connection
to bastion host (ssh://root@localhost:38243/run/podman/podman.sock)
failed.: dial tcp [::1]:38243: connect: connection refused
```

如输出的错误所指出的那样，虚拟化的 Linux 环境（WSL 2 机器实例）未运行，必须启动它。

使用 podman machine start 命令可以启动单个 WSL 2 实例。默认情况下，它会启动默认的 WSL 2 实例：podman-machine-default。如果你有多个 WSL 2 实例，并且想要启动其他 WSL 2 实例，可以为 podman machine start 命令指定可选的机器名称。

```
PS C:\Users\User> podman machine start
Starting machine "podman-machine-default"
This machine is currently configured in rootless mode. If your containers
require root permissions (e.g. ports < 1024), or if you run into compatibility
issues with non-podman clients, you can switch using the following command:
        podman machine set --rootful
API forwarding listening on: npipe://///./pipe/docker_engine
Docker API clients default to this address. You do not need to set
DOCKER_HOST.
Machine "podman-machine-default" started successfully
```

现在，你已经可以在与运行在 WSL 2 实例中的 Podman 服务通信的主机上开始运行 Podman 命令了。运行 podman version 命令来确认客户端和服务器的配置是否正确。如果不正确，Podman 命令会指导你如何进行系统配置。

```
PS C:\Users\User> podman version
Client:       Podman Engine
Version:      4.0.0-dev
API Version:  4.0.0-dev
Go Version:   go1.17.1
Git Commit:   bac389043f268e632c45fed7b4e88bdefd2d95e6-dirty
Built:        Wed Feb 16 00:33:20 2022
OS/Arch:      windows/amd64
Server:       Podman Engine
Version:      4.0.1
API Version:  4.0.1
Go Version:   go1.16.14
Built:        Fri Feb 25 13:22:13 2022
OS/Arch:      linux/amd64
```

现在，你可以直接在 Windows 上使用之前章节中学到的 Podman 命令了。请确保理解，在 Windows 上的 Podman 等效于使用 podman --remote 与 WSL 2 实例中的 Podman 服务远程通信。

## F.2.4　使用 podman machine 命令

在机器实例运行之后，你可以在 PowerShell 提示符下执行 Podman 命令，就好像在 Windows 内部运行一样。

```
PS C:\Users\User> podman run ubi8-micro date
Thu Jan 6 05:09:59 UTC 2022
```

### 1. 停止 WSL 2 实例

当你结束在系统上使用容器时，你可能希望关闭 WSL 2 实例以节省系统资源。可以使用 podman machine stop 命令关闭 WSL 2 实例内的所有容器以及 WSL 2 实例本身。

```
PS C:\Users\User> podman machine stop
```

当你需要再次使用容器时，使用 podman machine start 命令启动 WSL 2 实例。

> 提示　所有的 podman machine 命令均适用于 Linux，并且允许你同时测试不同版本的 Podman。在 Linux 上 Podman 命令均是可用的，因此你需要显式使用--remote 选项与在由 podman machine 命令启动的 WSL 2 实例中运行的 Podman 服务进行通信。在非 Linux 平台上，则不需要--remote 选项，因为客户端已预配置为--remote 模式。

### 2. 列出机器实例

你可以使用 podman machine ls 命令列出可用的机器实例。在 Windows 上，该命令返回的值反映了当前的活动使用情况，而不是像在 macOS 和 Linux 上那样的固定资源限制。磁盘存储反映了当前分配给每个机器实例的磁盘空间。CPU 值表示 Windows 主机上的 CPU 数量（除非受到 WSL 限制），每个机器实例都会重复显示。返回的内存值也会重复显示（由于采样变化而略有差异），并反映了所有正在使用的发行版中 Linux 内核使用的内存总量（因为它是共享的）。换句话说，对于总体使用情况，你可以将磁盘大小求和，内存和 CPU 则不需要。

```
PS C:\Users\User> podman machine ls
NAME                     VM TYPE      CREATED         LAST UP    CPUS
➡ MEMORY        DISK SIZE
podman-machine-default   wsl          3 days ago      Running    4
➡ 528.4MB       845.2MB
other                    wsl          4 minutes ago   Running    4
➡ 524.5MB       778MB
```

### 3. 在 WSL 提示符下使用 Podman

除 podman machine ssh 命令外，你还可以使用 WSL 提示符来访问 podman machine 客户机。如果你正在运行 Windows Terminal，Podman 客户机（以 Podman 为前缀的名称）在向下箭头下拉列表中。或者，你可以从任何 PowerShell 提示符中使用 wsl 命令并指定后端发行版名称以进入 WSL shell。例如，由 podman machine init 创建的默认实例是 podman-machine-default。你可以使用任一方法来管理客户机并在具有完整功能的 Linux shell 环境中执行 Podman 命令。

```
PS C:\Users\User> wsl -d podman-machine-default
[root@WIN10PRO /]# podman version
```

```
Client:         Podman Engine
Version:        4.0.1
API Version:    4.0.1
Go Version:     go1.16.14

Built:          Fri Feb 25 13:22:13 2022
OS/Arch:        linux/amd64
```

### 4. 更新 Fedora

由于 Windows 机器的实现是基于 Fedora 而不是 Fedora CoreOS 的,因此修复和增强功能并不是自动进行的。你必须在客户端显式地使用 Fedora 的软件包管理命令 dnf 来启动它们。此外,升级到新版本的 Fedora 需要导出你需要保留的任何数据,并使用 podman machine init 来创建第二个机器实例（或在 podman machine rm 命令之后替换现有实例）。

> 提示 目前在 WSL 中运行 Fedora CoreOS 相对困难,因此默认使用 Fedora。如果 Windows 对 CoreOS 的支持在将来发生变化, podman machine 将迁移到 Fedora CoreOS。

例如,要获取运行在 Podman 客户机上的 Fedora 版本的最新软件包,请执行以下命令。

```
PS C:\Users\User> podman machine ssh dnf upgrade -y
Warning: Permanently added '[localhost]:52581' (ED25519) to the list of
known hosts.
Last metadata expiration check: 1:18:35 ago on Wed Jan 5 21:13:15 2022.
Dependencies resolved.
…
Complete!
```

### 5. 高级停止和重新启动

通常情况下,要停止和重新启动 Podman,你可以使用相应的 podman machine stop 和 podman machine start 命令。停止机器是首选的方法,因为系统服务可以正常停止。然而,在某些情况下,你可能希望强制重新启动 WSL 设施,包括即使在机器停止后依旧保持活跃状态的共享的 Linux 内核。要终止与 WSL 发行版相关的所有进程,使用 wsl --terminate <machine name>命令。要关闭 Linux 内核,终止所有运行的发行版,请使用 wsl --shutdown 命令。执行这些命令后,你可以使用标准的 podman machine start 命令重新启动你的实例。

```
PS C:\Users\User> wsl --shutdown
PS C:\Users\User> podman machine start
Starting machine…
Machine "podman-machine-default" started successfully
```

## F.3 总结

- 由于 Linux 容器需要 Linux 内核，因此在 macOS 或 Windows 平台上运行容器需要运行 Linux 虚拟机。

- 在 Windows 上使用的 Podman 并不直接在 Windows 本地运行容器。实际上，Podman 命令是与在 WSL 2 上运行的 Linux 机器上的 Podman 服务通信的 podman --remote 命令。

- podman machine init 命令会下载一个虚拟的 Linux 环境并将其安装到你的平台上，该 环境会运行 Podman 服务。

- podman machine init 命令还会设置所需的 SSH 环境，以允许 Podman 远程客户端与 WSL 2 实例内部的 Podman 服务器进行通信。

- 在 Windows 上使用 WSL 的 Podman 命令是完整的 Podman 命令。WSL 在 Linux 内核 下运行 Podman 命令，即使感觉上它像是在 Windows 机器上本地运行的。